Die
Fürsorge gegen Feuersgefahr bei Bauausführungen.

Ein Handbuch
für Architekten, Brandtechniker, Bau- und Verwaltungsbeamte

von

Dr. Reddemann,
Branddirektor der Provinzialhauptstadt Posen.

Mit 16 Textfiguren.

Springer-Verlag
Berlin Heidelberg GmbH
1908.

ISBN 978-3-642-47267-1 ISBN 978-3-642-47676-1 (eBook)
DOI 10.1007/ 978-3-642-47676-1

Druck von Fr. Stollberg, Merseburg.

Vorwort.

Bei der Aufstellung und Beurteilung von Bauprojekten müssen die rein bautechnischen Gesichtspunkte naturgemäß im Vordergrund stehen. Daneben dürfen Architekt wie genehmigender Baupolizei-Beamter nicht diejenigen Maßnahmen außer acht lassen, welche aus gesundheits- und feuerpolizeilichen Gründen gefordert werden.

In allen Baupolizei-Verordnungen finden sich eine Reihe derartiger Vorschriften. Erfreulicherweise beginnen die gesundheitspolizeilichen Anforderungen sich neben den bautechnischen mehr und mehr Platz zu erobern und sich den berechtigten Ansprüchen der Neuzeit anzupassen. Leider kann man nicht dasselbe von den Gesichtspunkten sagen, welche in Rücksicht auf die Feuersicherheit fußen. Die meisten Bauordnungen haben die Bestimmungen, die sich mit feuerpolizeilichen Fragen befassen, seit Jahrzehnten nicht geändert und nicht vermehrt. Neu erlassene Baupolizei-Gesetze haben die Feuersicherheits-Vorschriften aus älteren meist unbesehen übernommen.

Und dabei ist doch die Brandtechnik, diese jüngste technische Wissenschaft, seit einem halben Jahrhundert in stetem Fortschreiten. Hand in Hand mit der Weiterentwicklung der Hilfsmittel der Feuerwehr, mit der neuzeitlichen Organisation der bereit zu haltenden Angriffskräfte, Hand in Hand mit Vervollkommnung und dem Fortschreiten der taktischen Grundsätze geht der Weiterausbau der vorbeugenden Brandtechnik. Schon seit Jahrzehnten hat sich in Deutschland die Tätigkeit der Führer der Berufsfeuerwehren aus dem Handwerksmäßigen heraus entwickelt zu einer mehr und mehr wachsenden Ingenieurwissenschaft. Voll von im öffentlichen wie im wirtschaftlichen Interesse recht einflußreicher Arbeit in der Vorbeugung und der Abwehr, gegründet auf systematischem Studium der vielen dabei mitsprechenden Fragen vereint mit dem praktischen Blick des Fachmanns. Die Brandtechnik ist nicht etwa, wie manche meinen mögen, eine Sammlung starrer, stetig gleichbleibender Handlungen und Gesichtspunkte, welche in ihrer vorbeugenden Tätigkeit alle Bauausführungen in ihr totes Schema einzwängt. Vielmehr ist sie in ihren beiden Zweigen, im abwehrenden wie im vorbeugenden, ein lebendiger Baum, der wächst und gedeiht. Der auch, weil er lebt, den Gesetzen der Wandlung unterworfen ist. Stillstand würde auch für die Brandtechnik Rückschritt bedeuten.

Sie ist eine empirische Wissenschaft. Wie so manche andere Wissensgebiete, z. B. die Chirurgie, ist sie auf den Lehren der Praxis aufgebaut und bekommt aus der Praxis stetig neues Leben. Es ist daher nicht zu verwundern, daß so manche für Bauausführungen wichtige Fragen noch nicht geklärt und festgelegt sind. Zum Teil hat dies sicherlich seinen Grund darin, daß eine große Anzahl von bedeutenden Fachmännern des Feuerlöschwesens dahingegangen sind, ohne uns die Erfahrungen ihres ganz der Feuerwehr gewidmeten Lebens schriftlich zu hinterlassen. Es ist überaus zu bedauern, daß sie ihre in einem reichen Leben stetigen Kampfes gegen das Element gewonnene Erkenntnis mit sich ins Grab genommen haben. Denn erst auf den Schultern Älterer kann man mehr uud mehr zur vollen Erkenntnis gelangen.

Man werfe nicht ein, daß die zwischen Brandtechnik und Bautechnik bestehenden Wechselbeziehungen doch zu geringfügig seien, als daß sich daraus für die Allgemeinheit eine merkbare Wirkung ergeben könnte. Bei der Beurteilung von Bauprojekten ist häufig die auf eigenen oder fremden Erfahrungen gegründete Ansicht des Brandingenieurs von nicht zu unterschätzendem Einfluß. Sie wird oft zu Auflagen führen, die nach der einen oder anderen Richtung von dem Bauherrn als Erschwerung oder Erleichterung empfunden werden. Aber auch das kodifizierte Baupolizeirecht steht unter dem Einfluß der Brandtechnik. Von den verschiedenen Faktoren, welche für die Schärfe der einzelnen Bestimmungen der Baupolizei-Verordnung ausschlaggebend sind, darf man die Ausrüstung, Stärke und Leistungsfähigkeit der Ortsfeuerwehr beileibe nicht als den unwesentlichsten ansehen. Unter den örtlichen Gründen und Gesichtspunkten, deren Produkt jede Baupolizei-Verordnung ist, muß der jeweilige Stand des Feuerlöschwesens als ein sehr wichtiger erscheinen. In einer kleinen Stadt kann darum eine bauliche Maßnahme sehr schädlich sein, die man in einer Großstadt unbedenklich in jedem Hause anwendet.

Die Unvollkommenheit der Ortsfeuerwehr kann in fehlerhafter Organisation, in zu geringer taktischer Angriffskraft und Leistungsfähigkeit seinen Grund haben, aber auch in mangelhafter Ausrüstung mit Geräten. Erstere beiden Fehler sind schwerer zu beseitigen. Die Behebung des letztgenannten ist jedoch sehr einfach. Dazu sind nur Geldaufwendungen notwendig. Geschieht das, so kann man, wenn auch nicht alle, so doch manche der in der Baupolizei-Verordnung vorgeschriebenen Maßnahmen zum Vorteil der Bauenden mildern. Man ersieht daraus, daß erhöhte Aufwendungen für das Feuerlöschwesen nicht allein der persönlichen Sicherheit der Bewohner zugute kommt, daß sie nicht nur im besten Falle ein Herabgehen der Versicherungssätze zur Folge haben. Sondern man erkennt, daß sie sich in Bauerleichterungen, in der besseren Ausnutzung und der erhöhten Einnahme aus den Grundstücken sehr bezahlt machen können.

Freilich ist es doch gar zu bequem, bei Aufstellung neuer Baupolizei-Verordnungen einzelne Vorschriften „alter bewährter" Verordnungen anderer Städte ohne weiteres abzuschreiben. Was vor vielen Jahren wo anders gut und zweckmäßig war, paßt aber meistens für diese neu aufzustellenden Bauordnungen nicht mehr. Der Unterschied der örtlichen Verhältnisse, der ganz ungewöhnliche Fortschritt der Brandtechnik bleibt darin unberücksichtigt. Es gibt eine große Anzahl neuerer Bauordnungen, in denen sich unvollkommene Gesetzesvorschriften mit dem Dichterwort wie eine ewige Krankheit bis heut fortgeerbt haben. Ohne Rücksicht auf Fortschritt und Örtlichkeit.

Es ist an der Zeit, daß unsere Baupolizei-Verordnungen von dieser Krankheit gesunden, daß die inzwischen fortgeschrittene Erkenntnis und die Entwicklung der Brandtechnik endlich die notwendige Berücksichtigung findet. Man glaube nun etwa gar nicht, daß eine Steigerung der Auflagen für die Bauenden damit notwendig verbundeu sei. In einigen Punkten wird es sich ja kaum vermeiden lassen. Viele Bestimmungen der Baupolizei-Verordnungen werden sich aber mit Rücksicht auf die Fortschritte des Feuerlösch- und Rettungswesens bedeutend mildern lassen. Es sei nur auf die ausgedehntere Verwendung von Fachwerksbauten, auf die verminderte Notwendigkeit der Durchfahrten, auf die Lichtöffnungen in Brandmauern u. a. hingewiesen. Der Grundsatz muß jede Baupolizei-Verordnung beherrschen, daß auf die Feuersicherheit nicht mehr Gewicht gelegt wird, als bei der heutigen Bauweise und dem jetzigen hohen Stande des Feuerlöschwesens unbedingt notwendig ist.

Der Zweck dieses Buches soll sein, die an dem Inhalt und der Handhabung der Baupolizei-Verordnungen interessierten Kreise auf die brandtechnischen Gesichtspunkte bei Bauausführungen hinzuweisen. Die jetzt hierin vielfach bestehende Unkenntnis führt häufig zu einem Zuviel, oft zu einem Zuwenig. Beides bringt in vielen Fällen schwere Schädigungen. Nach der wirtschaftlichen Seite oder für die öffentliche Sicherheit.

Wenn die nachfolgende Arbeit manchen Beamten der Gemeinde- wie der Baupolizei-Verwaltungen und der Feuerwehr und nicht weniger Bauherren und Architekten hin und wieder einen Hinweis bieten könnte, wenn sie manchmal den Anstoß geben möchte, die Bestimmungen der bestehenden Bauverordnungen der größeren Städte nachzuprüfen, dann wäre ihr Zweck erreicht.

„Die Fürsorge gegen Feuersgefahr bei Bauausführungen" gehört nach dem § 6 des Preußischen Polizeiverwaltungsgesetzes vom 11. März 1850 zu den Gegenständen der ortspolizeilichen Aufgaben. Der Titel dieses Buches hat also eine gewisse traditionelle Berechtigung. Naturgemäß konnten in dem knapp gehaltenen Rahmen nicht alle Arten von Hochbauten besprochen werden. Viele Gebäude für besondere Gewerbe und sonstige Zwecke mußten unberücksichtigt bleiben.

Der empirische Charakter der Brandtechnik muß es mit sich bringen, daß manche Fachmänner dieser technischen Wissenschaft nicht in allen Punkten mit dem Verfasser übereinstimmen werden. Es würde für die Sache von großem Vorteil sein, wenn die berufenen Techniker ihrer abweichenden Ansicht in den Fachblättern Ausdruck geben würden. Denn allein der Widerstreit der Meinungen ist geeignet, volles Licht über manche noch nicht genügend geklärte Fragen zu verbreiten.

Posen, im Juni 1908.

Der Verfasser.

Inhalt.

Erster Teil.

Einleitung.

Zweiter Teil.

Die Feuerbeständigkeit der Baustoffe.

Dritter Teil.

Die Einzelausführungen an sich.

Vierter Teil.

Die Einzelausführungen in ihren Beziehungen zur Gesamtanlage des Gebäudes.

Literatur.

Dr. Baltz, Preußisches Baupolizeirecht. Berlin 1905.
Doehl, Repertorium des Baurechts und der Baupolizei. Berlin 1867.
Parey, Die Baupolizeiverordnung für den Stadtkreis Berlin vom 15. Januar 1887 und die Rechtsgrundsätze des Kgl. Preuß. Oberverwaltungsgerichts.
Dr. Plathner, Das private Baurecht in Preußen nach Inkrafttreten des Bürgerlichen Gesetzbuchs, P.-V.-Bl. 22, 541 ff.
Doehring, Handbuch des Feuerlösch- und Rettungswesens. Berlin 1881.
Dr. von Schwartz, Handbuch zur Erkennung, Beurteilung und Verhütung der Feuer- und Explosionsgefahr. Konstanz 1902.
Molitor, Feuerschutz und -Trutz. Stuttgart, Berlin, Leipzig.
Dr. von Ritgen, Der Schutz der Städte vor Schadenfeuer. Jena 1902.
Stude und Reichel, Bericht über die am 9., 10. und 11. Februar 1893 in Berlin vorgenommenen Prüfungen feuersicherer Baukonstruktionen. Berlin 1893.
Foerster, Die Eisenkonstruktionen der Ingenieur-Hochbauten. Leipzig 1906.
Linse, Der eisenverstärkte Beton. 1903.
Derselbe, Feuersichere Baukonstruktionen. Ztschr. d. Ver. d. Ing. 1897, S. 1006.
Westphalen, Moderne Lagerschuppen und Speicher in der Freien und Hansestadt Hamburg. Vortrag gehalten auf dem Kongreß für Feuerverhütung. London 1903.
Westphalen, Mitteilungen in Veranlassung einer im Jahre 1904 nach den Vereinigten Staaten von Amerika gemachten Studienreise. Hamburg 1905.
von Barkhausen, Die Balkendecken mit besonderer Berücksichtigung der neueren feuersicheren Deckenkonstruktionen. Stuttgart 1901.
Breymann, Baukonstruktionslehre.
Scharowsky, Musterbuch für Eisenkonstruktionen. Berlin 1892.
Junkers, Über Abführung der Abgase bei Gasöfen. Journ. f. Gasbeleuchtung 1908, S. 169.
Garbe, Die Feuersicherheit der Warenhäuser. Berlin 1900.
Handbuch der Architektur. Stuttgart 1904.
Ruhstrat, Verwaltungsbericht der Stettiner Feuerwehr 1902.
Fried, Kirchen- und Turmbrände, deren Bekämpfung und Verhütung. München.
Deditius, Über Sicherung der Kirchen gegen Feuersgefahr. Vortrag gehalten auf dem Verbandstage Deutscher Berufsfeuerwehren 1907.
Hagn, Der Schutz der Eisenkonstruktionen gegen Feuer. Berlin 1904.
Prüfungen feuersicherer Baukonstruktionen. Berlin 1893.
Vergleichende Versuche über die Feuersicherheit von Speicherstützen. Hamburg 1895.
Vergleichende Übersicht über die Feuersicherheit gußeiserner Speicherstützen. Hamburg 1897.

Zeitschriften:

Baupolizeiliche Mitteilungen.
Zentralblatt der Bauverwaltung.
Deutsche Bauzeitung.
Ostdeutsche Bauzeitung.
Feuer und Wasser.
Archiv für Feuerschutz-, Rettungs- und Feuerlöschwesen.
Feuerpolizei.
Beton und Eisen.
Stahl und Eisen.
Der Gesundheitsingenieur.
Zeitschrift für angewandte Chemie.
Zeitschrift des Vereins deutscher Ingenieure.

Erster Teil.

Einleitung.

1. Bauherr und Baupolizei.

Das Baurecht ist im allgemeinen auf einem fundamentalen Rechtsgrundsatz begründet: auf dem Rechte der Baufreiheit. In Preußen gilt z. B. § 65 Titel 8 Teil I des Allgemeinen Landrechts, in dem es heißt: „In der Regel ist jeder Eigentümer seinen Grund und Boden mit Gebäuden zu besetzen oder seine Gebäude zu verändern wohl befugt.“ Der Eigentümer eines Grundstücks ist daher, soweit dem nicht das Gesetz oder die Rechte Dritter entgegenstehen, berechtigt, auf seinem Grund und Boden Gebäude nach seinem Belieben zu errichten oder an vorhandenen Gebäuden irgendwelche Veränderungen vorzunehmen.[1]) Baufreiheit.

Die Errichtung von Gebäuden ist von weitgehender Bedeutung für die Sicherheit und Gesundheit der Staatsbürger. Die Art der Bebauung eines Grundstücks kann auch für die benachbarten Gebäude, ja für ganze Häuserblocks unter Umständen mit hohen Gefahren verknüpft sein. Man muß es darum als richtig bezeichnen, daß die Bebauung nicht gänzlich der Willkür des Grundstückseigentümers überlassen bleibt, sondern daß sie der Staat im Interesse des Gemeinwohls unter seine Aufsicht nimmt und, wo und soweit es nötig ist, die Baufreiheit des Einzelnen einschränkt. Baubeschränkung.

Im Rechte der Baufreiheit ist es begründet, daß sich die Baupolizei-Verordnungen darauf beschränken müssen, lediglich das im öffentlichen Interesse durchaus Notwendige anzuordnen, daß jedoch darauf verzichtet werden muß, darüber hinausgehend das lediglich Wünschenswerte, wenn auch vielleicht recht Zweckentsprechende zu fordern.[2]) Das Notwendige.

2. Die Aufgaben und Anordnungen der Baupolizei.

Man hat es als erste und eigentliche Aufgabe der Polizei bezeichnet, Sicherheit zu gewähren. Und in der Tat müssen die baupolizeilichen Vorschriften in erster Linie dahin zielen, den Bewohnern Sicherheit besonders gegen Feuersgefahr zu verschaffen.[3]) Fürsorge für die Sicherheit.

[1]) Vergl. hierzu auch § 903 B. G.-B.

[2]) Vergl. Baltz, a. a. O. S. 74.

[3]) Vergl. Poliz.-Verw.-Gesetz vom 11. März 1850, § 6.

Der Schutz der Bewohner hiergegen gehört noch mehr zur vornehmsten Aufgabe der Baupolizei als die rein baupolizeilichen Maßnahmen, welche sich auf die technische Konstruktion und die Festigkeit der Bauten beziehen.[1])

Einschreiten der Baupolizei.

Die für gewisse Bezirke erlassenen Baupolizei-Verordnungen können nun unmöglich vollständige Zusammenfassungen und Aufzählungen aller für den Geltungsbereich in Frage kommenden Anordnungen bilden. Die örtliche, von Fall zu Fall wechselnde Lage zwingt die Polizeibehörde, oft über die bestehende Bauordnung hinaus oder zu deren Ergänzung Vorschriften zu machen, sobald es gilt, den Bewohnern oder Nachbarn die notwendige Sicherheit zu gewähren. Und die Rücksicht auf die Sicherheit berechtigt auch die Baupolizei zu jederzeitigem Einschreiten.[2])

Selbst bei bereits genehmigten und konsensmäßig ausgeführten Baulichkeiten darf die Polizeibehörde auch noch nachträglich diejenigen Vorkehrungen verlangen, welche sich im Interesse der Fürsorge gegen Feuersgefahr als notwendig erweisen.[3])

3. Die Grenzen der sicherheitspolizeilichen Forderungen.

Grenzen des Notwendigen.

Wie oben ausgeführt, darf jedoch nur das Notwendige, nicht das bloß Wünschenswerte verlangt werden, wenn es auch noch so zweckmäßig sein mag. Wie weit geht nun das Notwendige? Das kann nicht ein für allemal bestimmt sein. Eng bebaute Städte mit dichter Bevölkerung, mit reger Industrie und ihren sonstigen Einrichtungen, welche erhöhte Gefahrsmomente herbeiführen, müssen anders beurteilt werden als rein ländliche Bezirke, deren Bewohner weniger Gefahren ausgesetzt sind. Der Begriff des im Sicherheitsinteresse Notwendigen kann also nicht feststehen, sondern er schwankt je nach Ort und sonstigen Verhältnissen, nach Zweck und Konstruktion des Gebäudes u. a.

Bauwerke, welche nicht durch Feuer zerstört werden können, gibt es nur wenige. Man muß nicht nur die Feuerfestigkeit oder Unverbrennlichkeit der Stoffe in Betracht ziehen, aus denen ein Gebäude besteht, sondern auch daran denken, daß die darin lagernden Gegenstände bisweilen außerordentlich feuergefährlich sind. Man hat Baumaterialien, welche gänzlich unverbrennbar sind. Doch zeigen viele Brände, daß selbst die meisten der Gebäude, welche aus diesen unverbrennbaren Baustoffen nach den neuesten Erfahrungen der Technik errichtet waren, durch die Hitze und Gase der in ihnen brennenden Stoffe in kurzer Zeit zerstört werden. Darum würde es wohl zu viel verlangt sein, wenn man von Bauten eine absolute Festigkeit gegen jeden auch noch so lange in ihnen wütenden Brand fordern wollte.

---

[1]) Vergl. Baltz, a. a. O. S. 7.

[2]) Vergl. O.-V.-G. 7, 314; 29, 390.

[3]) Vergl. O.-V.-G. vom 22. April 1904, Pr. V.-Bl. 26, 60.

Die obere Grenze des im Feuersicherheits-Interesse als notwendig zu bezeichnenden wäre damit sicherlich überschritten. Andererseits muß man als unterste Grenze der Feuersicherheit verlangen, daß die baulichen Einrichtungen so getroffen werden, daß den Bewohnern durch einen Brand die Wege zur Rettung nicht gänzlich abgeschnitten sind.

Mittel und Zweck.

Zwischen diesen beiden Grenzen liegt das, was man als notwendig anerkennen muß. Das wird nun je nach der Lage und Benutzungsart des Gebäudes verschieden sein. Auf jeden Fall müssen die Forderungen der Baupolizei, soweit es sich um die Sicherung von Menschenleben handelt, sich nach der Feuergefährlichkeit des Gebäudes richten. Für den Schutz des Eigentums muß vor allem der Grundsatz beachtet werden, daß Mittel und Zweck im Einklang bleiben müssen.[1]) Hierauf kann nicht deutlich genug hingewiesen werden. Wir werden später Gelegenheit haben, uns mit der Frage zu befassen, was für die einzelnen Fälle als notwendig anzusehen ist.

4. Die Zunahme der Feuergefährlichkeit.

Es darf allerdings nicht verkannt werden, daß die Feuergefährlichkeit von Jahrzehnt zu Jahrzehnt zunimmt. Besonders in den Großstädten. Aber auch auf dem Lande, wenn auch hier wesentlich langsamer. Mit der wachsenden Feuergefährlichkeit müssen naturgemäß auch die Geldmittel sich erhöhen, welche bei Bauten zur Erreichung der notwendigen Feuersicherheit aufzuwenden sind.

Zunahme der Feuergefährlichkeit in den Städten.

Woher kommt es, daß die Feuergefährlichkeit sich mehr und mehr steigert? In den Großstädten nimmt die Zahl der Läden stetig zu. Ihre Größe, die Zahl und Ausdehnung ihrer Schaufenster wächst fortwährend. Trennungswände im Innern werden herausgerissen, eine Menge leicht brennbarer Stoffe werden in ihnen angehäuft. Sehr reiche, nicht immer sachgemäß angelegte und bediente Beleuchtungseinrichtungen vermehren die Möglichkeit zur Entstehung von Bränden. Neue Gewerbebetriebe entstehen in großer Anzahl. Die älteren werden erweitert und vergrößert, durch die Verwendung von Maschinen wird die Zahl der Brandquellen nicht verringert. Industrie und Wissenschaft haben eine Menge zum Teil höchst feuergefährlicher Stoffe erzeugt, welche früher unbekannt waren (Kalziumkarbid, Petroleum-Destillate usw.).

Der hohe Preis für Grund und Boden zwingt zu Bauten, deren Höhe die zulässige Grenze erreicht. Die niedrigeren Häuser verschwinden in den Großstädten mehr und mehr. Die Bauart ist infolge der umfangreichen Verwendung von Eisen leichter geworden. Die Höfe sind kleiner als früher. Dadurch werden nicht nur die oberen Stockwerke bei einem

---

[1]) Vergl. die Worte von Branddirektor Stude-Berlin vor Beginn der großen Brandproben in Berlin 1893. Deutsche Bauzeitung, Jahrg. 1893, S. 226.

Brande mehr gefährdet, sondern es wird auch das Eingreifen der Feuerwehr in hohem Grade erschwert und verzögert. Die Durchfahrten sind enger geworden. Rettungsgeräte in die Höfe hineinzubringen, ist damit der Feuerwehr schwerer gemacht. Das Verlangen nach Bequemlichkeit und Erleichterung des Geschäftsbetriebes führt zu Durchbrechungen der Zwischendecken, damit Innentreppen, Fahrstühle, Lichthöfe angelegt werden können. Alles Einrichtungen, welche geeignet sind, die Ausbreitung von Bränden wesentlich zu erleichtern.

Wenn man zudem noch bedenkt, daß heutzutage wegen der erhöhten Schnelligkeit des Geschäftsverkehrs, der intensiveren Arbeit, der größeren Ausnutzung der Zeit, überhaupt wegen des schnelleren Lebens die Unachtsamkeit beim Umgehen mit Licht oder Feuer in hohem Grade zugenommen hat, daß dabei die Streichhölzer so außerordentlich billig geworden sind, daß sie nicht mehr so sorgfältig wie früher gehütet werden, so wird man leicht die Gründe dafür erkennen, daß in den Städten die Feuersicherheit geringer geworden ist. Die Brandquellen sind vermehrt, diejenigen Momente jedoch, welche früher der Ausbreitung eines Brandes entgegenstanden, wesentlich verringert.

Zunahme der Feuergefährlichkeit auf dem Lande.

Auch auf dem Lande ist die Feuergefährlichkeit gewachsen. Begünstigte schon die Bauart der Gebäude, die Menge der aufgehäuften brennbaren Stoffe, noch dazu meist nicht genügend gegen Einwirkung von außen geschützt, u. a. die Entstehung und Ausbreitung von Bränden, so sind neuerdings noch die Gefahren vermehrt worden durch die umfangreiche Verwendung von Maschinen, besonders von Lokomobilen. Das durch die wirtschaftliche Lage häufig notwendig werdende Alleinlassen von Kindern und Unzurechnungsfähigen hat auf dem Lande ebenso wie in den Städten zur Erhöhung der Zahl der Brände wesentlich beigetragen. Auch die wachsende Unzuverlässigkeit des Dienstpersonals und manches andere ist nicht ohne Schuld daran.

5. Die Mitwirkung der Feuerwehr bei der baupolizeilichen Tätigkeit.

Brandtechnische Erfahrungen der Baubeamten.

Seitens der Polizei wird wohl erkannt, daß die Feuergefährlichkeit bei Bauausführungen stetig zunimmt. Bei der dadurch erforderlich werdenden erhöhten Aufmerksamkeit und der eingehenderen Erwägung derjenigen Maßnahmen, welche im öffentlichen Interesse zur Erreichung des Notwendigen durchzusetzen sind, hat man aber schon seit längerer Zeit erkannt, daß die Erfahrungen der der Baupolizei zur Verfügung stehenden Baubeamten nicht ausreichen, um neben den rein bautechnischen Fragen auch die brandtechnischen mit genügender Sicherheit beurteilen zu können.

Heranziehung der Feuerwehr.

Man hat daher mehr und mehr die Fachmänner dieses jüngsten Zweiges der wissenschaftlichen Technik, die Feuerwehrbeamten, zur Begutachtung herangezogen. Es muß als durchaus richtig bezeichnet werden, daß man heutzutage in allen Großstädten und in einer großen Reihe von kleineren die Kenntnisse und Erfahrungen, welche sich die Feuerwehr bei Menschenrettungen, bei dem Angriff und der Verteidigung gegen das Feuer, bei der eingehenden Beobachtung der Baumaterialien bei Bränden und gleich nach ihnen erringt, zum Besten der öffentlichen Sicherheit ausnutzen will.

Gutachten.

Die Unterstützung und Ergänzung der Baupolizei durch die Feuerwehr geschieht einmal durch die Abgabe von Gutachten über feuer- und sicherheitspolizeiliche Fragen vor der Genehmigung von Neu- und Umbauten. An manchen Orten (z. B. in Bayern,[1]) auch in Frankfurt a. Main und anderswo) werden aber auch in vorhandenen Gebäuden, bei denen Umbauten nicht in Frage stehen, durch Beamte der Feuerwehr periodische Revisionen der Heizungs-, Beleuchtungsanlagen und der für die Sicherheit der Bewohner sonst wichtigen Einrichtungen vorgenommen. Es kann nicht verkannt werden, daß durch beide Arten der vorbeugenden Tätigkeit von der Feuerwehr ein recht anerkennenswerter Dienst für die öffentliche Sicherheit geleistet wird. Erfreulich ist es, daß die Erkenntnis des großen Werts der Mitarbeit der Feuerwehr sich mehr und mehr bei den Baupolizeibehörden Bahn bricht. Bei den meisten Berufsfeuerwehren überwiegt denn auch heute schon die vorbeugende Tätigkeit bei weitem die abwehrende. Die Tinte wird, wie sich einmal jemand äußerte, heutzutage bereits von der Feuerwehr viel öfter als Waffe gegen das Feuer benutzt als das Wasser.

Revisionen.

6. Grundsätze für die Handhabung der Feuer- und Sicherheitspolizei.

Fortschritte der Baukunst.

Der erste Grundsatz des Baurechts ist, wie erwähnt, im allgemeinen die Baufreiheit, nicht die Baubeschränkung. Die Baupolizei wird darum stets bestrebt sein müssen, Hand in Hand mit den Fortschritten und der Entwicklung der Baukunst ihren Aufgaben gerecht zu werden. Nicht gegen sie.

In erster Linie Sicherheit.

Dort wo es sich um die dringend notwendige Sicherung der Bewohner gegen Lebensgefahr handelt, müssen die im Interesse der Ästhetik und aus sonstigen Gründen zu stellenden Forderungen zurücktreten. Das muß die vornehmste Aufgabe der Baupolizei bleiben, für die Sicherheit der Bewohner zu sorgen. Sache des Architekten ist es, die Einrichtungen, welche das Sicherheitsinteresse erfordert, seinem Werk in zweckentsprechender und praktischer Weise einzuordnen, und dabei für sie Formen zu finden, welche zugleich den sicherheitstechnischen und gesundheitlichen, wie den künstlerischen Ansprüchen genügen.

[1]) Vergl. Sammlung von Vorschriften für die Feuerbeschaukommissionen in Bayern. Schweitzers Verlag in München.

Zweiter Teil.

Die Feuerbeständigkeit der Baustoffe.

A. Verschiedene Grade der Feuerbeständigkeit.

Es herrscht im allgemeinen viel Unklarheit über die Anwendung der Bezeichnungen, welche einen größeren oder geringeren Grad von Widerstandsfähigkeit gegen das Feuer angeben.[1])

Die Worte „unverbrennlich, feuersicher, feuerbeständig, feuerfest“ und manche andere werden angewendet.

Man bezeichnet z. B. Deckenkonstruktionen aus Eisenbeton, die tatsächlich durch Feuer unzerstörbar sind, als „feuersichere“ Decken und läßt dasselbe Beiwort hölzernen Treppen zukommen, die an der Unterseite gerohrt und geputzt sind. Daß zwischen beiden in bezug auf Feuerbeständigkeit ein gewaltiger Unterschied besteht, sieht jeder ein. Und doch gibt man ihrer Widerstandsfähigkeit die gleiche Bezeichnung.

Feuerbeständig.

Jeder Gegenstand setzt einer Reihe von äußeren Einwirkungen einen mehr oder minder großen Widerstand entgegen. Man spricht von der „Festigkeit“ eines Körpers gegen Zug, Druck usw., von der „Wärmeleitungsfähigkeit“ u. a., und bezeichnet damit nicht das Maß, sondern die Art des Widerstandes, welchen ein Gegenstand gewissen Einwirkungen von außen her gegenüber leistet. Auch dem Feuer setzt jeder Körper einen mehr oder minder großen Widerstand entgegen. Zur Bezeichnung dieser Art der Widerstandsfähigkeit eines Körpers scheint das Wort „Feuerbeständigkeit“ recht geeignet. Jeder Baustoff hat Feuerbeständigkeit, sie kann groß oder klein sein.

Bei Benennung der verschiedenen Grade von Feuerbeständigkeit haben sich die Feuerwehren gewöhnt, zwei Fachausdrücke zu gebrauchen, welche die absolute und die relative Feuerbeständigkeit bezeichnen.

Feuerfest.

„Feuerfest“ nennt man diejenigen Baustoffe und Konstruktionen, welche einmal tatsächlich unverbrennlich sind. Man wird einwenden, daß schließlich alle Baustoffe bei ganz hohen Temperaturen verbrennen. Gewiß. Hier sind jedoch natürlich nur solche Temperaturen gemeint, welche bei

[1]) Vergl. hierzu Elsner, Was heißt feuersicher? Zeitschr. Feuerpolizei Bd. 5, S. 33.

Bränden bisher beobachtet sind. Sie übersteigen kaum 1500 ° C. Aber nicht nur unverbrennlich müssen Baukonstruktionen sein, die auf das Beiwort „feuerfest" Anspruch machen, sondern sie dürfen auch bei einer Erhitzung in dem erwähnten Umfange ihre Form gar nicht oder wenigstens viele Stunden hindurch nicht verändern und ihre Tragfähigkeit und den Zusammenhang nicht verlieren.

Feuersicher.

Den geringeren Grad von Feuerbeständigkeit bezeichnet man als „feuersicher". Man nennt so die relative Feuerbeständigkeit. Unter feuersicheren Baustoffen und Konstruktionen versteht man solche, die einem heftigen Brande eine gewisse Zeitlang, etwa 1 bis 2 Stunden, widerstehen, schließlich aber durch das Feuer zerstört werden oder ihre Form stark verändern oder ihre Tragfähigkeit verlieren. Diesen geringeren Grad von Feuerbeständigkeit wird man dort als ausreichend ansehen, wo man mit einiger Sicherheit annehmen kann, daß die Feuerwehr bei ihren Löscharbeiten in dem angegebenen Zeitraum so weit vorgedrungen ist, daß in der näheren Umgebung der Bauteile, für welche ein erhöhter Feuerschutz verlangt wird, der Brand bewältigt ist.

Es ist im Interesse der Sache erfreulich, daß auch das preußische Staatsministerium diese Bezeichnungen der verschiedenen Grade von Feuerbeständigkeit zu seinen eigenen gemacht hat.[1])

Beispiele.

Ungeschützte Eisenkonstruktionen sind unverbrennlich. Nach der vorstehenden Begriffsbezeichnung wird man sie aber nicht feuerfest nennen können. Sie verändern nämlich in starker Hitze ihre Form und verlieren ihre Tragfähigkeit. Nicht einmal feuersicher sind sie. Denn schon nach kurzer Zeit hört ihre Widerstandsfähigkeit gegen heftiges Feuer auf. Mit einem guten Feuerschutzmaterial bekleidete Holzwände sind keineswegs unverbrennlich, darum auch nicht feuerfest. Doch widerstehen sie auch einem heftigen Feuer längere Zeit. Sie sind mithin feuersicher. Eisenbeton ist feuerfest: er ist unverbrennlich und verliert auch beim heftigsten Brande weder Form noch Tragfähigkeit.

B. Die einzelnen Baustoffe.

I. Die natürlichen Steine.

Hausteine sind im allgemeinen als nicht zuverlässig im Feuer zu bezeichnen. Sie zerspringen meist oder verlieren ihre Tragfähigkeit schon bei einer Hitze, die zum Bleischmelzen genügt. Und zwar hat es den Anschein, als ob dies beim heftigen Brande um so leichter eintritt, je härter die Steine von Natur sind.

---

[1]) Vergl. Erlaß des Ministers des Innern und des Ministers der öffentlichen Arbeiten vom 15. August 1902. J.-Nr. 5185 P. III. — Ferner: Sonderanforderungen an Warenhäuser usw. vom 2. November 1907, Anm. 1 und 2.

Granit. Granit zerspringt in der Hitze infolge des Wassergehalts seiner Feldspatkristalle, er wird mürbe und verliert seine Tragfähigkeit. Das ist bei vielen größeren Bränden zutage getreten. Auch Gneis und Syenit werden durch Feuer zerbröckelt. Sie zerspringen besonders leicht, wenn sie erhitzt von einem kalten Wasserstrahl getroffen werden.

Gneis. Syenit.

Basalt. Basalt springt bei großer Hitze in Stücke „wie Eis unter einer Picke". Beim letzten großen Brande von San Franzisko zersprang sogar das Straßenpflaster aus Basalt in lauter kleine Stücke, so daß die Straßen frisch geschotterten Chausseen nicht unähnlich waren.

Marmor. Marmor, kristallinisch kohlensaurer Kalk, verwandelt sich im Feuer zu Ätzkalk und verliert dabei seine Widerstandskraft. Einer, aber sicherlich nicht der geringste der Gründe dafür, daß von den herrlichen Bauwerken der alten Griechen so wenig erhalten ist, liegt in der geringen Haltbarkeit des Marmors beim Brande.

Kalkstein. Dolomite. Kalksteine und Dolomite zerfallen schon bei 600—800°. Es entweicht dann die in ihnen enthaltene Kohlensäure. Der gebrannte Kalk zerfällt infolge der Einwirkung des Wasserstrahls zu Pulver.

Sandstein. Wenn Sandstein, wie die eben genannten Gesteinsarten kalkige, mergelige oder tonige Bindemittel enthält, so zerfällt er leicht bei großer Hitze. Besser halten sich Sandsteine mit kieseligem Bindemittel. Doch bleibt ihre Feuerbeständigkeit immer noch recht gering.

Treppen und Säulen aus Naturstein. Die meisten natürlichen Gesteine sind also nicht einmal feuersicher. Selbst in Wohnhäusern, in denen man Natursteine zu Treppenstufen und Säulen verwendet, muß man mit der Möglichkeit rechnen, daß diese im Feuer bersten, daß die Säulen einstürzen und die Treppen unpassierbar werden. Darum ist es notwendig, daß auf die geringe Feuerbeständigkeit dieser Gesteine einige Rücksicht genommen wird. Aus diesem Grunde wird in vielen Baupolizeiverordnungen vorgeschrieben, daß bei freitragenden Granittreppen, die gleichfalls aus Granit bestehenden Podeste durch Eisenträger, Mauerbögen oder Gewölbe zu unterstützen sind, damit den Treppen bei einem Brande ein fester Halt gegeben wird.

Freitragende Granittreppen.

Feuersichere Bekleidung. Unbedingt erforderlich ist es jedoch, belastete Konstruktionsteile aus Haustein, also z. B. Treppen, Säulen u. dergl. feuersicher zu bekleiden in denjenigen Gebäuden, welche durch ihre Konstruktion, ihren Inhalt oder ihre Bestimmung besonders feuergefährlich sind. Also z. B. Waren- und Geschäftshäuser, Fabriken, Lagerhäuser, Speicher u. dergl. Ferner in Gebäuden, welche zur Aufnahme und für den Verkehr einer größeren Personenmenge dienen, also in Theatern, Versammlungsräumen u. a. Endlich müssen in Wohngebäuden, die in den unteren Geschossen Geschäftslokale, Lagerräume, Werkstätten mit einer größeren Menge brennbarer Stoffe enthalten, Konstruktionsteile aus natürlichen Gesteinen feuersicher bekleidet werden. Und zwar dort, wo sie von der Hitze eines Feuers in den unteren Geschossen möglicherweise erreicht werden können, also namentlich in den

Treppenhäusern. Freitragende Hausteintreppen sind in solchen Gebäuden am besten ganz zu vermeiden, selbst wenn sie an ihrer Unterseite feuersicher bekleidet sind. Zum mindesten sind sie jedoch durch ummantelte Träger zu unterstützen.

II. Die künstlichen Steine.

Im allgemeinen haben die Kunststeine gegen heftiges Feuer eine viel größere Widerstandskraft als die natürlichen. Jedoch hat neuerdings wieder der Brand von San Franzisko gezeigt, daß man in seinem Vertrauen auf die Feuerbeständigkeit künstlicher Steine nicht zu weit gehen darf. Nicht alle sind feuerfest.

Ziegelsteine.

Backsteine bester Sorte hatten dort durch die Hitze so gelitten, daß man sie mit dem Stiefelabsatz zerdrücken konnte. Ihre geringe Widerstandskraft gegen hohe Temperaturen verdanken sie vermutlich irgendwelchen Beimischungen von Kalksteinen oder dergl. Derartige Beimengungen blähen sich durch die Hitze und die Einwirkung des Löschwassers auf und bringen die Backsteine zum Bersten. Man will beobachtet haben, daß hellfarbige Ziegel hohe Temperaturen weniger gut aushalten als rote;[1]) wohl ihres Kalkgehalts wegen.

In der Regel sind gewöhnliche hart gebrannte Klinkersteine vollkommen feuerfest. Das beweisen alljährlich viele Brände. Am widerstandsfähigsten sind sie, wenn sie in Zementmörtel liegen. Mauern aus weniger feuerfesten Backsteinen kann durch einen sorgfältig ausgeführten Verputz ein hoher Grad von Feuersicherheit gegeben werden. Der Putz ist ein so schlechter Wärmeleiter, daß er die größte Hitze längere Zeit abhält. Nach Abfallen des Putzes erleiden die gewöhnlichen Ziegel allerdings Zerstörungen an der dem Feuer zugekehrten Seite. Diese können bei besonders hohen Temperaturen in das Mauerwerk mehrere Zentimeter tief hineindringen.

Bindekraft des Mörtels.

Zu bemerken ist, daß gewöhnlicher Kalkmörtel häufig im Feuer nach und nach seine Bindekraft verliert. Mauerwerk mit solchem Mörtel muß nach dem Brande oft abgetragen werden.

Schamotte. Terrakotta. Kunstsandstein.

Andere künstliche Steine haben sich zumeist ebenfalls bei Bränden gut bewährt, z. B. Schamotte-Backsteine und ähnliche. Terrakottasteine haben gleichfalls genügende Widerstandskraft gezeigt, doch ist es vorgekommen, daß sie brüchig wurden, als sie im erhitzten Zustande von dem kalten Wasserstrahle bespritzt wurden. Auch Kunstsandstein zeigt einen hohen Grad von Feuerbeständigkeit, wenn er sorgfältig in der ursprünglichen Güte hergestellt ist. Kunststeine aus ganz magerem Zementmörtel sind alles andere als feuerfest.

---

[1]) Döhring, a. a. O. S. 260. Vergl. auch Deutsche Bauzeitung 1893, S. 247.

III. Das Holz.

Brennbarkeit. Wohl alles Holz ist verbrennlich. Es wird daher nie auf die Bezeichnung „feuerfest" Anspruch machen. Doch kann Holz immerhin bei entsprechender Bearbeitung in gewissem Grade feuersicher sein, jedenfalls viel feuersicherer als natürliches Gestein und ungeschütztes Eisen, welche unverbrennlich sind. Mag auch leichtes Holzwerk sehr bald brennen, mag Holz auch, ohne daß es von der Flamme erreicht wird, schon auf weitere Entfernungen allein durch die strahlende Hitze entzündet werden, einen großen Vorzug hat es doch im Feuer vor manchen anderen Baustoffen: beim

Verkohlungsschicht. Brande bildet sich an der Außenseite eine Verkohlungsschicht, welche ihres überaus schlechten Wärmeleitungsvermögens wegen eine ausgezeichnete Isolierung darstellt. Die weitere Verbrennung schreitet darum nur langsam weiter.

Eine eichene Säule von 25 zu 25 cm wurde z. B. 30 Stunden lang einem heftigen Feuer ausgesetzt. Sie war nachher nur auf 10 zu 12 cm Stärke verkohlt.[1])

Seine Widerstandskraft gegen Feuer hat Holz bei vielen Großfeuern gezeigt, z. B. bei dem Brande eines Speichers in der Großen Reichenstraße in Hamburg im Jahre 1894, dessen gesamte inneren Tragekonstruktionen aus Kiefernholz bestanden. Trotz des mächtigen, fast vier Stunden wütenden Feuers von hohem Hitzegrade hatten alle hölzernen Hauptkonstruktionsteile eine Tragfähigkeit behalten, „welche nach menschlicher Berechnung nur dann zum Einsturz führen konnte, wenn durch Herabfallen schwerer Gegenstände oder dergl. während des Brandes eine erhebliche Erschütterung eingetreten wäre".[2])

Bei nicht sehr hoher Temperatur wird Holz entzündet. Doch muß u. U. eine Hitze von nahezu 500° erreicht werden, ehe schwere Balken aus Hartholz wirklich in Brand geraten.

Selbstentzündung. Eine eigenartige Erscheinung kann man aber wie bei allen anderen organischen Stoffen bei Holz beobachten, die man als Nachteil ansehen muß im Vergleich mit Stein und Eisen. Es ist dies die Neigung des Holzes zur Selbstentzündung, wenn eine verhältnismäßig schwache Wärme andauernd auf dasselbe einwirkt. Schon eine anhaltende Wärme von unter 100 bis 150° kann dem Holz u. U. gefährlicher werden als eine kräftige Flamme mit hoher Temperatur. Durch die fortwährend einwirkende Wärme wird zunächst das noch vorhandene Wasser dem Holz entzogen, dann tritt eine Veränderung in den sogen. Nebenstoffen des Holzes (z. B. in den harzigen Stoffen, in den aufgestrichenen Farben und dergl.) ein, ohne daß sich das eigentliche Holz selbst verändert. Nun folgt unter fortwährendem Ent-

---

[1]) Vergl. v. Schwartz, a. a. O. S. 179.

[2]) Vergl. den gedruckten amtlichen Bericht des Branddirektors Westphalen. Hamburg 1895.

weichen gasiger Produkte schwache Bräunung des Holzes, dann allmählich Röstung (Rotkohle) und schließlich Schwarzkohle. Sobald Röstung eintritt, hat das Holz die Fähigkeit und Neigung zur Selbstentzündung. Es genügt dann eine geringe Erhöhung der Wärme, um sie herbeizuführen, z. B. durch eine Lampe, auch ohne daß die Entzündungstemperatur des Holzes erreicht ist. Doch ist auch oft eine Steigerung der Temperatur von außen garnicht notwendig, da die Rotkohle den Sauerstoff der Luft kräftig aufsaugt und dadurch die Wärme im Holz ganz bedeutend steigert. Es kommt vor, daß sich dabei die Eigenwärme des Holzes auf 120° erhöht, während um dasselbe herum nur eine Temperatur von 80° herrscht.[1]) Wenn die Entstehung der Röstkohle vorübergegangen ist, ohne daß Selbstentzündung eingetreten ist, und sobald die Verkohlung (Bildung von Schwarzkohle) erfolgt, dann vermag warme Luft nicht mehr eine Entzündung hervorzurufen.[2]) Doch kann diese Neigung zur Selbstentzündung sehr leicht durch sachgemäße Bearbeitung beseitigt werden.

Weiche Hölzer. Weiche Hölzer brennen in einer kräftigen Flamme verhältnismäßig schnell an. Besonders wenn ihre Oberfläche rauh ist. Trotzdem haben sie meist eine erstaunliche Haltbarkeit im Feuer. Sie verziehen und verbiegen sich nur wenig und behalten unverändert ihre Lage. Balken und Stützen, die nicht ganz durchgebrannt sind, haben sehr oft auch noch so viel Tragfähigkeit, daß sie von einzelnen Feuerwehrmannschaften betreten werden können. Zum mindesten kann man bei ihrem Anblick mit ziemlicher Sicherheit beurteilen, ob sie herabfallen werden oder nicht. Und in der Regel wird man nachher finden, daß diese halb- oder noch mehrverbrannten Hölzer noch weit mehr halten, als man ihnen zugetraut hat.

Harte Hölzer. Sehr lange widerstehen dem Feuer harte Hölzer, z. B. Eichen- und Buchenholz.[3]) Besonders wenn sie feinporig sind. Weniger die grobporigen. Noch weit besser halten sich im heftigen Brande eine Reihe von tropischen Hölzern. Hier sind in erster Linie die westaustralischen Eucalyptushölzer zu nennen, darunter die Hölzer Karri[4]) und Jarrah.[5]) Bei einem Brandversuche in London hat eine sehr stark belastete offene Balkendecke aus Karriholz einem darunter angemachten Feuer von über 1000° C. zwei Stunden lang standgehalten, ohne daß sie durchbrannte. Bei

---

[1]) Zeitschrift „Der Gesundheitsingenieur" 1907, S. 130.

[2]) v. Schwartz, a. a. O. S. 180 ff.

[3]) Manche Eichenhölzer sind widerstandsfähiger als die Buche, manche sind weniger feuerbeständig. Die Buche zeigt größere Gleichmäßigkeit als die Eiche. Die Beurteilung ihrer Verwendungsfähigkeit ist also leichter. Man wird daher der Eiche kaum einen Vorzug vor der Buche einräumen. (Vergl. Zeitschrift für Forst- und Jagdwesen 1906, Juniheft.)

[4]) Eucalyptus diversicolor.

[5]) Eucalyptus marginata.

einem anderen großen Brande kam das um sich greifende Feuer an einem Haufen unbehauener Jarrahstämme zum Stehen wie an einer Brandmauer.

Oberfläche des Holzes.

Holz brennt desto leichter, je schärfere Kanten es hat und je rauher es ist. Rundhölzer sind deshalb weniger leicht entzündlich wie beschlagene Hölzer. Glatthobeln und Brechen aller Kanten sind bei beschlagenen Hölzern beachtenswerte Hilfsmittel. Sie vermögen auch den europäischen Hölzern, besonders den Harthölzern, einen gewissen Grad von Widerstandsfähigkeit gegen Feuer zu geben. Die sonstigen künstlichen Mittel, die Feuerbeständigkeit des Holzes zu erhöhen, werden weiter unten besprochen werden.

IV. Das Eisen.

Früher glaubte man allgemein, daß durch Verwendung von Eisenkonstruktionen in Gebäuden eine absolute Feuerfestigkeit erreicht würde. Und noch heute begegnet man hin und wieder dem Ausspruche: „Diesem Gebäude kann kein Brand etwas anhaben, es besteht ja ganz aus Stein und Eisen.“ Doch haben viele Brände bewiesen, daß diese Ansicht irrig ist. Eisen ist zwar unverbrennlich. Das genügt aber nicht, wie in der Einleitung ausgeführt, zur Feuerfestigkeit. Die sonstigen Erfordernisse dazu erfüllt es nicht. Nicht einmal feuersicher ist es.

Gute Wärmeleitung.

Eisen ist ein sehr guter Wärmeleiter. Es überträgt daher die Wärme sehr schnell auf andere Stoffe, die sich in seiner Nähe befinden. Das Wärmeleitungsvermögen verhält sich bei einzelnen Baustoffen wie folgt:[1]) Zementputz 100, Eichenholz 168, Ziegelsteine 330, Gußeisen 5000. Zementputz schützt also die darunter befindlichen Stoffe am meisten. Gußeisen läßt 50 mal mehr Wärme durch.

Wenn nun auch deswegen Eisen nicht sonderlich geeignet erscheint, darunter befindliche Stoffe dauernd gegen Entzündung zu schützen, so muß man doch manche Befürchtungen, welche die gute Wärmeleitungsfähigkeit des Eisens s. Zt. hervorrief, als übertrieben bezeichnen. So wurde z. B. von Versicherungs-Gesellschaften verlangt, daß eiserne Träger nicht durch eine Brandmauer hindurchgehen dürften, weil angeblich bei einem Brande auf der einen Seite der Brandmauer sich das Feuer durch die gut leitenden eisernen Träger auf die andere Seite der Mauer übertragen und dort in der Nähe befindliche brennbare Sachen entzünden könne. Versuche vom Jahre 1897 haben erwiesen, daß diese Ansicht nicht zutrifft. Bei einer mehr als fünfstündigen Erwärmung auf etwa 1500° auf der einen Seite einer einen Stein starken Brandmauer war die Eigentemperatur des Trägerendes auf der anderen nicht erwärmten Seite nur 163° C., bei zwei Steinen Stärke nur 51° C. usw.[2])

[1]) v. Schwartz, a. a. O. S. 69.

[2]) Deutsche Bauzeitung 1897, S. 247.

Doch verliert Eisen beim Brande sehr bald seine Tragfähigkeit. Es ist nur eine verhältnismäßig kleine Flamme in einem geschlossenen Raum erforderlich, um eine Säule oder einen Träger aus Eisen so zu erhitzen, daß sie durch die darauf ruhende Last verbogen werden. Der Brand des Staatsspeichers am Sandtor-Kai in Hamburg im Jahre 1891 gab dem Hamburger Senat die Veranlassung, unter einem Kostenaufwande von 30000 M. in den Jahren 1892/93 und 1895 umfangreiche Versuche über das Verhalten von schmiedeeisernen und gußeisernen Stützen im Feuer anstellen zu lassen.[1]) Auch die Versuche in Berlin 1893 haben manches zur Klärung der Frage beigetragen.[2]) Die Tragfähigkeit des Schmiedeeisens nimmt bei etwa 350° um 10 %, bei 500° um 60 %, bei 800° sogar um 80 % ab. Schon bei geringer Belastung biegen sich dann Säulen und Träger durch. Unter einer Belastung von 100 kg auf den Quadratzentimeter verlieren schmiedeeiserne Stützen bereits ihre Widerstandskraft, sobald sie eine Eigenwärme von etwa 600° C. erlangt haben. Gußeisen hält hohen Temperaturen etwas besser Stand als Schmiedeeisen. Die mit 500 kg für den Quadratzentimeter belasteten Stützen daraus verloren ihre Widerstandskraft bei etwa 800° Eigenwärme.

Verlust der Tragfähigkeit.

Eiserne Konstruktionen werden zumeist in solchen Gebäuden verwendet, in denen sich eine größere Menge brennbarer Stoffe befindet, bei deren Brand Temperaturen von 1000—1400° erreicht werden. Häufig erfolgt in solchen Gebäuden eine Deformation der nicht ummantelten eisernen Träger und Stützen und damit öfters der Zusammenbruch der ganzen Konstruktion.

Die Dauer der Widerstandsfähigkeit gegen hohe Temperaturen ist nach den Versuchen sehr verschieden. Sie hängt davon ab, wie schnell die Hitze zunimmt. Bei einer Temperatur von 1280—1500° haben belastete Stützen aus Schmiedeeisen zwischen 17 und 59 Minuten ausgehalten, bis sie ihre Tragfähigkeit verloren. Gußeiserne Stützen hielten zwischen 33 und 59 Minuten aus, in der Regel 35 Minuten.

Dauer des Widerstands.

Ein weiterer Nachteil des Eisens liegt darin, daß es sich im Feuer sehr erheblich ausdehnt. Und diese Ausdehnung geht sehr schnell vor sich, da sich die Hitze infolge der großen Wärmeleitungsfähigkeit leicht den Endpunkten des eisernen Trägers mitteilt. Die Ausdehnung von Schmiedeeisen

Ausdehnung.

---

[1]) Vergl. Deutsche Bauzeitung 1895, S. 274 ff. und 290 ff., sowie ebendort 1897, S. 232 ff. und 242 ff. — Ferner „Vergleichende Versuche über die Feuersicherheit von Speicherstützen", Hamburg 1895 (Otto Meisner), und „Vergleichende Übersicht über die Feuersicherheit gußeiserner Speicherstützen", Hamburg 1897 (Otto Meisner).

[2]) Vergl. Deutsche Bauzeitung 1893, S. 224 ff. — Ferner Stude und Reichel, „Bericht über die am 9., 10. und 11. Februar 1893 in Berlin vorgenommenen Prüfungen feuersicherer Baukonstruktionen", Berlin 1893 (Julius Springer).

bei einer Temperaturerhöhung von 100° beträgt etwa $^{1}/_{810}$, von Gußeisen etwa $^{1}/_{900}$ seiner Länge. Bis zu der Eigentemperatur von 600°, wo belastetes Schmiedeeisen seine Widerstandskraft verliert, dehnt es sich also um $^{6}/_{810}$ oder $^{1}/_{135}$ seiner Länge aus. Bei langen Trägern kann dieses Ausdehnungsmaß so bedeutend werden, daß die Umfassungsmauern nach außen umgeworfen oder Löcher in sie gestoßen werden.

Form-veränderung.

Wenn die Träger bei einer Eigentemperatur von mehr als 600° ihre Tragfähigkeit verloren haben, *biegen sie sich* bei weiterer Ausdehnung unter der Last nach unten durch. Jetzt drücken sie nicht mehr die Mauern nach außen. Doch eine andere Gefahr kann nun leicht eintreten: der unter der Belastung immer mehr nach unten einknickende Träger kann jetzt die Mauern, an denen er verankert ist, nach innen einreißen.[1])

Wenn jedoch die Außenmauern auch nicht infolge der Ausdehnung des Eisens umgeworfen werden, so tritt doch in vielen Fällen eine derartige *Verlegung des Schwerpunktes* ein, daß leicht Verschiebungen der Konstruktion, Risse und Brüche erfolgen können.

Daß Eisen für den Einfluß der Hitze sehr empfänglich ist, zeigt sich auch darin, daß aus ihm gefertigte Bauteile, deren Stärke im Verhältnis zur Länge und Breite gering ist, sich im Feuer auch ohne Belastung biegen und werfen. Das zeigt sich namentlich bei eisernen Türen. Als feuersicher kann man sie nicht bezeichnen, da sie beim Brande dermaßen ihre Form verändern, daß sie schon nach kurzer Zeit dem Feuer und Rauch den Durchgang gestatten.

Nachteil nicht geschützter Eisenkonstruktionen.

Wenn in einem Hause, das zur Lagerung einer größeren Menge brennbarer Stoffe dient, die tragenden Eisenkonstruktionen nicht auf die eine oder andere Art, die später besprochen werden wird, gegen den Einfluß der Hitze geschützt sind, so kann also im Feuer sehr leicht ein Einsturz erfolgen. Dringt beim Brande in solchen Gebäuden die Feuerwehr mit derjenigen Energie in das Innere, wie es bei anderen, selbst bei mit Balkendecken versehenen Gebäuden von gleicher Feuergefährlichkeit geschieht, so sind die im Gebäude liegenden *Feuerwehrmannschaften in hohem Grade gefährdet*. Auch die größte Aufmerksamkeit kann sie nicht vor den Gefahren des Einsturzes warnen. Denn wie die Hamburger Versuche ergeben haben, sind an den Eisenstützen äußere Zeichen der Abnahme der Widerstandsfähigkeit vor dem Einsturz nicht wahrzunehmen. Zwar zeigt sich kurz vorher eine schwache rötliche Färbung an ihnen. Doch ist diese bei einem Brande nicht zu erkennen. Darum wird sich jede Feuerwehr hüten, bei größeren Bränden in das Innere solcher Gebäude einzudringen. Es wäre von ihrem kommandierenden Offizier unverantwortlich gehandelt, wenn er seine Leute hiervon nicht zurückhalten würde, da er nicht wissen kann, ob und wann ein Einsturz erfolgt.

---

[1]) *Foerster*, a. a. O. S. 11, Anm. 3.

Diese Hemmung des energischen Angriffs der Feuerwehr durch die im Sinne der Feuersicherheit so mangelhafte Baukonstruktion bringt im wirtschaftlichen Interesse großen Schaden. Während es einer tüchtigen Feuerwehr in den Gebäuden mit gleich feuergefährlichem Inhalt aber anderer Konstruktion meist gelingt, den Brand auf 1 oder 2 Geschosse zu beschränken, ist bei jenen in der Regel das ganze Gebäude mit Inhalt verloren. Auch die Nachbarhäuser sind noch öfters durch den Einsturz gefährdet.

Der Inhalt der Gebäude, in denen vorzugsweise die inneren Tragekonstruktionen aus Eisen hergestellt werden, ist meist viel mehr wert als das Gebäude. Man kann es daher wohl verstehen, wenn nach den ersten Totalbränden jener vorher fälschlich als ganz feuersicher bezeichneten Speicher mit Eisenkonstruktion ein Bestreben zur Rückkehr zur Holzkonstruktion sich geltend machte.

Vergleich von Holz und Eisen.

Gewiß brennt leichtes Holz sehr bald. Doch fangen schwere Balken aus Hartholz, wie erwähnt, wirklich erst an zu brennen, wenn sich die Hitze 500° nähert. Nach Verkohlen der Außenseite schreitet die weitere Verbrennung nur langsam weiter. Noch langsamer, wenn die Feuerwehr die Balken bespritzt. Die Tragfähigkeit bleibt aber auch ohnedies noch lange erhalten.

Dagegen hat Eisen bei 500°, wenn die schweren hölzernen Balken kaum erst wirklich brennen, schon mehr als die Hälfte seiner Tragfähigkeit verloren. Dann stürzt es vielleicht schon ein. Trifft der Wasserstrahl dann die glühenden Teile, so wird oft ein Springen und Bersten besonders des Schmiedeeisens den Einsturz beschleunigen.

Dem Brandingenieur mußte daher die Neigung des Architekten für die Rückkehr zur Holzkonstruktion zunächst gar nicht so unsympathisch erscheinen: denn er hat die Haltbarkeit der Baukonstruktionen im Feuer am eigenen Leibe zu erproben. Doch mußte er seine Vorliebe für Holz zurücktreten lassen. Denn die Vorteile der Eisenkonstruktion vor dem Holzbau lagen zu sehr auf der Hand. Der Gewinn an Raum und Konstruktionshöhe, die Möglichkeit, leichter und doch stärker zu bauen als mit Holz, und manches andere fielen zugunsten des Eisens zu sehr in die Wagschale, als daß seine mangelnde Feuerfestigkeit der Verwendung von Eisenkonstruktionen allzu großen Abbruch hätte machen können. Noch dazu, da man große Anstrengungen machte, die große Empfindlichkeit des Eisens gegen die Hitze durch Umkleidungen zu beseitigen. Bei den vielen Versuchen, die gemacht wurden, geeignete Materialien und Methoden hierfür zu finden, reichten sich Architekten, Industrielle und Brandtechniker die Hand. Ihrer vereinten Tatkraft gelang es, Mittel und Wege zu finden, durch welche das Eisen den Nachteil ausmerzt, den seine natürliche Beschaffenheit ihm dem Holz gegenüber aufzwingt. Ja es gelang sogar, dem Eisen einen solchen Grad von Feuerbeständigkeit zu verleihen, wie ihn Holz wohl kaum erreichen kann.

V. Der Zement.

Mauern und Gewölbe.

Mauern und Gewölbe aus Stampfbeton haben dem Feuer gegenüber mindestens dieselbe Widerstandskraft wie Backsteinmauern. Dazu muß allerdings verlangt werden, daß jene sorgfältig hergestellt sind und daß eine richtige Betonmischung gewählt ist. Im allgemeinen ist fetter Beton weniger widerstandsfähig als solcher mit genügendem Zusatz von Sand. Sehr feuerbeständig hat sich erwiesen Portlandzement mit Zusatz von kalkfreien Steinen und Sand oder auch von Hochofenschlacke. Noch besser hat sich beim Brande von Baltimore Aschenbeton bewährt. Eine Mischung von Portlandzement und Asche aus gut arbeitenden Kesselfeuerungen. Er besitzt noch geringeres Wärmeleitungsvermögen als Steinbeton.

Zementlochsteine.

Zement-Lochsteine gelten nicht überall als feuersicher. Sie werden angeblich in der Hitze leicht rissig. Sie sollen auch beim Einschlagen von Haken und Nägeln in die Wände öfters zerspringen. Darum wird vielfach ihre Verwendung an Stellen, die eine gewisse Feuerbeständigkeit erforderlich machen, z. B. zum Bau von Schornsteinen, nicht gestattet.

Zementfalzziegel.

Zur Dacheindeckung werden Zementfalzziegel hergestellt, die mit Teer getränkt sind. Ihre Widerstandsfähigkeit gegen Feuer ist verschieden, und zwar je nach dem Mischungsverhältnis von Zement und Sand in den einzelnen Fabrikaten, je nach der geringeren oder stärkeren Tränkung der Ziegel mit Teer und schließlich auch je nach dem Alter der Steine. Derartige Ziegel haben in manchen Fällen sogar zur Weiterverbreitung des Feuers beigetragen. In einigen Staaten, z. B. in Bayern, gelten sie nicht als feuersicher, in anderen muß ihre Feuersicherheit erst von Fall zu Fall geprüft werden.

Zementdielen.

Zementdielen aus reinem Zement und Sand dienen zur Ausfüllung von Balkenfächern an der Unterseite der Decken und zur Herstellung von Wänden. Sie geben einen genügenden Feuerschutz. Bei den Brennproben in Breslau 1906 wurden Wände aus Zementdielen von verschiedenen Fabriken nahezu zwei Stunden hindurch einer Hitze von etwa 1000° ausgesetzt und nach dem Brand zwei Minuten mit einem kräftigen Wasserstrahl bearbeitet. Die Wände blieben beinahe unversehrt, trotzdem der Putz vollständig abgefallen war. Nicht einmal ausgebaucht waren sie.

VI. Der Eisenbeton.

Der eisenverstärkte Beton wird in neuerer Zeit an Stelle von Stein, Holz und Eisen vielfach angewendet. Wenn auch seine Erfindung bis in die sechziger Jahre des vergangenen Jahrhunderts zurückreicht, so sind doch erst vor nicht langer Zeit die ursprünglichen Systeme so vervollkommnet worden, daß Eisenbeton in größerem Maßstabe angewendet werden kann.[1]

---

[1] Vergl. Linse, Der eisenverstärkte Beton. Verlag der Zeitschrift Stahl und Eisen, S. 1.

Der Konstruktion liegt bekanntlich der Gedanke zugrunde: mit Beton umgossene Eisenstäbe nehmen in erster Linie die Zugspannungen auf, während die umhüllende Betonschicht das Ausknicken der Eisenstäbe verhindert und gleichzeitig die Druckspannungen aufnimmt.

Vorteile.

Die mannigfachen Vorteile des Eisenbetonbaues sind bekannt. Die Unempfindlichkeit gegen äußere Krafteinwirkung, wie Stoß, Schlag und Erschütterungen, geht so weit, daß man heutzutage sogar Pfähle aus Eisenbeton herstellt, welche bei Gründung von Bauwerken eingerammt werden. Die geringe Konstruktionshöhe, das verhältnismäßig kleine Eigengewicht, dabei aber die große Tragfähigkeit sind weitere Vorteile.

Schlechte Wärmeleitung. Feuerfestigkeit.

Hier interessiert jedoch mehr das sehr *schlechte Wärmeleitungsvermögen* des Eisenbetons, vor allem aber die absolute *Feuerfestigkeit*. Viele Feuerproben und eine ganze Reihe von Brandfällen haben ergeben, daß eine schädliche Loslösung von Eisen oder Beton selbst bei großer Hitze und bei plötzlichen Änderungen der Temperatur, z. B. durch einen Wasserstrahl, so gut wie gar nicht stattfindet; ebensowenig nimmt die Tragfähigkeit ab.

Das trat u. a. im Jahre 1902 bei einem heftigen Brande im Staate New-Jersey in Amerika[1]) hervor. Hier wütete in einem vierstöckigen Fabrikgebäude von großer Ausdehnung ein Feuer von außerordentlicher Hitze, welches den gesamten Inhalt des Gebäudes verbrannte, von den Maschinen eine Menge Gußeisen und von den Dynamos und Motoren das Kupfer zerschmolz. Das Gebäude blieb nahezu unversehrt. Trotz der ungeheuren Hitze hatten sich die vierstöckigen, 200 Fuß langen Seitenmauern, die nicht einmal durch Quermauern verbunden waren, nicht im geringsten geneigt, sondern standen durchaus gerade. Die Wiederherstellung des Gebäudes in vollkommen gebrauchsfähigen Zustand kostete nicht einmal 1000 Dollar. Auch der Brand von Baltimore im Februar 1904 hat die Feuerfestigkeit von Eisenbeton erkennen lassen.[2]) Dort blieben einige Wolkenkratzer aus Eisenbeton erhalten, trotzdem ringsum alles in Schutt sank. Nach dem heutigen Stande der Technik muß man Eisenbeton als das dem Feuer am besten Widerstand leistende Material bezeichnen.

Voraussetzungen dafür.

Freilich müssen auch gewisse *Voraussetzungen* erfüllt sein, wenn der Eisenbeton diesen hohen Ansprüchen an Feuerfestigkeit genügen soll. Es reicht nicht aus, daß lediglich nur beste Materialien verwendet werden. Eine gewissenhafte Berechnung und vor allem eine sorgfältige Beaufsichtigung der Ausführung auf der Baustelle ist mindestens ebenso wichtig. Die Baustelle ist gewissermaßen die Werkstatt, wo die einzelnen Bauteile aus Zement, Sand, Kies und Eisen hergestellt werden. Eine bewußte oder unbewußte

[1]) Vergl. Archiv für Feuerschutz-, Rettungs- und Feuerlöschwesen 1907, S. 13.
[2]) Vergl. Zeitschrift Beton und Eisen 1904, S. 81.

Fahrlässigkeit der mit der Ausführung betrauten Personen kann leicht den Zusammensturz ganzer Gebäude verursachen.[1])

Lage des Eisens im Beton.

Sehr wichtig ist die richtige Lage des Eisens im Beton. Es muß dort liegen, wo es bei Zugspannungen statisch zur Wirkung kommt. Gegen das Feuer muß das in dem Eisenbetonkörper liegende Eisen durch eine nicht zu schwache Betonschicht geschützt sein.[2])

Blitzgefahr in Eisenbetonbauten.

An dieser Stelle sei noch einiges über die Blitzgefahr in Eisenbetonbauten erwähnt. Sie sind gegen die Wirkungen des Blitzes noch mehr gesichert als eiserne Bauten, da der Blitz in den Eisenstäben, welche von dem schlechten Wärmeleiter Beton umgeben sind, unschädlich zur Erde hinabfährt. Dabei zerteilt er sich in viele schwächere Strahlen. Wenn auch die Enden der in dem Beton liegenden Eisenstäbe nicht aneinanderstoßen, so ist doch nicht anzunehmen, daß irgendwo eine zu große Spannung oder Wärmewirkung entsteht, da die einzelnen elektrischen Ströme durch die weitgehende Zerteilung sehr geschwächt sind. Immerhin empfiehlt es sich, dem Blitz den Weg nach unten dadurch zu erleichtern, daß man an einigen Stellen die nicht aneinanderstoßenden senkrechten Eisenstäbe in Gasrohrstücke steckt, deren freibleibender Zwischenraum mit Blei ausgegossen wird. Die Blitzableiterstangen verbinde man leitend mit den benachbarten Eisenkonstruktionsteilen. Wenn auch das Dach aus Eisenbeton besteht, kann man meist auf die Anbringung eines Blitzableiters überhaupt verzichten, da eigentlich das ganze Gebäude einen Blitzableiter darstellt und höchstens zu befürchten ist, daß bei Blitzeinschlag eine geringe Beschädigung der Betonumhüllung der Eiseneinlagen des Daches eintritt.[3])

VII. Das Glas.

a) Rohglas.

Nachteile.

Gewöhnliches Glas und Spiegelglas leistet der Hitze nur geringen Widerstand, auch in Doppelfenstern. Ein schwacher Wasserstrahl, der es in erhitztem Zustande trifft, zerstört es leicht vollständig. Bei einigermaßen hoher Temperatur springt es nach kurzer Zeit; große Stücke fallen heraus. Besonders gefährlich sind in dieser Beziehung die großen Scheiben, welche in den oberen Geschossen von Geschäftshäusern zum Abschluß der schaufenstergroßen Öffnungen verwendet werden. Die aus ihnen beim Brande herausfallenden großen Stücke haben des öfteren schwere Verletzungen der aus dem Hause herauseilenden Leute und der Feuerwehrmannschaften herbeigeführt. Darum ist es durchaus richtig, daß

Große Scheiben in Geschäftshäusern.

[1]) Linse, a. a. O. S. 2.

[2]) Auf dem internationalen Feuerwehr-Kongreß in Mailand 1906 wurde als Mindestmaß der Schutzschicht 5 cm vorgeschlagen. Vergl. Referat Sheppard (III. Sektion) in dem offiziellen Bericht. Mailand 1906.

[3]) Vergl. Zeitschrift „Feuerpolizei", Jahrg. VIII, S. 41.

die neuen preußischen Bestimmungen für Waren- und Geschäftshäuser die Größe der einzelnen Scheiben nur bis zu 2 qm zulassen.

b) Feuersicheres Glas.

Das Bedürfnis nach einem Material, das zum feuersicheren Abschluß von Öffnungen geeignet ist, ohne den Durchtritt des Lichtes ganz zu verhindern, hat die Industrie veranlaßt, verschiedene Arten von feuersicherem Glase herzustellen.

1. Drahtglas.

Vorteile.

Drahtglas ist eine Glasart, welche in ihrem Innern ein Geflecht von mehr oder weniger dünnem Draht enthält. Es wird in verschiedenen Stärken hergestellt.[1]) Die gebräuchlichsten sind 5, 6, $7^1/_2$, 10, 12, 15, 20, 25 mm. Viele Erprobungen bei Versuchen und auf der Brandstelle haben ergeben, daß es dem Feuer so lange Widerstand leistet und auch so lange im Zusammenhalt bleibt, bis das Glas schmilzt (1200°). Bevor das eintritt, springt es in der Regel, doch löst sich das Glas von dem Drahtgeflecht nicht eher ab, als bis es schmilzt. Naturgemäß ist die Widerstandskraft gegen das Feuer um so größer, je stärker das Glas ist, je dicker die Drähte und je enger die Maschen des Drahtgeflechts sind.

Neben der Feuersicherheit hat Drahtglas den besonderen Vorteil, daß es gegen starken Stoß und Schlag fast unempfindlich ist, was bei einem Brande darum von großem Wert sein kann, weil herabstürzende Balken, Steine und andere Gegenstände Oberlichter u. dergl. aus gewöhnlichem Glase leicht zertrümmern, wogegen darüber angebrachte Drahtnetze nicht immer schützen. Bei amtlichen Versuchen ließ man auf Drahtglasplatten von etwa 25 cm im Quadrat und 12—14 mm Stärke Gewichte herabfallen, nachdem man die Platten so erhitzt hatte, daß sie beinahe glühend waren. Ein aus 1 m Höhe herabfallendes Kugelgewicht von über $1^1/_2$ kg veränderte die Platten nicht. Bei nochmaliger starker Erhitzung und 2 m Fallhöhe bog das Drahtglas um 1 cm durch, es blieb aber im Zusammenhang.

Nachteile.

Der Nachteil dieser Glasart besteht darin, daß sie weniger Licht durchläßt als gewöhnliches Glas. Immerhin wird die durchfallende Lichtmenge in den meisten Fällen noch genügen, wenn nicht allzu starkes Drahtglas gewählt wird. Ein weiterer Nachteil liegt darin, daß es sich beim Brande zur Herstellung von Einsteige- und Rauchabzugsöffnungen durch die Feuerwehr schwerer zertrümmern läßt als anderes Glas.

Wärmedurchlässigkeit.

Bemerkenswert ist, daß Drahtglas in hohem Grade wärmedurchlässig ist. Bei den Brandversuchen zu Breslau 1906 war trotz der geringen Außentemperatur der Aufenthalt in einer Entfernung von $^3/_4$—1 m von

[1]) Von der Aktiengesellschaft für Glasindustrie vorm. Friedr. Siemens in Dresden und einigen anderen Firmen.

den Drahtglasscheiben kaum noch erträglich. Bei den Brandproben in Posen 1907 fing trockenes Heu, das dicht an der Außenseite einer Drahtglasscheibe lag, hinter welcher eine Temperatur von etwa 1000° herrschte, nach 20 Minuten an allmählich zu verkohlen, nach 38 Minuten brannte es hell auf. Die Lagerung leicht brennbarer Stoffe dicht hinter Drahtglasfenstern wird sich daher nicht empfehlen.

Wo verwendbar.

Immerhin ist in dem Drahtglas ein feuersicherer und doch lichtdurchlässiger Baustoff gegeben, der zur Herstellung von Abschlüssen in Brandmauern, Treppenhäusern, für Oberlichte, auf Böden usw. von recht großem Wert ist.

Erfordernisse.

Die Erfordernisse, welche man für die Anbringung von Drahtglas stellen muß, sind nach der örtlichen Lage verschieden. Der Brandingenieur muß unter steter Berücksichtigung des erwähnten Grundsatzes, daß Mittel und Zweck im Einklang bleiben müssen, sich entscheiden, welche Forderungen er in jedem einzelnen Falle zu stellen hat. Es kann genau so richtig sein, daß er sich in dem einen Falle mit der Anbringung von ganz dünnen Drahtglasscheiben in einem gewöhnlichen hölzernen Fensterrahmen (z. B. zum Abschluß von Fensteröffnungen und Oberlichtern nach dem Treppenhaus) begnügt, während er in einem anderen Falle eingemauerte Drahtglasscheiben von 15 mm Stärke und mehr verlangt.

In Brandmauern wird man allgemein, in feuersicheren Oberlichtern und sonstigen Abschlüssen von Räumen, welche eine größere Menge brennbarer Stoffe enthalten, wird man meist etwa folgende Forderungen für die Anwendung von Drahtglas stellen:

1. Die Stärke des Glases darf nicht unter 10 mm betragen.[1])
2. Die größte zulässige Fläche ist 1 qm.
3. Die Maschenweite der Drahteinlage darf nicht über 6 mm, die Drahtstärke nicht unter 0,8 mm betragen.
4. Die Drahtglasplatten sind ohne Rahmen mindestens 3—5 cm tief in das Mauerwerk einzufügen und durch Entlastungsbögen vor Druck zu schützen.
5. Bei der Verwendung von Drahtglasplatten in Oberlichtern sind die Eisenteile des Rahmengestells mit Feuerschutzmaterialien zu schützen. Die Glasplatten sind durch Schamotte oder Zement zu befestigen, keinesfalls, wie es so oft geschieht, mit Glaserkitt. Sehr zweckmäßig ist die Herstellung von U-förmigen Kulissen an dem eisernen Rahmen. In diese werden die Drahtglasplatten eingeschoben und mit eisernen Stiften befestigt. Aber auch dann bleibt Schamotte- oder Zementverschmierung wegen der Rauchdichtigkeit zu empfehlen. Oft ist es erforderlich, die Platten mit dem Rahmengestell oder unter sich mecha-

---

[1]) Die Anordnung des bayerischen Staatsministeriums, welche in allen Fällen 15 mm als Mindeststärke vorschreibt, erscheint als etwas zu weitgehend.

nisch (z. B. durch Draht) derart zu verbinden, daß bei erheblichen Deformationen durch auffallende schwere Gegenstände oder bei bedeutenderen Durch- oder Verbiegungen der Rahmenkonstruktion einzelne ganze Platten nicht herabfallen können.[1])

2. Elektroglas.

Kleine Scheiben von 8—15 cm Seitenlänge und 2—4 mm Stärke werden aneinandergesetzt, getrennt durch dünne Kupferstreifen.[2]) In das Kupfervitriolbad, in das sie dann gebracht werden, wird elektrischer Strom geleitet. Durch den galvanischen Niederschlag wird das Glas ganz fest angepreßt und außerdem werden an den Außenseiten der Kupferstreifen schmale halbrunde Rippen gebildet. Diese umfassen die Ränder der einzelnen Scheiben luftdicht. Der Anschluß des Glases an die so verstärkten Kupferstreifen ist derartig fest, daß die Splitter nicht herausfallen, wenn die Scheiben zerbrechen. Man kann sie kaum gewaltsam mit der Hand herausbrechen. Wirkt eine starke Flamme auf eine Elektroverglasung ein, so wird zunächst die Hitze durch die gut leitenden Kupfereinfassungen gleichmäßig über die ganze Fläche verteilt. Schon dadurch wird die Dauer des Widerstandes etwas erhöht. Schließlich springen jedoch die kleinen Scheiben, doch die Splitter können nicht herausfallen; die Kupferstreifen halten sie fest zusammen. Auch das Anspritzen schadet ihnen nichts. **Herstellung.** **Widerstandskraft.**

Vor Drahtglas hat diese feuersichere Glasart manche Vorteile. Öfters wird von Inhabern von großen Geschäftslokalen Klage darüber geführt, daß ihnen z. B. Trennungstüren mit Drahtglas nicht den notwendigen Durchblick zur Überwachung des Geschäftsbetriebes gewähren und daß sie in die sonstige elegante Ausstattung ihres Geschäftslokales nicht hineinpassen. Beide Nachteile vermeidet das Elektroglas. Es ist durchsichtig wie gewöhnliches Spiegelglas und wird in eleganter Form und Fassung hergestellt. Es hat auch den allerdings weniger wichtigen Vorteil, daß es beim Brande von der Feuerwehr leichter zur Herstellung von Einsteige- und Rauchabzugsöffnungen zertrümmert werden kann. **Vorteile.**

Diesem Vorteile stehen jedoch auch Nachteile gegenüber. Vor allem seine weitaus größere Empfindlichkeit gegen Stoß und Schlag. Häufiger werden einzelne Scheiben durch Unachtsamkeit zertrümmert. Und dann ersetzt man die zerstörten Scheiben erfahrungsgemäß nicht durch andere Elektroglasscheiben. Das ist in der Regel zu umständlich und kostspielig, sondern es werden Scheiben aus gewöhnlichem Glase an Stelle der fehlenden eingesetzt. Diese zerspringen bald im Feuer, die einzelnen Teile fallen heraus und lassen Rauch und Feuer durch. **Nachteile.**

Elektroglas wird mit Vorteil verwendet für feuersichere Abschlüsse in engen Höfen und Straßen, in Lichtschächten, kurzum dort, wo man **Wo verwendbar.**

[1]) Vergl. Versuche in Berlin 1893, Feuer und Wasser 1905, S. 29.

[2]) Hergestellt von dem Deutschen Luxfer-Prismen-Syndikat, Berlin S.

das vorhandene wenige Tageslicht nicht durch Anwendung von Drahtglas noch verringern will. Ferner dort, wo der feuersichere Abschluß in ästhetischer Beziehung nicht unangenehm auffallen soll. Also z. B. zur Trennung von Schaufenstern gegen das Innere des Geschäftslokals, zum Abschluß von Innentreppen, zur Herstellung feuersicherer Trennungstüren in Verkaufsräumen, manchmal auch zu den von der Decke herabhängenden Schutzstreifen, die gelegentlich für Geschäftshäuser vorgeschrieben werden.

3. Elektroglasfliesen.

Sie werden auf dieselbe Art hergestellt. Ihre Stärke beträgt 2 cm. Sie haben den Vorteil vor dem Elektroglas, daß sie sehr widerstandsfähig gegen Schlag und Stoß sind. Auch ihre Widerstandskraft gegen Feuer ist sehr groß, besonders auch gegen plötzliche Abkühlung durch den Wasserstrahl. Sie sind u. a. sehr geeignet zum feuersicheren Abschluß von Lichtöffnungen in Brandmauern. Zugelassen werden sie dann in der Regel bis zur Größe von $1/_2$ qm.

4. Luxfer-Prismenglas.

Es wird 4—8 mm stark in Prismenform ebenso hergestellt. Es ist ebenfalls noch feuersicherer und widerstandsfähiger gegen mechanische Einwirkungen als Elektroglas. Außerdem hat es den besonderen Vorteil, daß durch die Strahlenbrechung des Tageslichtes in den Prismen dunkle Räume erhellt werden können.

5. Glasbausteine.

Formen und Arten.

Hohle Glassteine mit oder ohne Drahtüberzug werden in den verschiedenartigsten Formen hergestellt. Man findet sie in Form des gewöhnlichen Ziegels, auch mit sechseckiger, mit quadratischer, rechteckiger oder linsenförmiger Oberfläche, die Außenseiten von ebener oder konvexer Fläche. Sie sind entweder ganz geschlossen oder mit einzelnen Löchern versehen oder endlich an einer Seite ganz offen.[1])

Feuerbeständigkeit sehr verschieden.

Glasbausteine lassen viel Licht durch und isolieren dabei besser als Doppelfenster. Sie werden darum zu lichtdurchlassenden Wänden und Decken, auch zu Dächern von Gewächshäusern und dergl. verwendet. Daneben benutzt man sie auch zur Verschließung von Lichtöffnungen in Brandmauern und zu sonstigen feuersicheren Abschlüssen. Doch sind nicht alle Sorten von Glasbausteinen auch für den letzten Zweck geeignet. Es ist darum von Fall zu Fall praktisch zu prüfen, ob die betreffenden Glasbausteine genügende Widerstandskraft gegen Feuer haben. Es gibt Glasbausteine, welche feuerfest, und solche, welche nur feuersicher sind. Manche

[1]) Hergestellt von den Adlerhütten in Penzig in Schlesien, von der Aktien-Gesellschaft vorm. Friedr. Siemens in Dresden, von den Sächsischen Glaswerken in Deuben bei Dresden und anderen Firmen.

andere genügen aber nicht einmal den geringsten Anforderungen an Feuersicherheit. Es kommt bei keinem anderen Baustoff so darauf an, daß in jedem einzelnen Falle praktisch seine Feuerbeständigkeit erprobt wird.

Verhalten im Feuer.

Im allgemeinen hat sich bei Brennproben und Bränden ergeben, daß die mit Draht umsponnenen oder mit eingegossenen Drahtnetzen versehenen Glasbausteine besser und länger hohe Temperaturen aushalten als die ohne Drahtschutz. Auch scheint die konvexe Form der Oberfläche weniger Schutz zu verleihen als die ebene. Endlich haben sich vielfach die ganz geschlossenen Glasbausteine weniger bewährt, da sie infolge der Ausdehnung bei der Erwärmung der in ihnen eingeschlossenen Luft öfters explosionsartig, in Menschen gefährdender Weise auseinanderflogen oder Risse bekamen und Bruchstücke herausfallen ließen. Es wurde darum schon vorgeschlagen, in ihnen einige Luftlöcher zum Entweichen der erhitzten Luft anzubringen.

In der Regel halten gute Glasbausteine einige Zeit hindurch Temperaturen bis zu 1200° aus. Es treten dann meist einzelne Sprünge hervor, alsdann fängt an der Brandseite das Glas an zu schmelzen, wodurch kleine Öffnungen entstehen. Schließlich läuft das Glas flüssig herab. Nach einiger Zeit beginnt die Außenseite der Glassteine in derselben Weise zu schmelzen. Im allgemeinen hindert das Drahtgeflecht nicht nur das Auseinanderfliegen oder Zerfallen der Steine, sondern es hemmt auch in vorzüglicher Weise das Entstehen von Öffnungen und das Herabfließen des flüssig gewordenen Glases.

Sehr erhitzte Glasbausteine halten zuweilen einem kräftigen Wasserstrahl aus naher Entfernung nicht lange Stand: die einzelnen Steine werden zertrümmert und die Splitter fortgeschleudert (vergl. die Versuche zu Breslau 1906). Besser bewähren sich auch hier die mit Draht umsponnenen Glasbausteine.

Isolationskraft.

Hervorzuheben ist übrigens die Isolationskraft aller Glasbausteine. Sie können von außen noch ganz gut mit bloßer Hand angefaßt werden, wenn schon die Innentemperatur sehr bedeutend ist, und wenn z. B. Drahtglas bereits eine recht große Hitze aufgenommen und durchgelassen hat.

Gute Glasbausteine.

Sehr gut haben sich, wie erwähnt, die Glasbausteine mit Drahtüberzug oder Drahteinlage bewährt. Sie leisten jeder Temperatur bis zum Schmelzpunkt des Glases Widerstand und lassen weder Feuer noch Rauch durch. Auch die sog. hohlen auswechselbaren Glasbausteine ohne Drahtüberzug halten sich vermöge ihrer eigenartigen Konstruktion ausgezeichnet. Sie sind an der oberen Seite ganz offen. In Abschlüssen, die aus ihnen hergestellt werden, ist das Auswechseln einzelner Steine erleichtert, ohne daß der Verband gestört zu werden braucht. Dies wird dadurch erreicht, daß auf den Lagerflächen Erhöhungen und diesen entsprechende wechselseitig verlegte Ausschnitte angebracht sind. Beide Arten

Glassteine sind geeignet zur Herstellung von Abschlüssen in Brandmauern u. dergl.

Zwar werden an vielen Orten Preußens feuersichere Abschlüsse aus geeigneten Glasbausteinen noch nicht als vollwertiger Ersatz für massive Wände angesehen,[1]) doch wird mit Recht zumeist in der Praxis, manchmal auf dem Dispenswege, der Anwendung erprobter Glasbausteine in Brandmauern usw. kaum eine Schwierigkeit in den Weg gelegt. Wenn man sie auch nicht als feuerfest ansieht, so erachtet man sie doch als genügend feuersicher. In manchen anderen Staaten (z. B. in Bayern)[2]) dürfen Glasbausteine unter gewissen Bedingungen an Stelle der Ziegelsteine verwendet werden.

Hinweise für die Verwendung.

Im sicherheitspolizeilichen Interesse wird man bei Verwendung der Glasbausteine zu Abschlüssen in Brandmauern u. dergl. folgende Hinweise beachten müssen, welche sich an die in Bayern geltende Bestimmungen anlehnen:

Geschlossene Glasbausteine ohne Drahtgeflecht sind meist nicht als genügend feuersicherer Abschluß anzusehen. Es ist in der Regel vor ihnen noch eine Scheibe von mindestens 10 mm starkem Drahtglas anzubringen. Sie dürfen nur dort eingebaut werden, wo ihre Druckfestigkeit mit höchstens 2 kg auf den Quadratzentimeter beansprucht wird; und auch dann nur in Flächen von geringer Ausdehnung bis zu höchstens $^1/_2$ qm Größe.

Glasbausteine mit Drahtgeflecht, auch die sog. auswechselbaren Glassteine, können ohne weiteres bis zu einer Gesamtfläche von 1 qm als feuersicherer Abschluß verwendet werden, wenn die Glasfläche überall mehr als 10 cm stark ist, und wenn durch Entlastungsbögen jeder Druck des Mauerwerks von der Glassteinfläche abgehalten wird.

Doch wird sich die Zulassung derartiger Glasverschlüsse in Brandmauern nur dann empfehlen, wenn sie in jedem Geschoß auf einer Wandlänge von 5 m höchstens nur einmal vorkommen.

VIII. Der Gips.

Rabitzwände.

Bei der Herstellung von Rabitzputz wird in der bekannten Weise Mörtel aus Gips, Sand, Kuhhaaren und Leimwasser auf Drahtgeflecht aufgetragen und nach dem Anziehen dieser Masse verputzt. Solche Wände sind schlechte Wärmeleiter und durchaus feuersicher. Es sei aber hervorgehoben, daß heutzutage unter diesem Namen von ungeübten und leichtfertigen Unternehmern oft Produkte hergestellt werden, welche keineswegs feuersicher sind, und welche durchaus nicht auf die gleiche Bezeichnung An-

[1]) Vergl. O.-V.-G. vom 5. Januar 1904 (P. V.-Bl. 25 S. 610).

[2]) Vergl. Minister-Entschließung vom 4. Februar und 22. Mai 1898 (Min.-Amtsblatt S. 53 und 313), ferner die vom 12. April 1892.

spruch haben, wie der solide ursprüngliche Rabitzputz. Es ist darum notwendig, daß jedesmal die Güte des sog. Rabitzputzes eingehend untersucht wird.

Streckmetallwände.

Streckmetallwände sind nicht bloß als feuersicher, sondern als feuerfest zu bezeichnen. Immerhin stehen sie an Feuerbeständigkeit guten Backsteinwänden etwas nach. Bei ihrer Herstellung wird ein Mörtel aus Gips und Kalk auf maschenartig geschlitzte Verputzbleche aufgetragen, welche zwischen Spanneisen ausgespannt sind. Es muß verlangt werden, daß Verputzbleche und Spanneisen gut verzinkt sind.

Gipsdielen.

Gipsdielen werden aus lockeren Rohr- und Strohmatten hergestellt, die in Gipsmasse eingehüllt werden, oder aus Schilf- oder Bambusrohr, manchmal unter Beimengung von Korkmehl und Haaren.[1]) Sie sind im großen und ganzen alle als feuersicher anzusehen. Ihre Wärmeleitungsfähigkeit ist gering. Hohe Hitzegrade halten sie längere Zeit aus. Zuletzt blättern sie in der Regel etwas ab.

Sie haben den Nachteil, daß sie bei gleichzeitiger Einwirkung von Hitze und Löschwasser leicht ihre Haltbarkeit verlieren und ihre äußere Beschaffenheit ändern. Auch widerstehen sie nur wenig stärkeren mechanischen Krafteinwirkungen.

Dort wo Gipsdielen als Feuerschutzmaterial verwendet werden sollen, wird man fordern müssen, daß eine sichere Verbindung der einzelnen Platten untereinander hergestellt wird und daß an der Außenseite ein Verputz von mindestens 2 cm Stärke, am besten aus Zementmörtel, angebracht wird. Sollte eine Beschädigung der Gipsdielen durch kräftiges Anstoßen, z. B. bei Transport von Waren, Anfahren von Gepäckkarren u. dergl., zu befürchten sein, so wird sich noch ein besonderer Schutz durch Anbringung einer Holz- oder Blechverkleidung notwendig machen.

Da Gipsdielen nicht als feuerfest, sondern nur als feuersicher anzusehen sind, können sie nicht verwendet werden zur Herstellung von Schornsteinwangen, Ofenstreifen, zur Begrenzung von Heizungskanälen, von eisernen Ofenrohren u. dergl.

Bekleidung von Eisen durch Gips.

Sehr wenig geeignet ist Gips zur Bekleidung von Eisenkonstruktionen. Schon nach kurzer Zeit fallen beim Brande große Stücke herab. Auch die haften bleibenden Teile zeigen starke Risse und Sprünge. Beim Ablöschen bröckeln auch sie meist vollständig ab, so daß nur die Drahtnetze hängen bleiben.

[1]) Verschiedene Sorten einer Reihe von Fabriken. Auch Alsdorfsche Zementgipsgußdielen, Jädickesche Gipshohlplatten, Macks Feuerschutzmantel u. a. sind hierzu zu rechnen.

IX. Verschiedene Dachdeckungsmaterialien.

Weiches und hartes Material.

Man unterscheidet weiches und hartes Dachdeckungsmaterial. Das weiche, zu dem Holz, Schindeln, Rohr, Schilf, Stroh[1]) gehören, ist nicht feuersicher, wohl aber das harte. Zu ihm gehören Ziegel, Schiefer, Steine, Glas, Metall, Zement, Holzzement, Dachpappe, Dachfilz u. a. In den Städten wird meist von der Baupolizei die Eindeckung mit hartem Material verlangt. Einmal weil Häuser mit weicher Dachdeckung sehr leicht von Schadenfeuern der Nachbarhäuser ergriffen werden, und weil sie für die Nachbarschaft eine viel größere Gefahr bedeuten. Dann aber auch, weil sich ein Feuer, das in einem Hause mit weicher Bedachung entsteht, aus den auf der Hand liegenden Gründen viel schneller ausbreitet und schneller das ganze Gebäude einäschert, als dies in einem Hause mit harter Dachdeckung der Fall ist.

Verschiedene Materialien.

Ziegel, Schiefer, Stein, Zement, Xylolithplatten, Asbestschiefer, Eternitschiefer u. a. sind als durchaus feuersichere Dachdeckungsstoffe bekannt.

Glasflächen in Dächern.

Glasflächen in Dächern sind an und für sich nicht als feuersicher anzusehen, wenn sie nicht aus Draht- oder Elektroglas, Glasbaustein oder dergl. hergestellt sind. Immerhin sieht man auch gewöhnliches Glas von gewisser Stärke in kleinen Flächen als genügend feuersicher an. Diese relative Feuersicherheit erkennt man in der Regel auch größeren Flächen von gewöhnlichem starken Glase zu, wenn sich unter ihnen Räume mit einer nicht großen Menge brennbarer Stoffe befinden. Also z. B. Lichthöfe, Treppenhäuser u. dergl. In solchen Fällen wird in der Regel durch die Baupolizei die Anbringung von Drahtnetzen oberhalb oder unterhalb angeordnet. Sie sollen verhindern, daß größere Gegenstände auf die Glasflächen fallen und sie zertrümmern oder daß beim Springen des Glases größere Stücke sich loslösen und jemand verletzen. Zweckmäßig wird man die Maschenweite dieses Drahtnetzes nicht über 5 cm machen. Solche Netze sind aber selbstverständlich nicht notwendig bei den großen Glasflächen der Ateliers, bei Treibhäusern und bei Sheddächern.

Metalldächer.

Wellblechdächer sind sehr feuersicher. Sehr viel geringer ist die Feuerbeständigkeit der Dacheindeckungen aus Kupfer, Eisenblech, Zink

---

[1]) In letzter Zeit soll es gelungen sein, auch Strohdächer feuersicher zu machen. Dabei wird das Stroh in Holzrahmen von etwa $^3/_4$ m im Geviert eingelegt und mit Draht genäht, so daß es gewissermaßen eine Platte bildet. Die Platten werden in einem Brei aus Wasser, Lehm, Gips, Gallwasser (aus Teerschwälereien) durchtränkt und naß auf die Latten genagelt, so daß sie übereinandergreifen und überall in doppelter Stärke aufliegen. Die Kosten sollen für 1 qm etwa 1,30 Mk. betragen. Erfunden von Gernentz in Thürkow, bekannt gegeben durch ein Flugblatt des Kunstmalers Hans am Ende in Worpswede. Verschiedene Brandproben, u. a. die am 3. August 1901 in Teterow, haben günstige Resultate ergeben.

auf Holzverschalung. Metall ist ein guter Wärmeleiter. Es kommt vor, daß durch brennende Holzstücke, welche beim Brande eines Nachbarhauses herabfallen, ein Metalldach mit Holzverschalung erheblich erhitzt wird oder gar durchschmilzt, so daß das darunter liegende Holz in Brand gerät. Besonders gefährlich ist auch starke, strahlende Hitze.[1]) Das Metall vermag sie auf die Dauer nicht von Holz abzuhalten. Auch aus diesem Grunde legt man häufig zwischen Metall und Holz noch Dachpappe als Wärmeisolierung. Erwähnt mag auch werden, daß bisweilen gerissene Starkstromleitungen, deren Enden auf Metalldächer fallen, dort Kurzschluß durch die Dachbedeckung erhalten, diese zum Schmelzen bringen und so Brände verursachen.[2]) Andererseits erschweren solche Dächer in hohem Grade den Rauchabzug bei Dachstuhlbränden. Die schnelle Ausbreitung des Brandes wird dadurch in vorteilhafter Weise gehindert.

Pappdächer.

Asphaltpappe (Teerpappe, Steinpappe) ist sehr feuersicher. Derartige Dächer haben dieselben Vorteile wie die Metalldächer, daß nämlich der Rauchabzug bei Dachstuhlbränden gehemmt und damit die schnelle Entwicklung der Brände erschwert ist. Doch haftet ihnen nicht der Nachteil der Metalldächer an. Denn Dachpappe ist ein schlechter Wärmeleiter und entzündet sich nicht. Wenn brennende Stücke auf derartige gut ausgeführte Dächer fallen, dann verkohlt wohl die Pappe an der betreffenden Stelle, aber sie brennt nicht. Doch kommt es bei einigen Arten von Dachpappe vor, daß beim Feuer brennende Tropfen herabfallen und dort, wo sie niederfallen, das Feuer weiter verbreiten.[3]) Pappdächer aus doppelter Lage sind natürlich noch widerstandsfähiger als die einfachen. Erwähnt sei noch, daß die Pappdächer hauptsächlich gegen von außen kommendes Feuer schützen. Brennt es unter dem Pappdach, so hält die Pappe nicht sehr lange mehr, sobald erst die Verschalung durchgebrannt ist. Da sinkt sie sehr schnell zusammen und läßt das Feuer durch.

Ruberoid.

Ruberoid wird nicht überall und meist nur auf Widerruf als hartes Dachdeckungsmaterial zugelassen. Amtliche Versuche haben ergeben, daß seine Feuerbeständigkeit ebenso groß ist wie die der Pappdächer. Eine Eigenschaft, die die Dachpappe nicht im gleichen Maße aufweist, ist das frühzeitige Ablaufen der Imprägnierungsflüssigkeit und das Fortfliegen verbrannter Fetzen des Belages.[4])

Holzzement. Eisenbeton.

Holzzementdächer sind wohl neben Eisenbetondächern die feuersichersten die es gibt; namentlich wenn sie auf feuersicherer Unterlage hergestellt

---

[1]) Z. B. beim Brand des Ursulinerinnen-Klosters zu Breslau am 30. August 1907.

[2]) Z. B. im Jahre 1904 am Stadttheater zu Posen.

[3]) Bei einem Versuch in Danzig 1904 haben solche Tropfen sogar nasses Gras entzündet. Vergl. Feuer und Wasser 1904, S. 390.

[4]) Vergl. Gutachten des Kgl. Materialprüfungsamts zu Groß-Lichterfelde vom 29. Juli 1907.

werden. Daß sie den Rauch schwer abziehen lassen, ist ein Vorteil, den sie mit den Metall- und Pappdächern gemeinsam haben. Man wende bei Erwähnung dieses Umstandes nicht ein, daß dies kein Vorteil sei, weil dadurch der Angriff der Feuerwehr und das Auffinden des Brandherdes erschwert wird. Das trifft gewiß zu, doch wird beim Angriff jede Feuerwehr durch Herstellen von Öffnungen im Dach für Rauchabzug sorgen und damit diesen geringen Nachteil größtenteils aufheben. Der Vorteil derart dichter Dächer überwiegt bei weitem den Nachteil. Holzzementdächer haben nur geringe Neigung, in der Regel nicht über 1 : 8. Darum ist nur wenig Holz zur Herstellung der Dachkonstruktionen erforderlich. Auch das ist bei Dachstuhlbränden von Vorteil.

C. Die Erhöhung der Feuerbeständigkeit nicht feuersicherer Baustoffe.

Wie in vorstehendem dargelegt, haben Holz wie Eisen bei allen ihren Vorzügen den einen großen Nachteil, daß sie bei Schadenfeuern von einigermaßen gesteigerter Temperatur nur kurze Zeit aushalten. Bei der großen Wichtigkeit, welche diese Baustoffe für den Hochbau haben, kann es nicht wundernehmen, daß man seit Jahrhunderten sich bemühte, dem Bauholz eine erhöhte Feuersicherheit zu geben, und daß man in jüngster Zeit Mittel zu finden suchte, auch die geringe Widerstandskraft des Eisens gegen Feuer zu vermehren. Denn dann allein konnte es den Konkurrenzkampf gegen das Holz bestehen. Eine Reihe dieser Mittel soll in folgendem besprochen werden.

I. Für Holz.

Bekleiden mit schlechtem Wärmeleiter.

a) Ehe Holz in Brand gerät, muß es eine nicht unbedeutende Eigentemperatur erreichen. Gelingt es, durch Bekleiden mit einem schlechten Wärmeleiter die Erhöhung der Eigentemperatur des Holzes bis zur Entzündungstemperatur zu verzögern oder gar zu verhindern, so kann ein Verbrennen des Holzes erst nach längerer Zeit eintreten.

Verkohlungsschicht.

Die Umlegung eines solchen Schutzmantels kann einmal gewissermaßen erst beim Brande selbst erfolgen, indem man die schlechte Wärmeleitungsfähigkeit der beim Verbrennen an der Außenseite des Holzes entstehenden Verkohlungsschicht ausnutzt.

Stellt man hölzerne Balken und Säulen in jeder Dimension mehrere Zentimeter stärker her, als ihre statische Berechnung notwendig macht, so bildet die beim Brande entstehende Kohleschicht einen Schutzmantel um die in statischer Beziehung immer noch ausreichend starken Hölzer. Und dieser Schutz ist geeignet, eine weitere Verbrennung des inneren durchaus tragfähigen Kerns nur sehr langsam eintreten zu lassen.

Andere Stoffe.

Meistens benutzt man jedoch andere Stoffe von schlechtem Wärmeleitungsvermögen zur feuersicheren Bekleidung des Holzes. Am häufigsten wird die Außenfläche des Holzes zu diesem Zwecke gerohrt und mit Zement- oder Kalkmörtel geputzt. Noch besser ist Drahtziegelputz, jenes Eisendrahtgewebe mit aufgepreßten, ziegelhart gebrannten Tonkörperchen, auf welche der Mörtel aufgetragen wird. Dieser Putz hat den besonderen Vorteil, daß er kräftigen mechanischen Angriffen gut widersteht, selbst wenn er vorher einem längeren heftigen Feuer ausgesetzt war. Das ist bekanntlich bei gewöhnlichem Putz nicht der Fall. Auch die Bekleidung mit Asbestschiefer bewährt sich sehr gut.

Putz.

Asbest.

Ganz geeignet ist auch zuweilen Asbestpappe, besonders wenn zwischen ihr und dem Holz eine Luftschicht gelassen wird. Solche Pappe von guter Zusammensetzung bleibt selbst bei stärkster Hitze im Zusammenhang und läßt Rauch- und Stichflamme nicht hindurch. Doch kann sie nicht überall angewendet werden, da sie nur geringe Widerstandskraft gegen Stoß und Schlag besitzt.[1])

Asbestzement.

Am besten bewährt sich Asbestzement,[2]) eine Mischung aus Asbestfasern und Zement, welche ohne Zusatz von Sand oder anderen Stoffen mit Wasser angerührt und als dicker Teig auf Drahtgewebe aufgetragen wird.

Eisenblech.

Sehr häufig wird zum Schutz des Holzes Eisenblechbeschlag angewendet. Er läßt sich leicht anbringen und ist nicht kostspielig. Doch bleibt seine Schutzkraft weit hinter der von gutem Verputz zurück, da Eisen etwa fünfzigmal besser die Wärme leitet als dieser. Eisenbeschlag gibt dem Holz daher wohl einen gewissen Schutz gegen schnelle, nicht zu lange andauernde Temperaturerhöhungen mit kräftiger Flamme, aber nur wenig gegen die gleichmäßig anhaltenden Wärmeeinwirkungen, auch wenn sie nur verhältnismäßig geringe Temperatur (100—150°) haben. Sie sind, wie erwähnt, oft viel gefährlicher für das Holz als starke Flammen mit hoher Wärme. Eisenbeschlag kann daher nicht überall mit gleichmäßig gutem Erfolge angewendet werden.

Bei verputzten Holzsäulen und Holzwänden empfiehlt es sich zuweilen, den Verputz bis zu einer gewissen Höhe noch mit Eisenblech oder Holz zu schützen, sonst wird er im Laufe der Zeit abgestoßen.

Glatte Oberfläche des Holzes.

Zum Schluß sei noch darauf hingewiesen, daß man die Feuersicherheit von Holz bedeutend dadurch erhöhen kann, daß man seine Außenfläche ganz glatt hobelt und die Kanten abrundet oder bricht. Eichene Schränke, die auf diese Art ohne alle Profile hergestellt waren, haben längere Zeit einem kräftigen Brande widerstanden, ohne daß der Inhalt anbrannte.

Behandlung mit Chemikalien.

b) Die andere Art, die Feuersicherheit des Holzes zu erhöhen, besteht in der Behandlung mit besonderen Chemikalien. Der chemische

---

[1]) Versuche in Stettin, Zeitschrift „Feuerpolizei" Bd. III, S. 130; ferner ebenda Bd. VI, S. 119.

[2]) Asbestzement Kühlewein.

Feuerschutz ist schon sehr alt. Bereits die alten Inder sollen derartige Mittel gekannt und die alten Römer sollen zur Imprägnierung von Holz und anderen leicht verbrennlichen Stoffen Alaunlösung und ähnliche Mittel benutzt haben. Auch im Mittelalter kannte man solche Mittel. Im Anfange des 19. Jahrhunderts wandte man Wasserglas an, um verbrennliche Stoffe feuersicher zu machen. Seitdem sind eine große Anzahl chemischer Feuerschutzmittel erfunden worden, doch sind unter ihnen viele recht minderwertige Fabrikate. Man kann sich darum nicht wundern, daß allmählich ein gewisses Mißtrauen gegen alle derartigen Mittel aufkam, so daß man schließlich alle für so unwirksam hielt, wie es die meisten sind. Tatsächlich befinden sich jedoch unter den angepriesenen Mitteln einige recht gute, welche brennbaren Stoffen eine sehr erhöhte Feuersicherheit verleihen; und nicht bloß auf kurze Zeit, sondern für eine Reihe von Jahren.

Das bis jetzt Erreichte.

Wenn es auch noch nicht gelungen ist, Holz unverbrennlich zu machen, so hat man doch immerhin schon viel erreicht. Es ist ein großer Erfolg, daß man z. B. eine 2 cm starke imprägnierte Holzschindel 5 Minuten hindurch einer Stichflamme von 1200° C. aussetzen konnte, ohne daß sie in Brand geriet. Nur an der Einwirkungsstelle der Flamme war sie wenige Millimeter tief langsam und flammenlos verkohlt.[1]) Oder daß es nicht gelungen ist, Holz, das nach dem Verfahren einer bekannten Münchener Firma imprägniert war, durch Kurzschlüsse einer elektrischen Leitung mit 450 Volt Spannung sowie durch Umwickeln mit den durch den elektrischen Strom glühend gemachten Drähten zum Entflammen zu bringen.[2])

Anforderungen an Feuerschutzmittel.

Es sind eine ganze Reihe von **Anforderungen**, welche man an chemische Feuerschutzmittel stellen muß. Sie geben die Hinweise, wie man die Spreu von dem Weizen sondern kann. Ein Feuerschutzmittel, das die Tragfähigkeit und Haltbarkeit des Holzes herabsetzt, kann gewiß nicht Anspruch auf irgendwelche Beachtung machen. Darum sind alle diejenigen Anstrichmittel ungeeignet, welche das Holz so hermetisch von der Luft abschließen, daß es vermodert oder daß trockene Fäulnis entsteht. Doch darf ein Feuerschutzmittel auch nicht die umgekehrte Wirkung haben: es darf das Holz nicht so hart und spröde machen, daß es sich nur schwer bearbeiten läßt. Durch einige Chemikalien wird eine derartige Härte des Holzes herbeigeführt, daß bei seiner Bearbeitung die Werkzeuge beschädigt werden. Solche Mittel sind natürlich nicht geeignet. Manche andere haben sehr geringe Widerstandskraft gegen Witterungseinflüsse. Sie lösen sich ab oder zersetzen sich bei Frost, Regen, Sonne, Wind oder bloßem Temperaturwechsel, oder sie fallen ab bei geringem Stoß oder Druck oder aber beim Reinigen oder Waschen des Gegenstandes. Das darf natürlich nicht vorkommen. Schließlich muß man verlangen, daß die Feuerschutzmittel ihre feuerschützende

[1]) **Molitor**, a. a. O. S. 335.

[2]) Prüfungsergebnisse der Anstalt „Elektrowacht" in Berlin.

Wirkung nicht bloß für kurze Zeit beibehalten, sondern mindestens einige Jahre.

Verschiedene Imprägnierungsverfahren. Anstrichverfahren.

Es gibt verschiedene Verfahren, das Holz feuersicher zu machen. Bei dem Anstrichverfahren wird nur die Oberfläche des Holzes imprägniert. Die meisten derartig angewendeten Mittel haben nur geringen Nutzen. Sie schützen das Holz in der Regel nur gegen die augenblickliche Einwirkung der Flammen. Wenn die Erhitzung, die nicht einmal sehr stark zu sein braucht, längere Zeit andauert, so hört ihr Schutz auf. Übrigens werden viele solcher äußeren Feuerschutzanstriche schon durch Witterungseinflüsse zerstört. Doch würden sie, längere Widerstandskraft gegen die Flammeneinwirkung vorausgesetzt, immerhin im Innern von Gebäuden einen gewissen Wert haben, da sie dort das Vorwärtsschreiten von Bränden verlangsamen. Es mag jedoch hervorgehoben werden, daß es auch einige wenige Anstrichmittel gibt, welche Witterungseinflüssen längere Zeit standhalten, ohne an Widerstandskraft gegen Entflammung irgendwie zu verlieren.

Einpreßverfahren.

Bei dem Einpreßverfahren wird das Holz bis in den innersten Kern von Imprägnierungsflüssigkeit durchdrungen. Es wurde zuerst von dem bekannten Münchener Chemiker Konrad Gautsch im Jahre 1878 angewendet. Dazu wird das Holz in einen luftdichten Kessel gebracht, aus dem die Luft herausgepumpt wird. Dann wird bis auf 50—110° erwärmte Imprägnierungsflüssigkeit unter einem Druck von 5—14 Atm. in den Kessel eingepreßt. Die Flüssigkeit dringt lebhaft in das Holz ein und durchtränkt es gleichmäßig bis in das Innerste. Auf diese Art imprägniertes Holz hält sich selbst in langandauerndem Feuer von hoher Temperatur sehr gut. Es entzündet sich nach einiger Zeit, aber es brennt nicht. Nur dort, wo die Flamme einwirkt, verkohlt es. Doch die Entzündung schreitet nicht weiter. Und, sobald der Einfluß der Flamme aufhört, ist auch die Verkohlung beendet. Ein Nachglimmen findet nicht statt.

Durchflußverfahren.

Sehr ähnlich ist das Durchflußverfahren, das in Frankreich[1]) verwendet wird. Dabei wird die Imprägnierungsflüssigkeit vermittelst Pumpen ständig durch das Holz gesaugt und gedrückt, so daß sie in fortwährendem Strom von einem Ende zum andern hindurchfließt. Auch dieses Verfahren liefert ausgezeichnete Ergebnisse.

Geeignete Chemikalien.

Zur Imprägnierung des Holzes nach einer der drei vorgenannten Arten werden eine ganze Reihe verschiedener Chemikalien verwendet. Sie wirken nicht alle gleichmäßig gut. Am besten sollen sein:[2]) phosphorsaures Ammonium, Chlorammonium, Chlorkalzium, Chlormagnesium, Chlorzink, schwefelsaures Zink, Zinnchlorür, Alaun, Borax, Borsäure, Tonerdehydrat. Manche anderen Chemikalien sind in ihrer Wirkung un-

[1]) Z. B. die Firma G. Lebioda & Co. in Boulogne sur Seine.

[2]) Vergl. v. Schwartz, a. a. O. S. 71.

zuverlässig, andere sollen sogar das Verglimmen fördern. Ausgezeichnet ist Ammonium in schwefel- und borsaurer Verbindung, das mit vielem Erfolg von der vorgenannten Firma Gautsch in München angewendet wird. Bei der Entzündung so imprägnierter Hölzer verhindert das freiwerdende Ammoniakgas das Inbrandgeraten, während das schmelzende Borat eine Schutzschicht um das Holz herstellt.

Fehler ungeeigneter Chemikalien.

Die Nachteile, welche die Imprägnierung mit ungeeigneten Chemikalien hat, sind im wesentlichen folgende. Zunächst das schon erwähnte Abfallen des Anstrichs infolge der Witterungseinflüsse, beim Abwaschen oder beim Gebrauch, sowie das Abspringen in der Hitze. Weiter das unvollkommene Schmelzen der kleinen Kristalle in dem Imprägnierungsmittel beim Brande, wodurch Fugen und Ritzen frei bleiben und die Oberfläche des Holzes nicht vollständig überdeckt wird. Des ferneren der Umstand, daß bei manchen Chemikalien die feuerschützende Wirkung nach ganz kurzer Zeit aufhört, so daß fortwährende Prüfungen und öftere Erneuerung des Anstrichs notwendig werden. Manche andere wenig geeignete Chemikalien machen, wie erwähnt, das Holz so hart, daß bei seiner Bearbeitung die Werkzeuge beschädigt werden. Auch soll es vorkommen, daß Metallteile, welche mit nicht richtig imprägniertem Holz verbunden sind, von den Chemikalien angegriffen und zerfressen werden. Angeblich soll aus beiden Gründen imprägniertes Holz zum Bau von Kriegsschiffen nicht verwendet werden.[1]) Die amerikanische Marineverwaltung will festgestellt haben, daß feuersicher imprägniertes Holz Wasser anziehe. Es wird darum von ihr nur noch für die Möbel und innere Ausstattung der Schiffe verwendet.[2])

Bei richtiger Auswahl eines brauchbaren Imprägnierungsverfahrens werden sich sicherlich eine Reihe der vorgenannten Nachteile vermeiden lassen.

Dauer des Schutzes.

Die Dauer des durch Imprägnierung erzielten Schutzes ist sehr verschieden. Bei den meisten der nach dem Anstrichverfahren behandelten Hölzer hält er nur kurze Zeit an. Der Anstrich muß häufig erneuert und geprüft werden. Immerhin wird z. B. der Feuerschutzanstrich von Gautsch-München von der Berliner Baupolizei als ausreichendes Feuerschutzmittel für Holzkonstruktionen anerkannt, wenn er beim ersten Anstrich zweimal aufgetragen und alle drei Jahre erneuert wird.[3]) Die nach dem Einpreß- oder Durchflußverfahren behandelten Hölzer behalten naturgemäß ihre Schutzfähigkeit viel länger. So waren z. B. Holzstücke, welche 16 Jahre nach ihrer Imprägnierung nach dem Gautschschen Verfahren geprüft wurden, immer noch gegen Inbrandgeraten geschützt. Doch fehlt jede Erfahrung darüber, wie lange die Wirkung der Imprägnierung anhält. Namentlich dann, wenn die Hölzer Witterungseinflüssen ausgesetzt sind.

[1]) Vergl. Zeitschrift für angewandte Chemie 1905, Nr. 5.

[2]) Vergl. Feuer und Wasser 1904, S. 331.

[3]) Schreiben vom 24. April 1904, Nr. 474, III., G.-R..

II. Für Eisen.

a) Allgemeines.

Gußeisen oder Walzeisen?

Oft wird die Frage aufgeworfen, ob sich in bezug auf Feuerbeständigkeit die Verwendung von guß- oder walzeisernen Säulen mehr empfiehlt. Die Feuersicherheit der beiden ist ziemlich gleich, wenn sie nach einem der nachstehend genannten Verfahren gut geschützt sind. Für die Beantwortung dieser Frage sind mehr wirtschaftliche und konstruktive Gründe maßgebend als brandtechnische.

Wenn man sich jedoch für eins von diesen Materialien entschieden hat, muß man dem gewählten Baustoff entsprechende Grundsätze anwenden. Es treten bei Bränden meistens einseitige Erwärmungen der Säulen ein, wodurch leicht Verbiegungen herbeigeführt werden, und zwar kommt dies häufiger bei netzwerkartigen Säulen von Walzeisen vor, als bei Gußeisen oder Walzeisen größeren Querschnitts. Darum erhalten Walzeisen-Säulen am besten möglichst gedrungenen Querschnitt.[1])

Schutzmantel abnehmbar oder nicht?

Die Eisenkonstruktionen werden gegen die Einwirkung des Feuers durch Ummantelungen geschützt. Man kann sie abnehmbar oder fest machen. Die abnehmbaren haben den Vorteil, daß man den Eisenkern öfters prüfen kann, ob er nicht rostet. Doch haben sie auch wesentliche Nachteile. Die hauptsächlichsten sind ihr Preis und die Schwierigkeit ihrer Herstellung. Nicht zuletzt auch der Umstand, daß die Fugen zwischen den einzelnen Teilen nie ganz dicht sind. Dazu kommt noch, daß sie gegen Stoß und Schlag meist weit empfindlicher sind als die festen Schutzmäntel.

Luftschicht zwischen Eisen und Mantel.

Man nahm früher allgemein an, daß man die feuerschützende Wirkung der Ummantelungen durch Anwendung einer Luftschicht zwischen ihr und der Eisenkonstruktion wesentlich erhöhen könne. Versuche haben ergeben, daß dies nicht zutrifft. Aus der Luftschicht entspringt kein Vorteil. Wohl aber der Nachteil, daß sich Schutzmäntel mit Luftschicht schwerer anbringen lassen und empfindlicher für mechanische Angriffe sind. Darum stellt man jetzt in der Regel Ummantelungen ohne Luftschicht her.

Empfindlichkeit gegen Stoß und Schlag.

Manche Feuerschutzmäntel, die sonst ausgezeichnet sind, sind gegen starke mechanische Einwirkungen sehr empfindlich. Diese lassen sich nicht immer vermeiden. In Geschäftshäusern, Lagerhäusern wird es z. B. trotz aller Vorsicht doch öfters vorkommen, daß Transportkarren gegen die Säulen fahren u. a. Es wird sich darum bei manchen Ummantelungen von Säulen empfehlen, sie in ihrem unteren Teil etwa 1,5—2 m hoch mit Holz, Blech, Drahtziegelputz oder dergl. zu verkleiden.

---

[1]) Vergl. H. Hagn, Schutz der Eisenkonstruktionen gegen Feuer. Berlin 1904. S. 25.

b) Die Anforderungen, welche an Ummantelungen von Eisenkonstruktionen zu stellen sind.

Feuerfestigkeit.

1. Von einem Schutzmantel, der seinen Zweck erfüllen soll, muß in erster Linie verlangt werden, daß er feuerfest ist. Also er muß nicht nur unverbrennlich sein, sondern darf auch bei anhaltend hoher Temperatur überhaupt nicht oder wenigstens eine Reihe von Stunden hindurch nicht seine Form verändern, nicht abbröckeln usw.

Unverbrennlichkeit.

Hierzu muß bemerkt werden, daß es durchaus nicht erforderlich ist, daß das Material des Schutzmantels an sich unverbrennlich ist. Es gibt verschiedene sehr gute Umhüllungsmaterialien (z. B. Korksteine, Feuertrotz u. a.), bei denen Teile der Ummantelung durch heftiges Feuer ins Glimmen geraten. Das ist von den Herstellern beabsichtigt, da durch die Verbrennung der organischen Stoffe eine große Wärmemenge absorbiert wird, die dem darunter liegenden Eisenkern entzogen wird. Das Wesentliche dabei ist aber, daß diese Stoffe nach dem Verbrennen nicht etwa abfallen oder sonstwie den Schutz der Eisenkonstruktion vermindern, sondern daß sie gerade nach der Verkohlung einen erhöhten Schutz abgeben. Sie müssen in diesem Zustande auch genügende Widerstandskraft gegen mechanische Angriffe und gegen den Strahl der Spritze haben.

Feuersicherer Schutzmantel genügt nicht.

Manchmal taucht die Ansicht auf, daß eine feuerfeste Ummantelung gar nicht notwendig sei. Man glaubt, daß in den Städten, wo eine schlagfertige, leistungsfähige und gut ausgerüstete Feuerwehr besteht, ein feuersicherer Schutzmantel um die Eisenkonstruktion genügt. So wird z. B. in einigen Städten zugelassen, daß die Ummantelungen nur eine Stunde hindurch einem Feuer von 1000° im geschlossenen Raume standzuhalten brauchen. Man glaubt dort anscheinend, daß die Feuerwehr in der einen Stunde genügend Zeit und Gelegenheit hat, das ausgebrochene Feuer zu löschen. Gegen diese Ansicht müssen doch gewichtige Bedenken geltend gemacht werden. Bei den Bränden in den Gebäuden, für welche überhaupt Ummantelungen der Eisenkonstruktion vorgeschrieben werden, handelt es sich meistens um sehr umfangreiche Feuer von hoher Hitze. Bei solchen Bränden ist es keineswegs sicher, daß es selbst der besten und leistungsfähigsten Feuerwehr gelingt, des Feuers in so kurzer Zeit Herr zu werden.

Man darf ferner nicht vergessen, daß in den großen Räumen, in welchen meistens Schutz der Eisenteile verlangt wird, das Feuer oft lange Zeit brennt, namentlich nachts, ehe es bemerkt wird. Es kann daher manchmal die kurze Zeit, welche die Ummantelung halten soll, schon beinahe verstrichen sein, wenn die Feuerwehr auf der Brandstelle eintrifft.

Und endlich muß man stets bedenken, daß die Haltbarkeit der Eisenkonstruktionen im Feuer doch eine sehr schwerwiegende Sache ist. Reicht der Schutz der Ummantelung und damit der Widerstand der Eisenkonstruktion nur ganz wenige Zeit nicht mehr aus, so können bedenkliche Folgen entstehen. Die im Innern des Gebäudes im Vertrauen auf die Haltbarkeit der umhüllten Eisenkonstruktionen vordringenden Feuerwehrmannschaften können erschlagen werden. Oder aber der fürsorgliche Feuerwehr-Kommandeur zieht seine Leute aus dem noch lebhaft brennenden Gebäude zurück, damit sie nicht den schweren Lebensgefahren ausgesetzt sind. Damit opfert er meist das ganze Gebäude; auch die Teile und Geschosse, welche er sonst durch einen energischen Innenangriff noch hätte retten können. Darum sollte man stets feuerfeste Ummantelung verlangen.

Schlechte Wärmeleitung.

2. Weiter ist zu fordern, daß der Schutzmantel ein schlechter Wärmeleiter ist. Damit erfüllt er in erster Linie seinen Zweck, die äußere Hitze von dem Eisenkern abzuhalten und dessen Eigentemperatur nicht zu sehr ansteigen zu lassen.

Schutz des Eisenkerns.

3. Durch das Ummantelungsmaterial darf die Eisenkonstruktion selbst natürlich nicht gefährdet werden. Es dürfen darum keine Stoffe in ihm enthalten sein, welche das Eisen angreifen, auch solche nicht, welche das Rosten befördern. Es muß sogar verlangt werden, daß durch den Schutzmantel das Eisen hinreichend vor Rost geschützt ist. Das ist dann besonders nötig, wenn nichtabnehmbare Schutzmäntel angebracht werden. Dann ist eine öftere Prüfung des Eisenkerns nicht möglich. Bei den nichtabnehmbaren Mänteln ist der zu ihrer Anbringung meistens verwendete Mörtel aus Portlandzement ein hervorragendes Rostschutzmittel. Gipsmörtel ist weniger gut; Kalkmörtel greift das Eisen an.

Geringe Empfindlichkeit.

4. Es ist nach Möglichkeit darauf zu sehen, daß der Schutzmantel gegen Schlag, Stoß und Erschütterungen beim Geschäftsbetriebe wenig empfindlich ist und daß er in chemischen Fabriken u. dergl. den Einwirkungen von Säure und Säuredämpfen widersteht. Auch plötzliche Abkühlung beim Brande durch einen Wasserstrahl und durch den dabei entstehenden Wasserdampf darf die Ummantelung nicht zerstören oder lockern.

Stärke und Gewicht.

5. Damit der Schutzmantel nicht zu viel nutzbaren Raum fortnimmt, darf er nur geringe Wandstärke haben. Sein Gewicht soll nicht groß sein, sonst wird die Mehrbelastung erheblich.

Preis.

6. Schließlich muß verlangt werden, daß die Beschaffung und Anbringung der Ummantelung nicht zu kostspielig ist.

c) Gebäude, in denen Ummantelungen notwendig sind.

Notwendigkeit der Ummantelung.

Im allgemeinen gehen die Ansichten darüber auseinander, für welche Bauten die Anbringung von Schutzmänteln um die Eisenkonstruktion erforderlich ist. Wünschenswert und zweckmäßig kann es schließlich für alle Gebäude sein. Doch ist es nicht Aufgabe der Baupolizei, das lediglich Wünschenswerte anzuordnen. Sie muß sich darauf beschränken, nur das im öffentlichen Interesse Notwendige vorzuschreiben. Darum gehen die Baupolizeiverordnungen zu weit, welche auch für alle Wohnhäuser Ummantelung der Eisenkonstruktion verlangen. Andererseits genügt es nicht, wenn, wie es an einem Ort geschieht, nur für solche Träger und Stützen

Schutzmäntel verlangt werden, welche unter Räumen zum dauernden Aufenthalt von Menschen liegen.

Das im Sicherheitsinteresse Notwendige ist auch in dieser Frage nicht überall gleich. Benutzungsart des Gebäudes, seine Größe und Umgebung geben den Ausschlag.

In der Regel wird man Schutz der Eisenkonstruktionen für folgende Gebäude verlangen:

1. In allen Gebäuden, in welchen eine größere Menge brennbarer Stoffe aufbewahrt wird, wo also beim Brande eine starke Hitze von längerer Dauer zu erwarten ist, also z. B. in Fabriken, Waren- und Geschäftshäusern, Speichern, Lagerhäusern u. dergl. Doch kann man je nach den Umständen darauf verzichten, wenn es sich um eingeschossige Gebäude handelt, deren Säulen und Träger nur wenig belastet sind.

2. In den Gebäuden, welche einem größeren Personenverkehr dienen, also z. B. in Versammlungsräumen, Theatern, Ausstellungsräumen.

3. In den Wohngebäuden, wo „eine schnelle Verbreitung von Feuer. . . . . erwartet werden darf".[1]) Also namentlich dort, wo sich in unteren Geschossen größere Verkaufsstellen oder Werkstätten, darüber Wohnungen oder andere Räume zum dauernden Aufenthalt von Menschen befinden.

4. Auch in anderen Gebäuden kann je nach den Umständen die Ummantelung der Eisenkonstruktionen notwendig werden. Namentlich in solchen, durch deren Einsturz eine besondere Gefahr für die Nachbarhäuser entstehen könnte.

d) Teile der Eisenkonstruktionen, welche zu schützen sind.

Ummantelung im Innern des Hauses.

Von den im Innern des Hauses liegenden Eisenkonstruktionen sind alle tragenden und belasteten Teile durch Ummantelung zu schützen, also besonders Säulen, Balken und Unterzüge. Nichttragende Eisenkonstruktionen können ohne Schutzmantel bleiben, wenn durch ihre Zerstörung beim Brande kein Nachteil für die übrigen Teile des Bauwerks, vor allem auch keine besondere Gefahr für Menschen entstehen kann. Eiserne Gallerien wird man z. B. ummanteln, ihre eisernen Geländer nicht. In gewerblichen Betrieben findet man bisweilen Eisenkonstruktionen, Säulen und Träger, die lediglich zum Anbringen von Maschinen aufgestellt sind. Solche Eisenkonstruktionen sind natürlich nicht zu ummanteln.

Eiserne Treppen sind zum mindesten an der Unterseite zu schützen, und zwar in den vorstehend unter c 1 und c 2 genannten Fällen stets. In Wohngebäuden, welche in den unteren Geschossen größere Verkaufslokale oder Werkstätten enthalten, müssen wenigstens die eisernen Treppen feuersicher ummantelt werden, welche irgend eine Verbindung mit den unteren Geschossen haben.

---

[1]) Nach einer Entscheidung des O.-V.-G.

Sonstige Eisenkonstruktionen für Glasdächer in Lichthöfen, Hallen usw. sind nur dann zu ummanteln, wenn diese Glasdächer feuersichere Abschlüsse bilden sollen.

Ummantelung an den Außenwänden des Hauses.

Bei den an den Außenwänden liegenden Eisenkonstruktionen wird man auf die Ummantelung der eisernen Tür- und Fenstersäulen im Erd- und in den Obergeschossen verzichten können. Wenn auch bei derartigen Gebäuden die Flammen wohl aus den Fenstern und Türen schlagen, so gehen sie an den Frontsäulen so schnell vorüber, daß die Abkühlung durch die Außenluft genügt, um eine zu große Erwärmung zu verhüten. Bedenklicher ist es bei den Trägern über Fenster und Türen an der Außenfront. Bei kräftigen Bränden von längerer Dauer erhöhen die herausschlagenden Flammen oft die Eigentemperatur dieser Träger dermaßen, daß sie ihre Tragfähigkeit zum Teil verlieren. Wiederholt haben sich bei Bränden[1]) die Träger über den Fenstern nicht unerheblich ausgebaucht. Das kann schwerwiegende Folgen haben, wenn sie größere Lasten zu tragen haben. In solchen Fällen empfiehlt es sich, sie an ihren freien Unter- und Seitenflächen feuersicher zu bekleiden.[2]) Nicht aber dann, wenn sie nur den Anschlag für die Fenster bilden.

Teile der Träger, die zu ummanteln sind.

Hält man nach diesen Grundsätzen die Umhüllung von Eisenträgern usw. im Innern des Gebäudes oder an der Außenfront überhaupt für notwendig, so ist sie selbstverständlich so auszuführen, daß sie dem Eisenkern einen wirksamen Schutz gewährt. Sie muß ihn also überall vollständig mit geeigneten Ummantelungsstoffen umhüllen. Dazu gehört auch, daß die freiliegenden Unterseiten der Träger bekleidet werden. Geschieht das nicht, so erhöhen länger einwirkende Flammen die Eigenwärme des Trägers infolge seiner guten Wärmeleitung derart, daß er seine Tragkraft verliert, sich ausbaucht und durchbiegt. Die dazwischen liegenden Gewölbekappen und Deckenfelder fallen dann leicht herab. Besonders wenn sie belastet sind. Es wird auch manchmal notwendig, die Oberflanschen der Träger besonders zu schützen. Das geschieht am besten durch eine Betonlage von mehreren Zentimetern Stärke.

Hohle Eisenstützen.

Es ist auch in Erwägung gezogen worden, ob es nicht zweckmäßig sei, hohle Stützen innen durch Zementbeton oder dergl. auszugießen. Doch haben Versuche ergeben, daß so ausgegossene Säulen dem Feuer nicht wesentlich länger widerstanden als solche ohne Betonfüllung.[3])

---

[1]) Vergl. Zentr.-Bl. der Bauverwaltung 1903, S. 377; Zeitschrift „Feuerpolizei" Bd. IV, S. 114.

[2]) Die preußischen Bestimmungen für Waren- und Geschäftshäuser verzichten auf die Umhüllung der Eisenträger an den Außenfronten. Das ist, wie die Erfahrung lehrt, nicht in allen Fällen ausreichend.

[3]) Vergl. Deutsche Bauzeitung 1895, S. 275.

e) Das Material, die Anbringung und die Wirkung der Ummantelungen.

Nicht geeignete Schutzstoffe.

Drei Baustoffe sind als Material für Schutzmäntel wenig geeignet: Holz, Eisen und Haustein. Gewiß ist Holz ein schlechter Wärmeleiter, aber es brennt leicht an. Immerhin kann vielleicht sorgsam imprägniertes Holz, namentlich Hartholz von 3—4 cm Stärke, glatt gehobelt das Feuer einige Zeit vom Eisen fernhalten. Namentlich wo nicht allzuviel brennbare Stoffe vorhanden sind. Solche Holzverkleidungen sollen sich bei einem Warenhausbrande bewährt haben.[1]) Doch sind sie kaum zu empfehlen. Eisen wurde früher in Berlin eine Zeitlang als Ummantelung vorgeschrieben. Nichtabnehmbare Schutzmäntel aus Schmiedeeisen mit Luftschicht.[2]) Doch ist man bald davon abgekommen. Haustein wird öfters zur Umkleidung benutzt. Im Innern von Gebäuden ist solche Ummantelung ganz ungeeignet der geringen Feuerbeständigkeit der natürlichen Steine wegen. Die Hausteinumkleidung der Eisenkonstruktionen an Fassaden zersplittert beim Feuer ebenfalls sehr leicht und fällt öfters herab. Dadurch entstehen häufig Gefahren für Bewohner und Feuerwehrmannschaften.

Feste Ummantelungsstoffe.

Zur wirksamen Feuerummantelung von Eisenkonstruktionen werden eine große Anzahl anderer Stoffe verwendet. An festen Stoffen werden benutzt: Backsteine, Schwemmsteine, poröse feuersichere Steine, gebrannter Ton, Kunsttuffstein, Kunstbimsstein, Korksteine, Xylolithplatten, ferner besondere Konstruktionen wie Feuertrotz, Macks Feuerschutzmantel, Asbest-Kieselgur-Matratzen u. a. An pulver- und mörtelartigen Stoffen verwendet man: gewöhnlichen Mörtel, Stampfbeton, Monier- und Rabitzkonstruktion, Asbestzement Kühlewein, Asbest-Kieselgur-Zement, Plutonit-Asbestmasse, Drahtziegelputz u. a. Wenig geeignet ist Gips.

Mörtelartige Ummantelungsstoffe.

Anbringung der Schutzstoffe.

Die Anbringung der genannten festen Schutzstoffe um das Eisen ist verschieden. Materialien in Ziegel- und Plattenformat, in Gestalt von Segmenten oder Schalen, als Hohl- oder Vollsteine werden manchmal in Zementmörtel mit versetzten Fugen um das Eisen gebaut, so daß Verband entsteht. Andere werden einfach herumgelegt, einige sind dazu gleich auf biegsamer Draht- oder Juteunterlage befestigt. Wieder andere werden auf Gipsbänder genagelt. Oder die einzelnen Teile werden durch lange Nägel oder Eisenklammern aneinander befestigt. Manche Materialien können mit Säge oder Feile zugeschnitten werden. Außen werden alle zweckmäßig mit einem 1—2 cm starken Zementputz umgeben.

Ebenso verschiedenartig ist die Anbringung der breiartigen Ummantelungsstoffe. Manche werden unmittelbar auf das Eisen aufgebracht in Holzformen, die nachher fortgenommen werden, oder in einer Drahtgeflecht-

---

[1]) Vergl. Hagn, a. a. O. S. 31.

[2]) Vergl. Baltz, a. a. O. S. 253.

oder Streckmetallhülle. Einige werden auf Drahtnetze, Streckbleche oder Eisengerippe aufgetragen, mit oder ohne Abstand vom Eisen. Auch hier wird zweckmäßig ein äußerer Verputz von Zementmörtel angebracht.

Es würde zu weit führen und über den Rahmen dieses Werkes hinausgehen, wenn hier des näheren auf die einzelnen verschiedenen Arten der Ummantelung eingegangen würde. Es sei deswegen auf die hierüber bestehende Spezialliteratur verwiesen.[1])

Dauer des Widerstandes geschützter Eisenkonstruktionen.

Die Dauer des Widerstandes gegen ein heftig wirkendes Schadenfeuer ist bei eisernen Trägern und Säulen, welche nach einem dieser Verfahren geschützt sind, nicht immer gleich. Manche Ummantelungen beginnen schon nach 2 Stunden ihre Widerstandskraft zu verlieren, andere halten viel länger, einige sogar 9 Stunden und mehr hohen Temperaturen stand. Dann verlieren sie entweder ihren Halt: sie stürzen von selbst herab oder werden schnell durch den Spritzenstrahl zerstört. Oder sie büßen an Isolationskraft so erheblich ein, daß die Eigentemperatur auf mehr als 600° steigt. Dann nimmt die Tragfähigkeit des Eisens sehr schnell ab. Gut geschützte Eisenkonstruktionen behalten bei der äußeren Maximalhitze von 1400°—1500° eine Reihe von Stunden hindurch eine ziemlich niedrige Eigentemperatur. Sie schwankt je nach Material und Ausführung zwischen 100° und 300°. Bei manchen steigt sie aber auch bis 400°.

Eigentemperatur des Eisenkerns.

Noch nicht erprobte Schutzstoffe.

Es darf zum Schlusse nicht verschwiegen werden, daß als sog. feuersichere Ummantelungen auch einige Fabrikate in den Handel gebracht werden, welche den zu stellenden Anforderungen nicht genügen. Auch solche, welche keiner ordnungsmäßigen Prüfung unterzogen wurden, sondern welche man nur kurze Zeit, vielleicht nur eine Stunde lang, Temperaturen von 800° bis 900° ausgesetzt hat. Es wird darum in manchen Fällen notwendig sein, daß man sich amtliche Zeugnisse über Brandproben vorlegen läßt, welche mit den angepriesenen Materialien vorgenommen worden sind.

---

[1]) Vergl. Foerster, Die Eisenkonstruktionen der Ingenieur-Hochbauten. Leipzig 1906. S. 13. — Linse, Feuersichere Baukonstruktionen. Zeitschr. des Vereins Deutsch. Ingenieure 1897, S. 1006. — Derselbe, Deutsche Bauzeitung 1897, S. 354, Stahl und Eisen 1898, S. 901. — Derselbe, Die Fortschritte in der Anwendung und Erfahrungen über Feuersicherheit des Eisens. Zeitschr. Stahl und Eisen 1898, S. 696. — v. Ritgen, a. a. O. S. 93 ff. — Hagn, a. a. O. S. 31 ff. Ferner auch die vorstehend in den Anmerkungen auf S. 13 angeführten Quellen.

Dritter Teil.

Die Einzelausführungen an sich.

A. Die Mauern und Wände.

I. Allgemeines.

Aufgaben der Mauern und Wände.

Nicht nur Gründe technischer Art, nicht bloß der Zweck, Lärm und Kälte abzuhalten, sind maßgebend für die Herstellungsweise der Mauern und Wände. Sie sollen auch den Menschen gegen das Schadenfeuer mit seinen oft bedenklichen Begleiterscheinungen schützen.

Umfassungsmauern.

Verschieden sind im brandtechnischen Sinne die Aufgaben der einzelnen Wände und Mauern des Wohnhauses. Die Umfassungswände sollen die Übertragung eines Feuers nach außen nicht zulassen und sollen verhüten, daß ein Feuer von außenher in das Innere des Gebäudes eindringt. Je nach dem Zweck und der Lage des Hauses wird die Konstruktion der Umfassungsmauern verschieden sein.

Brandmauern.

Unter ihnen sind besonders wichtig die unmittelbar an den Nachbargrenzen gelegenen Brandmauern. Sie in erster Linie sollen verhüten, daß ein Brand eine zu große Ausdehnung annimmt. In dem Zweikampfe, der sich in den großen Städten täglich zwischen dem Feuer und der Feuerwehr abspielt, wird letztere stets Sieger bleiben, wenn das Feuer nicht mit zu großer Übermacht auftritt. Hat es einmal eine gewisse Grenze überschritten, so spottet es der Gewalt des Menschen, und es triumphiert das vernichtende Naturelement. Daher denkt der Mensch beizeiten daran, dem Wüten des Elements Schranken zu ziehen. Er schließt die Nachbarhäuser gegeneinander feuerfest ab und sucht in solchen Gebäuden, welche durch Inhalt und Ausdehnung dem Feuer Gelegenheit zum übermäßigen Anwachsen geben könnten, durch Einschaltung von Trennungswänden der Katastrophe vorzubeugen.

Innere Scheidewände.

Die im Innern des Gebäudes vorhandenen tragenden und nichttragenden Scheidewände zerfallen in zwei Klassen, welche nach Zweck und Konstruktion verschieden sind. Die gewöhnlichen Scheidewände haben brandtechnisch nur die Aufgabe, eine gewisse Zeit lang das Fortschreiten eines Brandes von einem Raum zum andern aufzuhalten. Die verschiedenartigsten Konstruktionen werden dafür angewendet, von den unbedingt feuerfesten hinab bis zu den nicht mehr feuersicheren. Wichtiger sind die Scheidewände, deren Aufgabe der Schutz des Bewohners ist. Zunächst diejenigen, welche die Wohn- und Schlafräume des Menschen vor Rauch und Feuer schützen. Der schlafende Mensch ist weniger dem Feuer als dem voraneilenden Rauch gegenüber wehrlos. Dringt, ehe es dort brennt, Rauch in den Raum, der einen Schlafenden beherbergt, so ist der Mensch oft verloren, auch dann, wenn er den Raum ohne Mühe mit nur wenigen Schritten verlassen könnte. Darum sind z. B. die Wände, welche Dachgeschoßwohnungen von den Bodenräumen trennen, feuerfest und rauchdicht herzustellen. Nicht weniger wichtig sind die Scheidewände, welche es den Menschen ermöglichen sollen, beim Brande ungefährdet das Freie zu erreichen. Also zunächst die, welche die Treppen umgeben und sie vor dem Inbrandgeraten schützen sollen. Ferner diejenigen, welche die Zugänge zu den Treppen und den Ausgangsweg von ihnen bis ins Freie umschließen. Zu ihrer Herstellung kann feuersichere Bauweise nicht genügen. Es muß Feuerfestigkeit verlangt werden.

II. Die Feuerbeständigkeit verschiedener Konstruktionen.

Holzwände.

Den geringsten Widerstand gegen das Feuer leisten Holzwände. Doch kann man ihre Feuerbeständigkeit ganz bedeutend erhöhen, wie oben dargelegt, durch Berohren und Verputzen mit Kalk- oder Zementmörtel, besser noch durch Drahtziegelputz, Asbestschiefer oder Asbestzement. Solche Bekleidung hindert einige Zeit die Entzündung des Holzes, da sie die Luft abschließt und schlecht die Wärme leitet. Wenn aber einmal die eigentliche Holzwand heiß geworden ist, dann schwindet das Holz und es bilden sich Risse, die sich mehr und mehr erweitern. Immerhin halten solche sorgfältig hergestellten Holzwände einem heftigen Feuer so lange stand, daß man sie getrost als feuersicher bezeichnen kann. Bei den Breslauer Brandproben von 1906 hat sogar eine nur 40 mm starke kieferne Bretterwand mit beiderseitigem Verputz eine Temperatur von etwa 1000° nahezu $1^1/_2$ Stunde ausgehalten.

Holzblockwände.

Besser widerstehen dem Feuer Holzblockwände, wenn sie glatt gehobelt sind und wenn es durch das dichte Aufeinanderliegen der einzelnen Blockhölzer dem Feuer verwehrt ist, durch die Fugen zwischen ihnen durchzudringen. Solche Wände werden durch die sich bildende Verkohlungsschicht geschützt.

Holzfachwerk mit Steinausfüllung.

Auch Wände aus Holzfachwerk geraten nicht so leicht in Brand, wenn die Holzteile glatt gehobelt sind. Doch kommt es vor, daß durch das unvermeidliche Ziehen und Werfen des anbrennenden Holzes die Ausmauerung einzelner Felder herausfällt. Daher macht sich oft die Verblendung der Holzteile durch Verputz, Schieferbekleidung, Eisenblech oder Mauerstein notwendig.

Holzfachwerk mit Lehmausfüllung.

Holzfachwerk mit Lehmausfüllung leistet dem Feuer nicht viel Widerstand. Es empfiehlt sich oft, Gipsdielen oder dergl. zur Ausfüllung der Felder zu verwenden; sie sind viel feuerbeständiger. Übrigens haftet auch an ihnen der Putz besser als an Lehm, und die Herstellung erfolgt schneller.

Eisenfachwerk.

Die Feuerbeständigkeit des Eisenfachwerks ist nur dann erheblich größer als die gewöhnlichen Holzfachwerks, wenn die zutage liegenden Eisenteile feuersicher ummantelt sind. Geschieht das nicht, so dehnt sich die Eisenkonstruktion bei der Erhitzung stark aus, wirft sich, verliert an Tragkraft und läßt die Ausmauerung herausfallen. Wände aus Eisenfachwerk neuester Art sind wohl neben den massiven nach dem heutigen Stand der Technik die feuerbeständigsten, die es gibt. Dabei wird vor dem Ausmauern das ganze Eisengerippe mit feuersicheren Stoffen umkleidet, nnd zwar innen und außen, so daß kein Teil unbedeckt bleibt. Erst dann wird das eiserne Gerippe ausgemauert.

Eisenbeton.

Mauern aus Eisenbeton sind in bezug auf Feuerbeständigkeit massiven Mauern aus gebrannten Ziegeln gleichwertig zu erachten.

Ziegelmauern.

Mauern aus Backstein sind feuerfest, wenn sie sachgemäß ausgeführt sind. Namentlich hartgebrannte Klinkersteine in Zementmörtel. Es ist bereits erwähnt worden, daß man auch weniger feuerfesten Ziegeln durch sorgfältig hergestellten Zementputz einen hohen Grad von Feuerbeständigkeit geben kann.

Neigung der Mauern nach außen bei Bränden.

Hier muß noch eine merkwürdige Erscheinung der Backsteinmauern besprochen werden.[1]) Es kommt bei Bränden häufiger vor, daß Umfassungs- und Giebelmauern, ohne daß sie einen Schub von innen erhalten, sich mehr und mehr nach außen neigen und schließlich dorthin umstürzen. Der Grund liegt darin, daß sich die einzelnen Steinschichten an der inneren, dem Brand zugekehrten Seite infolge ihrer größeren Erwärmung mehr ausdehnen als an der Außenseite. Die Erkenntnis dieser Ursache hat wiederholt bei Bränden die Feuerwehr zu der einfachen Abhilfe greifen lassen, die Innenseite der sich nach außen neigenden Mauer durch mehrere Wasserstrahlen abzukühlen. Der Erfolg war stets überraschend. Nach kurzer Zeit, manchmal schon nach 10—15 Minuten, richteten sich die Mauern wieder zu ihrer vorherigen senkrechten Stellung auf. Sie blieben darin und stehen vielfach heute noch so. Versuche hierin sind besonders in Bremen und Breslau angestellt worden.

Nichttragende leichte Innenwände.

Eine große Anzahl verschiedener Konstruktionen findet man für leichte Innenwände, die keine Balken zu tragen haben. Wie ihr Material und ihre Bauart, so ist auch ihre Feuerbeständigkeit ganz verschieden. Nahezu feuerfest sind z. B. Monier-, Streckmetall-, fugenlose Luginowände, Hohlziegel- und Flachziegelwände[2]) (z. B. die Prüßschen Wände), auch sorgfältig

[1]) Vergl. Vortrag des Branddirektors Dittmann-Bremen auf dem Verbandstage Deutscher Berufsfeuerwehren. Stuttgart 1907.

[2]) Vergl. v. Ritgen, a. a. O. S. 91. Hier wird ein Unterschied gemacht zwischen feuerfesten, unverbrennlichen und feuersicheren Wänden.

ausgeführte Zementdielenwände u. a. Die meisten übrigen Konstruktionen für nicht belastete Scheidewände können nur auf die Bezeichnung feuersicher Anspruch machen. Dahin gehören neben den beiderseits geputzten Bretterwänden die Rabitz- und Drahtziegelwände, die verschiedenen Konstruktionen aus Gips (mit den mannigfachen Zusätzen), aus Kunsttuffstein, aus Xylolith usw.

III. Die Stärke feuerfester Wände.

Stärke feuerfester Wände.

Es unterliegt wohl keinem Zweifel, daß eine feuerfeste Wand ein besonders kräftiges Feuer nicht so gut aushält als eine doppelt so starke Wand desselben Materials. Je stärker die Mauer, desto größer ihre Feuerbeständigkeit. Doch gibt es nur wenige Bauarten, welche selbst in erheblicher Stärke einem ganz großen und wirklich heftigen Brande lange Zeit widerstehen können. Bricht ein derartig umfangreiches und kräftiges Feuer aus, so nützen auch diese Mauern nichts, selbst wenn sie sehr stark sind: das Ausbrennen des Innenraumes, die Bewegung durch den bedeutenden Temperaturwechsel bringt sie meist zum Einsturz. Es ist daher überflüssig, für feuerfeste Wände allein aus feuerpolizeilichen Gründen bestimmte Stärken zu bestimmen. Haben sie die Stärke, einem einigermaßen heftigen Brande standzuhalten, sind z. B. gute Backsteinmauern einen Stein stark, so genügt das für alle Fälle. Es wäre eine unnötige Belastung der Bauenden, wie Döhring in seinem bekannten klassischen Werk schreibt,[1]) wenn man über das gewöhnliche Maß hinaus gewisse Wand- und Mauerstärken vorschreiben wollte. Dies gilt auch für Brandmauern. Wenn eine tragende Wand oder Mauer oder eine Brandmauer den statischen Anforderungen entspricht, dann genügt sie auch in bezug auf Feuerbeständigkeit. Sie bleibt dann auch bei einem Brande erhalten, der schon ganz bedeutende Ausdehnung und Hitze erreicht. Gegen ganz große Brände schützt aber überhaupt keine Mauerstärke, die noch praktisch angewendet werden kann.

B. Die Decken und ihre Unterstützungen.

I. Allgemeines.

Arten der Decken.

Die Anforderungen an jene Baukonstruktionen, welche die übereinanderliegenden Geschosse eines Gebäudes trennen, sind in früheren Zeiten viel geringer gewesen als jetzt. Die Steindecken, denen sich bald die hölzernen Decken zugesellten, haben lange Zeit genügen müssen, um die Übertragung von Schall, Wärme und Schadenfeuer von einem Geschoß auf das andere zu verhindern. Doch die Anforderungen an die Decken haben sich immer mehr gesteigert. Da es sich um einen Massenartikel

---

[1]) Vergl. Döhring, a. a. O. S. 231.

handelte, hat die Industrie unablässig gearbeitet, um den hochgeschraubten Ansprüchen gerecht zu werden. Nach und nach ist eine außerordentlich große Anzahl von Decken konstruiert worden. Ja, es sind sogar neuartige Baustoffe für sie erfunden worden.

Beurteilung. Ein Überblick über die vielen verschiedenen Arten von hölzernen, steinernen und unter Verwendung von Eisen hergestellten Decken ist recht schwierig. Noch schwerer ist eine gerechte Würdigung der einzelnen Konstruktionen. Jeder preist sein Fabrikat naturgemäß als das beste. Es sind jedoch nicht allzuviele Decken, welche schon genügend lange Zeit in jeder Beziehung ausprobiert worden sind. Manche Vorfälle, bei denen die geringe Widerstandskraft von neueren Decken, welche bisher stets als zuverlässig galten, bei nur etwas über das übliche Maß hinausgehenden Belastungen und bei größeren Schadenfeuern zutage trat, lassen eine gewisse Unsicherheit bei Auswahl der Decken unter den Interessenten nicht verschwinden.

Vom Standpunkte der Brandtechnik wird zunächst maßgebend sein müssen, wie sich die Decken einem größeren Schadenfeuer von der Maximalhitze gegenüber verhalten. Den richtigen Maßstab hierfür, welcher zugleich die Anforderung an die Feuerbeständigkeit der Decken und ihre Leistungen angibt, finden wir in den Begriffen „feuerfest", „feuersicher" und „nicht feuersicher", wie sie früher festgelegt worden sind. Es wird nicht unrichtig sein, wenn man versucht, die wichtigeren Arten der jetzt gebräuchlichen Decken in eine dieser Klassen einzuordnen. Auf diese Weise läßt sich am leichtesten die Grenze der Verwendbarkeit der Decken für den jedesmaligen Zweck feststellen. Es ist erfreulich, daß auch in dem neuesten preußischen Ministerialerlaß über die Feuersicherheit der Geschäftshäuser die Deckenkonstruktionen nach diesen Grundsätzen eingeteilt sind.

II. Die Steindecken.

Ziegelgewölbe. Die widerstandsfähigsten Decken sind ohne Zweifel die massiven Gewölbe aus Backsteinen. Sie sind im höchsten Grade feuerfest, wenn sie auf standfesten Widerlagern, Gurtbögen oder Pfeilern aufgebaut sind. Auch ihre Widerstandskraft gegen äußere Krafteinwirkungen ist recht bedeutend. Immerhin kann es vorkommen, daß sehr schwache Gewölbe durch Hinaufstürzen schwerer Massen durchschlagen werden und dann in sich zusammenstürzen. Solche Fälle sind bei Dachstuhlbränden in Kirchen z. B. schon öfters beobachtet worden. Dadurch kann eine große Gefahr für die Löschmannschaften entstehen.

Immerhin bleiben aber gewölbte Decken aus Ziegelmauerwerk als die besten anzusehen.

Betongewölbe. Zu den Steindecken im weiteren Sinne gehören auch die Gewölbe, welche lediglich aus Beton ohne Verwendung von Eisen hergestellt sind. Sie sind bei richtigem Mischungsverhältnis und sorgfältiger Ausführung gleichfalls durchaus feuerfest. Sehr bewährt hat sich die Verwendung von Grus aus Aschenfällen von Steinkohlenfeuerungen an Stelle von Sand und Kies. Die Feuerfestigkeit leidet nicht darunter. Die Gewölbe werden jedoch leichter.[1])

III. Die Holzdecken.

Vor- und Nachteile.

Sie stehen zwar den Steindecken an Feuerbeständigkeit weit nach. Auch an Tragkraft und Dauerhaftigkeit. Doch haben sie den großen Vorzug, daß sie nicht in so erheblichem Maße wie jene Raum fortnehmen und nicht so sehr die Lichtzuführung hindern. Da sie schnell und billig herzustellen sind und infolge ihrer Leichtigkeit das Mauerwerk nur wenig belasten, sind sie trotz ihrer Nachteile von jeher weit häufiger angewendet worden als Steindecken.

Art ihrer Unterstützung.

Eins der wesentlichsten Momente für die Feuerbeständigkeit der Holzdecken ist die Art ihrer Unterstützung. Wird eine Holzdecke durch gemauerte Pfeiler unterstützt, oder reicht sie ohne Unterstützung von einer Mauer zur anderen, so ist ihre Feuerbeständigkeit bei sonst gleichen Verhältnissen größer, als wenn hölzerne Säulen sie tragen. Viel geringer ist sie, wenn die Decke auf Säulen oder Unterzügen von ungeschütztem Eisen ruht. Oft sind hölzerne Decken, die sonst noch vollkommen dem Feuer standhielten, eingestürzt, weil die ungeschützten Eisenträger oder Säulen, auf denen sie ruhten, bei gar nicht so hoher Temperatur ihre Form und Tragfähigkeit verloren. Gut geschützte Eisenkonstruktionen geben natürlich eine vollkommen zuverlässige Unterstützung für Holzbalkendecken ab.

Offene Balkendecke.

Die einfache offene Balkendecke setzt dem Feuer nur einen ganz geringen Widerstand entgegen. Zumal da die auf den Balken ruhende Dielung meist Fugen genug hat, welche den Brenngasen einen leichten Durchlaß und einen bequemen Angriffspunkt bieten. Sie werden daher nur in sehr beschränktem Umfange zugelassen. Man kann etwas ihre Feuerbeständigkeit durch Hobeln der Balken und der Unterseiten der Bretter vermehren.

Verschalte Decke.

Wenn die Balken von der Unterseite mit Brettern verschalt sind, so ist eine wirklich größere Feuerbeständigkeit nur dann zu erwarten, falls die Schalbretter fugenlos zusammenstoßen. Weit größer wird sie noch, wenn die Schalbretter unten gerohrt und geputzt werden. Den Brenngasen ist alsdann zunächst kein Angriffspunkt geboten. Der Putz als schlechter Wärmeleiter hält sie eine Zeitlang von dem Holze ab. Immerhin kann man solche Decken noch nicht als feuersicher betrachten. Solange die Fache zwischen den Balken leer bleiben oder sonst keine Isolierung vorgenommen wird, ist die Widerstandsfähigkeit der Decken nur gering.

Gerohrte und geputzte Decke.

Isolationsschicht.

Erst durch Anbringung einer Isolationsschicht erreicht die Decke Feuersicherheit. Wie das Isolationsmaterial angebracht wird, ist hierbei gleichgültig, ob über einer Einschubdecke oder über einer besonderen Schalung

[1]) Vergl. Handbuch der Architektur Band I, Abt. I.

oben auf den Balken. Die Hauptsache bleibt, daß die Isolationsschicht aus unverbrennlichem Material besteht und eine gewisse Stärke hat, zum mindesten von $^1/_2$ Stein. Statt der gewöhnlich verwendeten Ausstakung mit dem Lager von Sand, Lehm, Koksasche oder einem ähnlichen trockenen Material werden auch Gipshohlplatten, Zementdielen und ähnliche feuersichere Zwischenfüllungen verwendet.

Feuerbeständigkeit.

Holzdecken dieser Ausführung sind als feuersicher, nicht als feuerfest anzusehen. Sie genügen in Wohnhäusern, um den Brand vom Fortschreiten von einer Wohnung zur anderen eine ganze Zeit hindurch abzuhalten. Selbstverständlich vermögen sie einer kräftigen Einwirkung des Feuers auf die Dauer nicht zu widerstehen.

Dübelbaumdecken.

Sehr feuerbeständig sind die besonders in Österreich vielfach verwendeten Dübelbaumdecken, welche hauptsächlich zur feuersicheren Trennung des Dachgeschosses von dem darunter liegenden Stockwerk dienen. Sie bestehen aus mehr oder weniger starken Tragbäumen, welche mit glatter Berührungsfläche unmittelbar ohne Fache aneinander gelegt und so zusammen verdübelt sind. Ihre glatt und eben geschnittene Unterseite ist gerohrt und geputzt. Zwischen den Tragbäumen und der Dielung des Dachgeschosses befindet sich eine Isolierschicht. Ihre bedeutende Feuersicherheit wird oft noch dadurch erhöht, daß sie durch Ziegelpflaster gegen Inbrandsetzung von oben geschützt werden. Derartige Holzdecken sind vom Feuer schwer zu zerstören. Sie haben einen hohen Grad von Feuersicherheit.

IV. Decken mit Verwendung von Eisen.

a) Die eisernen Träger und Säulen.

Ausdehnung.

Es ist bereits früher darauf hingewiesen worden,[1] daß die Ausdehnung eiserner Konstruktionen im Feuer ganz bedeutend ist. Bei langen Trägern ungeschützter Eisenkonstruktionen können durch diese Ausdehnung die Umfassungsmauern umgeworfen oder Löcher in sie gestoßen werden. Beim Einbau von Eisen wird man hierauf Rücksicht nehmen müssen.

Zwar werden *ungeschützte Eisenkonstruktionen* kaum noch zugelassen werden. Außer in Wohngebäuden und in solchen Baulichkeiten, in denen eine größere Hitze von längerer Dauer auf keinen Fall zu erwarten ist. Doch darf man auch bei *ganz geschützten Eisenträgern* die Ausdehnung nicht außer acht lassen. Wenn auch die Ummantelung den weitaus größten Teil der Brandhitze absorbiert, so ist es doch unvermeidlich, daß die Eigentemperatur des Eisenkerns zunimmt. Bei den vielen eingehenden Versuchen, die mit verschiedenartig ummantelten eisernen Säulen und Trägern an manchen Orten angestellt wurden, stieg die Eigentemperatur des Eisenkerns bei Maximalbrandhitze je nach Güte der Ummantelung auf

[1]) Die Ausdehnung bei einer Temperaturerhöhung von 100° beträgt bei Schmiedeeisen $^1/_{810}$, bei Gußeisen $^1/_{900}$ seiner Länge.

200—300°, manchmal sogar bis über 400°. Es ist also notwendig, daß man mit einer möglichen Steigerung der Eigentemperatur von 400° rechnet. Die Ausdehnung der Eisenteile ergibt sich hieraus ohne weiteres.

Halb geschützte Eisenträger, d. h. solche, deren Unterflansch nicht ummantelt ist, teilen die von unten in sie eindringende Brandhitze infolge ihrer guten Wärmeleitung schnell dem ganzen Träger mit. Wenn sie auch nie eine so hohe Eigenwärme erreichen wie ganz ungeschützte Träger, so wird immerhin die Temperatursteigerung in ihnen und ihre Ausdehnung viel bedeutender sein als die von ganz geschützten Eisenträgern. Man muß daher bei ihnen beinahe mit der doppelten Ausdehnung rechnen.

Schädliche Wirkung der Ausdehnung.

Die Längenausdehnung der ganz geschützten, besonders aber der halb geschützten Träger kann verhängnisvoll werden, wenn die Träger mit ihren beiden Enden ohne Spielraum fest in die Wände eingemauert sind. Mehr noch, wenn sie zur Verankerung der Mauern unter sich oder mit der Eisenkonstruktion mit festen Eisenankern versehen werden. Bei der für ganz geschützte Träger vorzusehenden Erhöhung der Eigenwärme um 400° ist eine Ausdehnung von $^{4}/_{810}$ ihrer Länge zu erwarten. 20 m lange Träger dehnen sich also beinahe um 10 cm aus. Bei einer solchen Länge sollte die beiderseitige feste Einmauerung und Verankerung der eisernen Balken und Unterzüge mit den Umfassungsmauern nicht mehr zugelassen werden. Das dürfte bei geschützten Eisenträgern nur geschehen, wenn ihre Länge weniger als 10 m beträgt.[1]) Der geringeren Längenänderung bis zu 5 cm vermag schließlich das Mauerwerk infolge seiner Elastizität zu folgen. Halb geschützte Eisenträger wird man höchstens in der Hälfte dieser Länge auf beiden Seiten eingemauert zulassen können.

Zulässigkeit der beiderseitigen festen Einmauerung der Träger.

Bei größerem Abstand der Umfassungsmauern als 10 m bei ganz geschützten und 5 m bei halb geschützten Eisenkonstruktionen kann feste Einmauerung und Verankerung der Träger schwere Gefahren bringen. Es sind dann besondere Maßregeln am Platze.

Vorbeugungsmaßregeln bei langen Trägern. Mauerspielraum.

Verhältnismäßig am einfachsten ist es, wenn man in solchen Fällen den Trägern und Unterzügen vor ihren Enden in den Mauern zu ihrer Ausdehnung entsprechenden Spielraum gewährt. Zweckmäßig gibt man dann bei Laschenverbindungen den Schraubenbolzenlöchern in horizontaler Richtung langovale oder schlitzartige Form, wie man dies bei der Verbindung von Eisenbahnschienen macht. Damit nicht die schwerbelasteten Träger bei ihrer Ausdehnung im Brande infolge der zu starken Reibung

[1]) Hagn, a. a. O. S. 7 und Foerster, a. a. O. S. 12, meinen, daß man beiderseitige Einmauerung und Verankerung bis zu 15—20 m zulassen könnte. Das ist, wie die Ausdehnungsberechnung ergibt, zuviel. Wenn die Mauern sich infolge der Ausdehnung der Träger über dem Erdgeschoß nach außen neigen, so beträgt ihre Ausladung in der Höhe der oberen Geschosse das Zwei- und Dreifache.

an den Auflagern trotz des Spielraumes die Mauern umwerfen, empfiehlt es sich, ihre Köpfe auf gekrümmte eiserne Unterlegeplatten zu legen. Dadurch wird ihr Gleiten bei der Ausdehnung erleichtert. Die Verankerung der Mauern ist dann unabhängig von den Trägern herzustellen.

Selbststehende Mauern.

Man kann auf die Verankerung der Mauern verzichten, wenn man ihnen durch genügende Stärke ausreichende Standsicherheit und Widerstandskraft gegen Witterung, schnellen Temperaturwechsel bei Bränden usw. gibt. Das wird sich meist nur bei eingeschossigen Gebäuden durchführen lassen. Dann dürfen die Träger und Unterzüge höchstens an einem Ende verankert sein und müssen Raum zu ihrer Ausdehnung haben.

Hängende Mauern.

Oder aber man macht die Eisenkonstruktion in sich so standfest, daß das Mauerwerk nur zur Ausfüllung der das Eisengerippe bildenden Felder dient. Die Mauerfelder machen alsdann die Bewegungen der Eisenkonstruktionen mit. Ein Umwerfen der Umfassungsmauern ist ausgeschlossen, da sie von der Eisenkonstruktion getragen werden. Namentlich bei den neueren Riesenbauten in Amerika wird diese Bauweise recht häufig angewendet.

Auflösung in verschiedene Systeme.

Will man eine derartige Konstruktion nicht anwenden, so bleibt nichts übrig, als das Eisengerippe nicht als ein ganzes herzustellen, sondern es in mehrere voneinander unabhängige Systeme zu zerlegen. Die so entstehenden Systeme sind in Richtung der Umfassungsmauern vertikal voneinander getrennt. Die den Mauern zunächst liegenden bilden mit diesen ein Ganzes und sind mit ihnen verankert. Die dazwischen liegenden sind in sich standsicher aufgebaut. Die Unterzüge und Träger, welche die verschiedenen Systeme verbinden, sind so gelagert, daß sie sich verschieben können.[1])

Träger auf Wandsäulen.

Es kommt vor, daß die Träger auf eisernen Wandsäulen aufliegen. Dann darf man nicht vergessen, auf die Ausdehnung dieser Säulen im Feuer Rücksicht zu nehmen; namentlich dann nicht, wenn die Umfassungsmauern mit diesen Wandsäulen verankert sind. Der Spielraum für die Träger in den Mauern ist alsdann um die zu erwartende Ausdehnung der Säulen nach oben zu vergrößern. Auch empfiehlt es sich, die Bolzenlöcher zur Verbindung von Ankern und Wandsäulen in senkrechter Richtung schlitzartig herzustellen.[2])

Konstruktive Durchbildung.

Die Feuerbeständigkeit einer aus eisernen Trägern und Säulen bestehenden Konstruktion ist ebensosehr eine Frage der konstruktiven Durchbildung wie des Materials. Nicht bloß mangelhafte Ummantelung der Eisenkonstruktionen kann den Einsturz herbeiführen, sondern auch ungünstige exzentrische Belastung der Säulen. Namentlich gußeiserne Säulen, auf denen die Decken ruhen, können manchmal verhängnisvoll werden. Sie halten bei stärkerer Erhitzung zwar noch einen großen Druck aus, doch ist

[1]) Vergl. Hagn, a. a. O. S. 7ff.

[2]) Vergl. Hagn, a. a. O. S. 10.

ihre Zugfestigkeit stark vermindert. Bei der Konstruktion muß also darauf geachtet werden, daß gußeiserne Säulen selbst unter Einwirkung von ganz ungünstigen Belastungen gar keine oder nur ganz geringe Zugspannungen erleiden.

b) Die eigentlichen Decken.

Wie schon hervorgehoben wurde, ist es außerordentlich schwierig, den unzähligen heut auf den Markt gebrachten Deckenkonstruktionen eine gerechte Beurteilung und Würdigung zuteil werden zu lassen. Da dies auch über den Zweck dieser Arbeit hinausgeht, so wird auf die über diese Frage erschienene Literatur hingewiesen.[1] Es kann hier unentschieden bleiben, ob denjenigen Deckenkonstruktionen zwischen Eisenträgern der Vorzug gebührt, welche auf der Gewölbetheorie beruhen. Auch bleibt es für die Frage der Feuerbeständigkeit ziemlich gleichgültig, ob die Tragplatten der Decken auf den Unterflanschen oder auf den Oberflanschen der Träger ruhen. Selbstverständlich liegt darin ein Vorzug der ersteren Art, daß durch die Tragplatten der Träger an den Seiten derart umhüllt wird, daß nur seine Unterseite frei bleibt. Um so leichter versäumt man es aber, auch diese Unterseite zu ummanteln, da vielfach angenommen wird, daß der seitliche und obere Schutz vollkommen für den Träger genügt. Dagegen wird es bei den ganz freiliegenden Trägern der Decken, bei denen die Tragplatten auf den Oberflanschen liegen, kaum jemand einfallen, die Träger auch an der Unterseite ohne Schutz zu lassen. Beurteilung.

Die Anforderungen, welche man an derartige Decken zu stellen hat, sind folgende: Anforderungen.

1. Das Material der Decken muß unverbrennlich sein und darf auch durch ungleiche Erhitzung nicht zerspringen, gelockert oder zerstört werden.
2. Die mechanische Widerstandskraft der Decken muß so groß sein, daß sie starke Schläge und Stöße durch herabfallende Gegenstände aushält. Auch darf sie durch die Kraft eines starken Wasserstrahls, der sie von unten aus der Nähe trifft, nicht zerstört oder gelockert werden.
3. Die Decke darf durch die beim Anspritzen durch einen Wasserstrahl entstehende plötzliche Abkühlung und durch die Folgeerscheinungen der Bildung von Wasserdampf nicht an Tragfähigkeit und Undurchlässigkeit verlieren.
4. Die Decke muß so dicht sein, daß Rauch auch unter stärkerer Spannung nicht hindurchdringen kann.

---

[1] Vergl. v. Barkhausen, Die Balkendecken mit besonderer Berücksichtigung der neueren feuersicheren Deckenkonstruktionen. Stuttgart 1901. — Hagn, a. a. O. S. 54 ff. — Breymann, Baukonstruktionslehre. Leipzig. — Scharowsky, Musterbuch für Eisenkonstruktionen. Berlin 1892, und viele andere.

5. Die Wärmeleitungsfähigkeit muß derartig gering sein, daß die Eigentemperatur der in ihr liegenden Eisenteile bei einer äußeren Maximalhitze von 1400—1500° weniger als 400° beträgt.
6. Die in der Decke liegenden Eisenträger müssen vollkommen, auch an ihren Unterseiten, feuerfest ummantelt sein.

Decken, die allen diesen Anforderungen genügen, sind als feuerfest zu bezeichnen. Sind die Unterflanschen der Träger bei sonst gleichen Verhältnissen nicht geschützt, so sind die Decken nur feuersicher.

C. Die Türen.

I. Allgemeines.

Zweck der Türen.

Die Türen sollen das Eindringen von Schall und Kälte in die Räume verhüten und den Eintritt Unberechtigter verhindern. Sie haben den weiteren Zweck, ein in einem Raum ausgebrochenes Feuer nicht ohne weiteres auf den Nebenraum übergehen zu lassen. Eine gewöhnliche, gut gearbeitete Holztür vermag in Wohnräumen auch letzteren Zweck eine gewisse Zeit hindurch zu erfüllen; zumal wenn sie aus Hartholz mit nicht zu dünnen Füllungen besteht. Das Fortschreiten des Feuers wird erleichtert durch Glasscheiben in der Tür oder durch Oberlichte über ihr. Es kann daher manchmal notwendig werden, diese Glasverschlüsse aus dünnem Draht- oder sonstigem feuersicheren Glase herzustellen, ohne daß die Holztür sonstwie gegen das Feuer gesichert wird, z. B. in den Türen von den Wohnungen zum Treppenhaus in hohen Gebäuden mit nur einer Treppe.

Gewöhnliche Holztür.

Glasscheiben und Oberlichter.

Feuersichere Türen.

Manche Türen haben jedoch noch einen weiteren Zweck zu erfüllen. Sie sollen einem ausgebrochenen Feuer unter allen Umständen ein energisches Halt gebieten und es längere Zeit durch die Türöffnung nicht hindurchlassen. Man nennt solche Türen „feuersichere Türen", auch wohl nach dem Gebrauch mancher Baupolizeiverwaltungen und Feuerwehren „T-Türen",[1]) ohne daß man übrigens dabei — wie manchmal irrtümlicherweise angenommen wird — daran denkt, daß diese Türen etwa aus einem Gestell von T-Eisen bestehen oder damit versteift sind. Diese Bezeichnung ist darum besonders empfehlenswert, weil außer der Feuersicherheit noch eine ganze Reihe von anderen Forderungen an derartige Türen gestellt werden müssen (siehe unten). Man bezeichnet daher solche Türen zweckmäßig als T-Türen, welche den Anforderungen entsprechen, die an Türen zum feuersicheren Abschluß zu stellen sind, ohne daß ihre Gangbarkeit, Benutzung, Haltbarkeit u. a. darunter leidet.

Begriffsbestimmung von „T-Türen".

Zweck der T-Türen.

Der Zweck der T-Türen braucht nicht immer gleich weit zu reichen. Die Widerstandsfähigkeit der Bodentür im Treppenhaus eines Wohngebäudes kann geringer sein als die einer Abschlußtür in der ausnahmsweise zu-

[1]) Vergl. auch Feuer und Wasser 1907, S. 341.

gelassenen Öffnung in der Brandmauer zweier nebeneinander gelegener Speicher. Darum wird in manchen Fällen eine Art von T-Tür genügen, die man an anderen Stellen keineswegs zulassen würde.

Man hat also gleich zwei Arten solcher Türen: Die gewöhnliche T-Tür und die T-Tür größerer Widerstandsfähigkeit, die Vorzugs-T-Tür.

Gewöhnliche T-Türen sind demnach solche Türen, die eine gewisse Zeit hindurch, vielleicht $^3/_4$ bis 1 Stunde, dem Feuer und starkem Rauch den Durchgang verwehren. Leichter Rauch in geringen Mengen soll durch sie abgeschlossen werden, doch wird sich das nicht immer erreichen lassen. Gewöhnliche T-Tür.

Vorzugs-T-Türen müssen mehrere Stunden lang Feuer und Rauch, auch den leichtesten, unbedingt abhalten. Vorzugs-T-Tür.

Die Verwendung dieser wird dort erfolgen, wo das Durchdringen von Feuer und irgend welchem Rauch von schwerwiegenden Folgen für das Leben von Menschen und für die übermäßige Ausdehnung des Feuers werden kann. Die Stärke und Leistungsfähigkeit der Ortsfeuerwehr wird hierbei manchmal mitzusprechen haben. Die gewöhnlichen T-Türen sollen Feuer und starken Rauch eine Zeitlang aufhalten, bis die Menschen sich gerettet haben, oder bis die Feuerwehr in ihre Nähe vorgedrungen ist. Dann haben sie ihren Zweck erfüllt. Verwendung der T-Türen.

II. Anforderungen an T-Türen.

Man muß von beiden, von den gewöhnlichen wie den Vorzugstüren, verlangen, daß die Feuersicherheit ihre Brauchbarkeit in gewöhnlichem Verkehr nicht hindert. Wie bei jeder anderen Tür bleibt auch bei der T-Tür der praktische Gebrauch im Leben und Verkehr die Hauptsache. Sie hat in der Regel keine anderen Funktionen zu erfüllen als jene. Ihre Aufgabe ist nur nach der Richtung hin erweitert, daß sie für den möglichen Fall eines Brandes einen feuersicheren Abschluß herstellt. Solche feuersicheren Türen, welche den gewöhnlichen Gebrauch zu sehr erschweren oder gar hindern, genügen in keiner Weise den durchaus berechtigten Ansprüchen des täglichen Verkehrs. Der Brandingenieur, dem die Feuersicherheit nicht Selbstzweck sondern nur ein Mittel ist, um dem Nationalvermögen große Verluste zu ersparen, wird sie darum nicht als geeignete T-Türen ansehen können. Er muß Türen von vornherein zurückweisen, welche so schwer sind, daß sie nur mit großer Mühe geöffnet und geschlossen werden können, durch welche der Mauerfalz stark angegriffen wird, wenn die Tür durch Unachtsamkeit oder Zug kräftig ins Schloß geworfen wird. Gangbarkeit der T-Türen.

Er kann sich aber auch nicht damit zufrieden geben, daß an bevorzugten Stellen, wo T-Türen notwendig sind, also z. B. in schön ausgeführten Treppenhäusern, in eleganten Geschäftslokalen, jene früher fast allein verwendeten, recht wenig schönen Eisentüren oder mit Eisenblech beschlagenen Holztüren angebracht werden. Er muß vielmehr dem Drängen Aussehen der T-Türen.

der Bauherren, dort eine äußerlich ansprechende Tür einzubauen, entgegenkommen können. Darum ist es notwendig, daß feuersichere Türen, wenn erforderlich, auch äußerlich elegant hergestellt werden können.

Benutzbarkeit beim Brande.

Die leichte Gangbarkeit und Benutzung von feuersicheren Türen darf jedoch nicht nur für den täglichen Verkehr gewährleistet sein. Auch wenn sie ihre weitere Aufgabe, den Widerstand gegen Feuer und Rauch, im Ernstfalle zu leisten Gelegenheit hat, muß sie leicht gangbar bleiben. Sie darf sich nicht unter dem Einfluß der Hitze im Falz festklemmen. Sie muß ihrem Zweck entsprechend das Feuer aufhalten, ohne daß die Benutzung von Brechstangen und Äxten notwendig wird, wenn die Feuerwehr sie beim Brande öffnen will. Die Widerstandskraft, welche sie dem Feuer entgegensetzt, darf andererseits auch nicht darunter leiden, daß sie beim Brande absichtlich oder versehentlich von der Feuerwehr angespritzt wird.

Diesen Anforderungen sollen Vorzugs-T-Türen ohne weiteres nachkommen. Aber auch die gewöhnlichen T-Türen werden den meisten dieser Ansprüche genügen müssen.

Sehr verschieden sind jedoch die Anforderungen an Feuerbeständigkeit und Material, welche man an beide Arten von Türen zu stellen pflegt.

Feuerbeständigkeit der T-Türen.

Die Feuerbeständigkeit der Vorzugs-T-Tür muß so groß sein, daß sie mindestens 2 Stunden lang einem heftigen Brande widersteht, ohne ihre Form so zu verändern, daß ein dichter Abschluß von Feuer und irgend welchem Rauch nicht mehr vorhanden ist. Bei gewöhnlichen T-Türen kann man zufrieden sein, wenn sie $^3/_4$—1 Stunde einem starken Brande standhalten und sich nicht so werfen und verziehen, daß Feuer oder stärkere Rauchwolken durchdringen.

Material der T-Türen.

Wenn man bei Vorzugs-T-Türen mit Recht verlangt, daß sie keine Spur von leichtem Rauch durchlassen, so muß man naturgemäß auch darauf bestehen, daß ihr Material nicht selbst in Brand geraten und dabei Rauch verursachen kann. Dagegen ist bei gewöhnlichen T-Türen kaum etwas dagegen einzuwenden, daß sie zum Teil aus brennbarem Stoff hergestellt werden, wenn sie nur sonst ihre Aufgabe erfüllen.

Einbau der T-Türen.

Doch nützt die beste feuersichere Tür nur wenig, wenn sie nicht sachgemäß und sorgfältig eingebaut wird. Diese sehr wichtige Forderung wird leider vielfach außer acht gelassen. In einem späteren Abschnitt wird davon die Rede sein.

III. Die verschiedenen Konstruktionen von T-Türen.

Eiserne Türen.

a) Die mit seiner größeren Verwendung als Baumaterial eintretende Überschätzung des Eisens hinsichtlich seiner Feuerbeständigkeit brachte es mit sich, daß man bis vor gar nicht langer Zeit die Türen, die zum feuersicheren Abschluß dienen sollten, ganz aus Eisen herstellte. Aus Eisenplatten oder Eisenblech in einer Einfassung aus Winkel- oder U-Eisen, manchmal noch mit eiserner Versteifung. Doch lehrte die Erfahrung, daß jener Baustoff auch zu diesem Zweck ganz ungeeignet ist.

Schon der Umstand, daß solche Türen bald in Glut gerieten und daß sie darum sogar das Feuer auf brennbare Gegenstände in der Nähe übertrugen, unmittelbar oder durch ihre strahlende Hitze, sprach gegen ihre Verwendung. Vor allem jedoch die bekannten Nachteile des Eisens: daß es bei großer Hitze seine Form verändert, sich bedeutend ausdehnt und an Tragfähigkeit erheblich verliert. Infolge der eintretenden Formveränderung werfen und verziehen sich diese Türen schon bei mäßiger Hitze; sie biegen sich mehr und mehr aus den Falzen. Die entstehenden Lücken sind sehr bald so groß, daß Rauch und Flammen durchdringen. Infolge der bedeutenden Ausdehnung tritt schon oft bei geringer Wärmezunahme ein Festklemmen der Türe in dem Anschlagfalz ein. Ein Öffnen ist dann meist nicht mehr möglich. Die Verminderung der Tragfähigkeit des Eisens durch die Hitze ist so groß, daß die Tür oft nicht mehr ihr eigenes Gewicht tragen kann, so daß sie in sich zusammensinkt. Wenn man, wie dies zuweilen geschieht, starke Eisenplatten wählt, um eine höhere Tragfähigkeit zu erzielen, so vermehrt man auch das Eigengewicht der Tür. Ihre Haltbarkeit wird darum nicht vergrößert, da bei kräftigem Feuer infolge der guten Wärmeleitung die starke Eisenwandung nahezu ebenso schnell heiß wird wie eine dünnere.

Nachteile.

Alle diese Nachteile sind bekannt. Um so mehr muß es wundernehmen, daß eiserne Türen hin und wieder in manchen Staaten und Orten immer noch als T-Tür zugelassen werden.

b) Gute Holztüren aus starkem Hartholz sind viel besser als eiserne; so meinte nach diesen bösen Erfahrungen der Rückschlag der allgemeinen Ansicht. Eisen hat den Vorteil, daß es nicht anbrennt, Holz den der Stabilität. Man kam darum dazu, daß man Holztüren mit Eisenblech beschlug. Damit hatte man die Vorzüge beider Baustoffe vereinigt. Solche Türen halten in der Tat unvergleichlich viel besser als Eisentüren. Einen Nachteil des Eisens, die Wärmedurchlässigkeit, kann man ja allerdings nicht aufheben. Es ist nicht zu verhindern, daß schon nach nicht langer Zeit das Holz in der Tür anfängt zu brennen. Dadurch entsteht Rauch, der solche Türen von der Verwendung als Vorzugs-T-Tür ohne weiteres ausschließt. Doch behält bei gut ausgeführten, beiderseitig beschlagenen Türen die Holzfüllung auch in teilweise angebranntem Zustande so viel Stabilität, daß sie den Verbiegungsbestrebungen des Eisenblechs meist erfolgreich widersteht. Dadurch wird beinahe bis zum gänzlichen Versagen der Tür ein wenn auch nicht ganz rauchdichter, so doch feuersicherer Abschluß der Türöffnung herbeigeführt.

Holztüren mit Eisenblechbeschlag.

Vor- und Nachteile.

Man versucht hin und wieder, die Entflammung der Holzfüllung solcher Türen durch Wahl von besonders hartem und dichtem Holz zu verhindern oder wenigstens stark zu verzögern. Es wird z. B. das Holz der amerikanischen Harzkiefer (Pitchpine) dazu mit einigem Erfolg verwendet.[1])

Übrigens ist die Brennbarkeit der Holzfüllung und damit die Widerstandsfähigkeit der Tür ein Produkt verschiedener Faktoren.

Material. Zunächst spricht hierbei mit, was für Material zu derartigen Türen verwendet wird. Feinporiges Holz brennt am schwersten. Von den Hölzern Europas ist natürlich Eichen- und Buchenholz das geeignetste. Aber nur, wenn wirklich gutes ausgesucht wird. Grobporiges Eichenholz ist nicht widerstandsfähiger als Tannen- oder Kiefernholz. Ferner spricht der mehr oder minder hohe Grad von Trockenheit des Holzes mit. Alte Türen mit gut ausgetrockneten Brettern sind naturgemäß weniger widerstandsfähig als neuere, deren Holz einen höheren Wassergehalt hat.

Herstellung. Von großem Einfluß ist des weiteren die Herstellung der Holztür. Die Stärke der Holzfüllung sollte nicht unter 4 cm betragen. Am meisten zu empfehlen sind zwei Brettlagen von der Hälfte dieser Stärke, welche mit Nut und Feder rechtwinklig gekreuzt übereinandergenagelt werden. Die Nägel hinten lang umgeschlagen.

Blechbeschlag. Ebenso wichtig ist der Blechbeschlag. Es hat keinen Zweck, daß man starke Bleche dafür auswählt. Sie schützen das Holz nicht mehr als schwache. Sie haben aber den Nachteil, daß durch ihre Ausdehnung leichter ein Verziehen der Tür eintritt. Sie wird auch dadurch schwerer. Darum wähle man dünne Bleche von etwa 1 mm Stärke. Die Nagelung des Bleches muß so erfolgen, daß die Stöße sich mindestens 5 cm überdecken.[2])

Befestigung und Verspannung. Die Nägel werden beim Brande leicht glühend und fallen dann heraus. Durchgehende Mutterschrauben sind besser. Am besten halten Nieten. Man sollte auch bei Verwendung von Nägeln in nicht zu weiten Entfernungen, etwa alle 25 cm, einen Niet durchgehen lassen.[2]) Sehr wichtig sind gute Winkeleisenverbindungen und Diagonalverspannungen. Auch die Türbänder sind mit durchgehenden Nieten zu befestigen.

Blechbeschlag an schmalen Querflächen. Mancher hält den Eisenblechbeschlag an den schmalen Querflächen der Türen nicht für erforderlich, weil Preis und Gewicht dadurch erhöht werden.[3]) Doch wird dadurch die Feuerbeständigkeit der Türen nicht unwesentlich vermehrt.

Einseitiger Blechbeschlag. In manchen Städten entsteht unter den Hausbesitzern großer Widerstand, wenn sie beide Seiten der Holztüren mit Blech benageln sollen. Gewiß verleiht ein einseitiger Blechbeschlag auf der dem Feuer zugekehrten Seite der Holztür immerhin einigen Schutz. Dieser Schutz reicht aber keineswegs aus, um die Tür feuersicher zu machen. Ist nur

[1]) Vergl. Zeitschrift „Feuerpolizei", VII. Jahrg., S. 41.

[2]) Vergl. die Bremer Bestimmungen, Zeitschrift „Feuerpolizei", IV. Jahrg., S. 185.

[3]) Vergl. v. Ritgen, a. a. O. S. 99.

eine Seite beschlagen, so verkohlt das Holz sehr schnell. Es brennt schließlich mit heller Flamme, weil genügend Sauerstoff hinzutreten kann. Dagegen brennt Holz in beiderseitig beschlagenen Türen nicht, es verkohlt nur. Fehlt der Blechbeschlag an den Querflächen der Türen, so verkohlt es am Rand am schnellsten. Ist sie ganz von Eisenblech umgeben, so geht die Verkohlung langsamer vor sich, weil die Luft nicht hinzutreten kann. Aber auch dann, wenn das Holz nahezu ganz verkohlt ist, geben die verbundenen Bleche der Tür noch einen gewissen Halt. Anders bei der einseitig beschlagenen Tür, welche nach dem Abbrennen des Holzes in sich zusammensinkt.

Die Widerstandsdauer einer beiderseitig beschlagenen Holztür ist aus diesen Gründen sehr viel größer als die der einseitig beschlagenen. Wenigstens 3—4 mal so groß.[1]) Man sollte einseitig beschlagene Holztüren nur ganz ausnahmsweise zulassen. Feuersicher sind sie nicht, wenn sie auch einen gewissen Vorzug vor der gewöhnlichen Holztür haben. Dagegen sind beiderseitig beschlagene, nach vorstehenden Grundsätzen sorgfältig ausgeführte Türen als T-Türen von großer Widerstandskraft anzusehen. Sie haben nur den einen Nachteil, daß sie selbst Rauch erzeugen. Dadurch können anstoßende Räume, wie Treppenhäuser, allmählich verqualmt werden. Man wird sie aus diesem Grunde nicht zu den Vorzugs-T-Türen rechnen können. Widerstandskraft.

c) Diese Nachteile der eisenbeschlagenen Holztüren veranlaßten manche Industrielle, der Herstellung von in jeder Beziehung geeigneten T-Türen ihre Aufmerksamkeit zuzuwenden. Eine große Anzahl mehr oder weniger brauchbarer Erfindungen wurde gemacht und Dutzende von Patenten und Gebrauchsmustern darauf erteilt.

Der einfachste Weg, um Feuersicherheit und Nichtbrennbarkeit der Tür herbeizuführen, schien der zu sein, daß man zwischen die Eisenlagen der Tür einen unverbrennlichen feuersicheren Stoff legte, also z. B. Asbest. Doch zeigte sich, daß dieser die Deformation und Ausdehnung des Eisens nicht verhindern kann, daß diese Türen also ungeeignet sind. Eisenasbesttüren.

Also versuchte man es mit einem stabileren Material. Es wurden Türen hergestellt aus Tafeln von Rabitz- oder Moniermasse, auch aus Asbestzement auf eisernen Gestellen mit Winkeleisenrahmen oder aus doppeltem Wellblech mit Ausfüllung der Zwischenräume. Solche Türen werfen sich nicht, sie dehnen sich auch nur wenig aus, sie sind auch unverbrennlich. Sie haben aber den anderen Nachteil, daß sie schwer und zu empfindlich sind. Durch das stetige Öffnen und Zuwerfen erleiden sie bald derartige Beschädigungen, daß sie in kurzer Zeit ausbesserungsbedürftig Rabitz-, Monier-, Asbestzement-Türen.

[1]) Das geht u. a. aus vielen Brandversuchen hervor. Zuletzt 1906 in Breslau und 1907 in Posen. Vergl. Feuer und Wasser 1907, S. 341, und 1908, S. 50.

werden und dann ihren Zweck nicht mehr erfüllen. Solche Türen konnten sich daher nicht einführen.

Korkstein-Türen.

Auch Korksteinplatten hat man für feuersichere Türen verwendet. Doch sie haben den Nachteil, daß der Korkstein allmählich ins Glimmen gerät und Rauch verursacht. Noch eine Reihe von anderen Materialien sind dazu benutzt worden.

Holz-Asbest-Tür.

Doch konnte keine Konstruktion bis vor nicht langer Zeit die maßgebenden Behörden davon abbringen, der gut ausgeführten Eisenblech-Holztür trotz ihrer vorgenannten Fehler den Vorzug zu geben. Und sie wird auch in vielen Fällen ihre bevorzugte Stelle behalten. Namentlich dann, wenn man Holz und Asbest für sie verwendet, damit der Asbest die Entzündung des Holzes verhindert oder verzögert. Dazu empfiehlt es sich, zwischen Holz und Blech, auch wohl zwischen beide Holzlagen eine Schicht Asbest zu legen.[1]) Daß sie trotzdem immer noch nicht alle Anforderungen erfüllt, welche man an eine wirklich feuersichere Vorzugs-T-Tür stellen muß, wird jeder zugeben. Denn sie besteht zum größeren und wichtigsten Teil aus einem brennbaren Material.

Besondere Art des Blechbeschlages.

d) Der Schwierigkeit der Konstruktion solcher ganz feuersicherer Türen suchte man auf einem anderen Wege beizukommen. Indem man der Art und Weise der Herstellung des unvermeidlichen Eisenblechbeschlages in erster Linie seine Aufmerksamkeit zuwandte. Es gibt wohl keine Art von Veränderungen der Oberflächen von Eisenblechen, die nicht versucht worden ist, um die Deformation und übermäßige Ausdehnung des Eisens im Feuer zu verhindern. Man hat geriefte Bleche, Wellbleche, Waffelbleche und viele andere Sorten angewendet, ohne den Zweck zu erreichen.

Einige neuere Arten von Türen gibt es allerdings, welche dem Ziel schon recht nahe gerückt sind. Zwar können diese Konstruktionen nicht alle darauf Anspruch erheben, als Vorzugs-T-Türen angesehen zu werden. Aber immerhin einzelne unter ihnen. Und andere scheinen auf dem besten Wege zu sein, das Ziel zu erreichen.

Kücken-Tür ursprünglicher Art.

Bei der Kücken-Tür[2]) ist die Holzeinlage nicht nur durch die beiderseitigen äußeren gerieften Eisenblechhüllen geschützt, sondern es ist außerdem noch ein drittes inneres Blech angeordnet, welches sich in Windungen um die einzelnen, etwa 10 cm breiten Bretter der Holzeinlage herumlegt. Jedes Brett ist also von dem benachbarten durch einen querliegenden Eisenblechsteg derartig abgetrennt, daß ein Übergreifen der Verkohlung des Holzes ausgeschlossen ist. Zugleich soll auch diese dritte zickzackartig gebogene Blechplatte das Werfen der Bretter und das Verziehen der äußeren Blechbekleidung beim Brande verhindern. Der Rahmen ist aus Winkel- und

[1]) Vorschlag von Dittmann; vergl. Feuer und Wasser 1907, S. 251.

[2]) Hergestellt von der Firma König, Kücken & Co. in Berlin N 20.

Flacheisen zusammengenietet. Diese Türen haben ihren Zweck als feuersichere Tür im Ernstfalle wie bei eingehenden Brandproben oft mehrere Stunden hindurch erfüllt. Sie haben aber wieder den einen Nachteil, daß ihre Holzeinlage allmählich zu brennen und zu rauchen anfängt und schließlich ganz verkohlt. Durch die Destillation des Holzes entwickelt sich ein ziemlich starker weißer Rauch, der daranliegende Räume nicht un-

Fig. 1.

erheblich verqualmt.[1]) Dazu kommt noch, daß das Eisen sich beim Warmwerden stark ausdehnt. Diese Türen verquellen daher häufig derartig in den Falzen, daß sie nur mit Gewalt durch Äxte, Brechstangen u. dergl. geöffnet werden können. Sie sind zwar feuersicher, können aber zu den Vorzugs-T-Türen nicht gerechnet werden.

Verbesserte Kücken-Tür.

Wohl in Erkenntnis dieser Nachteile baut dieselbe Firma seit einigen Jahren Türen ohne Verwendung von brennbarer Einlage. Dabei werden die rechteckigen Vertiefungen des inneren Zickzackblechs durch U-förmige Kappen aus Eisenblech bedeckt, so daß kastenförmige Lufthohlräume entstehen. Diese werden auf beiden Seiten durch starke Asbestpappe von der äußeren Blechbekleidung getrennt. Die Türbleche werden durch eine Anzahl von Stehbolzen auseinander gehalten, an den Türrändern füllt eine breite Asbestschicht ihren ganzen Zwischenraum aus. Diese Türen sind im hohen Grade feuersicher. Sie sind als Vorzugs-T-Türen anzusehen.

Schwartze-Tür mit Korksteinfüllung.

Bei der Schwartze-Tür[2]) sind zwei Metallplatten von 1—2 mm Stärke unter großem Druck gepreßt und durch Falzung verbunden. Nietungen sind möglichst vermieden. Der Zwischenraum zwischen den Metallplatten wurde bei der einen Konstruktion mit Korkstein ausgefüllt, bestehend aus

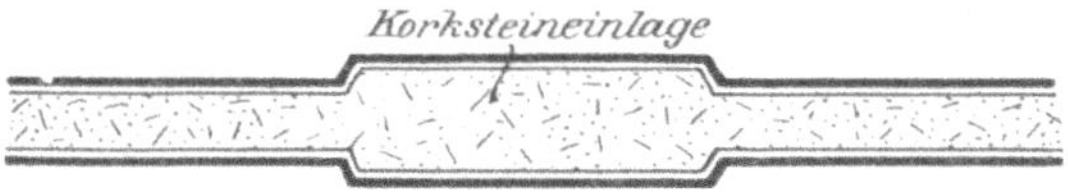

Fig. 2.

Korkstücken, die, wie es scheint, durch einen harzigen Stoff gebunden sind. Diese Türen sind verhältnismäßig leicht. Doch können sie den Anforderungen in keiner Weise genügen. Beim Brande entquillt ihnen ein dicker

[1]) Vergl. Ostdeutsche Bauzeitung 1907, Nr. 23.

[2]) Hergestellt von den Deutsch. Metalltürenwerken Aug. Schwartze in Brackwede i. Westfalen.

gelber Rauch. Die Einlage gerät ins Glimmen und verkohlt gänzlich.[1])

Schwartze-Tür mit verbesserter Füllung.

Seit einiger Zeit stellt die Firma auch eine Tür her mit einer anderen Füllung, einer unverbrennbaren. Diese soll aus Kieselgurasbest von holzähnlicher Festigkeit bestehen. Doch scheint dieser Einlage Gips oder ein ähnliches Material in großer Menge beigemengt zu sein. Dadurch würde die Feuerbeständigkeit der Tür nicht gewinnen. Ob sie den Ansprüchen entspricht, ist bisher noch nicht durch amtliche Versuche genügend festgestellt worden. Wenn sie auch eine Stunde hindurch bei einem derartigen Versuch einer Hitze von mehr als 1000° widerstanden hat, so ist damit noch lange nicht der Beweis dafür erbracht, daß sie als Vorzugs-T-Tür geeignet ist. Nach den vorliegenden Erfahrungen läßt sich noch kein Urteil darüber abgeben, ob sie bei Speicher- und Fabrikbränden u. dergl. hohen Temperaturen längere Zeit standhält.

Berner-Tür.

Die Berner-Tür[2]) hat sich im großen und ganzen bis jetzt gut bewährt. In sinnreicher Weise wird bei ihr gelochtes Blech verwendet. Durch Anbringung der gegeneinander versetzten schlitzartigen Löcher entstehen Aussparungen, welche nahezu die Hälfte der ganzen Fläche ausmachen. Dadurch soll der starken Ausdehnung und Verbiegung vorgebeugt werden. Vor allem aber soll durch die vielen kleinen Öffnungen die Asbesteinlage abgekühlt werden. Die andere Wandung der Tür besteht aus dünnerem Vollblech. Beide sind in einen festen eisernen Rahmen gespannt. Zwischen sie sind mehrere Lagen Asbest gepreßt. Je nach Beanspruchung 5—9 Lagen. Gegen das durchlochte Blech wird eine mehrere Millimeter starke Lage Asbestschiefer angebracht, der aus einer doppelt so starken Asbestpappe zu-

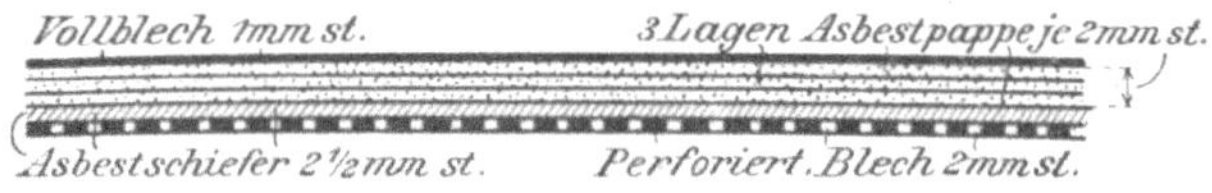

Fig. 3.

sammengepreßt ist. Welche dieser beiden Seiten dem Feuer zugekehrt ist, bleibt sich gleich. Die Anbringnng von durchlochtem Blech auf beiden Seiten hat sich als unnötig erwiesen. Die Feuerbeständigkeit und Rauchdichtigkeit dieser Türen ist bei vielen Gelegenheiten festgestellt worden.[3]) Besonders hervorgehoben wird immer, daß die Einlage der Tür trotz starker Hitze ganz unbeschädigt bleibt und daß sich die Tür ohne Anstrengung öffnen und schließen läßt. Aus alledem ergibt sich, daß sachgemäß angebrachte Berner-Türen als Vorzugs-T-Türen anzusehen sind.

---

[1]) Vergl. Ostdeutsche Bauzeitung 1907, Nr. 23.

[2]) Erfunden von Eugen Berner in Nürnberg.

[3]) Daß dies bei dem Brandversuch in Breslau 1906 nicht zutage trat, lag an der Anbringung der Tür. Die Türöffnung war größer als die Tür. Sie klaffte bereits vor dem Brande. Vergl. Ostdeutsche Bauzeitung 1907, Nr. 23.

Elegante Ausführung dieser drei Türarten.

Es sei noch bemerkt, daß diese drei Arten von Türen auch in recht eleganter Ausführung hergestellt werden können, so daß alle Forderungen des Geschmacks erfüllt werden. Auch gut eingerichteten Treppenhäusern, Geschäftshäusern usw. werden diese Türen nicht zur Unzierde gereichen.

IV. Die Anbringung der T-Türen.

Notwendigkeit des sorgfältigen Einbaus.

Es ist schon vorstehend darauf hingewiesen worden, daß selbst die beste Tür, welche allen Anforderungen entspricht, nur wenig nützt und dem Feuer nur geringen Widerstand leistet, wenn sie nicht sachgemäß und sorgfältig eingebaut wird. Das ist in manchen Fällen hervorgetreten, wo T-Türen vorzüglichster Ausführung gegen alle Erwartungen vollständig versagt haben.

Falsche Anbringung.

Ganz zu verwerfen ist jene Art der Anbringung, die man zuweilen in Bodenräumen antrifft, wo die T-Tür *von außen stumpf* gegen das mehr oder weniger glatte Mauerwerk schlägt, wo oft mehr als fingerbreite Spalten zwischen Tür und Mauer klaffen. Dort kann natürlich eine T-Tür ihren Zweck nicht erfüllen. Auch genügt es nicht, wenn die Tür allein ausgefalzt ist oder wenn sie sich *ohne Falz* in voller Stärke in die Leibung der Türnische hineinlegt.

Anschlag der T-Tür.

Es ist durchaus erforderlich, daß diese Türen einen 5—6 cm breiten und tiefen Anschlag erhalten; entweder in einem passend in die Mauer eingestemmtem und sauber geputztem *Falz*, oder weit besser in eine eiserne oder mit Eisenblech beschlagene *Türzarge*. Diese hält den Rauch mehr ab, weil sie von vornherein dichter schließt. Der Mauerfalz leidet außerdem unter starker Benutzung der Tür. Dadurch wird seine Dichtigkeit beeinträchtigt. Zur Erhöhung der Rauchdichtigkeit ist es ferner notwendig, daß der Türrahmen die Zarge oder den Falz an der Außenseite ein Stück überdeckt.

Größe der Tür.

Daß die Tür in den Falz genau passen muß, braucht eigentlich kaum hervorgehoben zu werden. Wenn am oberen Ende der Tür ein Spalt vorhanden ist, kann man sich nicht wundern, daß die beste T-Tür sich oben allmählich aus den Falzen abbiegt und daß schließlich Rauch und Flammen sich durch die wachsende Lücke einen Weg bahnen.

Schlösser in T-Türen.

Es wird hin und wieder die Frage aufgeworfen, ob man in T-Türen Schlösser anbringen soll. In den Fällen, wo sie aus Betriebsrücksichten nicht unbedingt notwendig sind, lasse man sie lieber fort; man bringe dort lediglich Klinken oder Drücker an. Einmal, weil beim Brande durch Türen mit Schlössern der Feuerwehr oft der ungehinderte Zugang gesperrt ist. Dann aber auch, weil durch die Schlüssellöcher — wie viele Brände und Versuche ergaben — allmählich eine derartige Menge Rauch dringt, daß die anstoßenden Räume in nicht langer Zeit verqualmt sind. Ist die Herstellung eines Schlosses unbedingt notwendig, so bringe man wenigstens auf jeder Seite leicht herabfallende widerstandsfähige Schlüsselschilder vor den Schlüssellöchern an.

Selbsttätige Türschließer.

Über den Wert von selbsttätigen Türschließern und die Frage, ob sie anzubringen sind oder nicht, wird an anderer Stelle die Rede sein. Sehr gut ist eine schräge Aufhängung der Tür, so daß sie durch ihr eigenes Gewicht von selbst zufällt. Doch läßt sich dies nicht überall durchführen, wenn nicht der rauchdichte Verschluß der Türöffnung darunter leiden soll.

D. Die Treppen.

I. Allgemeines.

Wichtigkeit der Treppen.

Nicht allein für den gewöhnlichen Verkehr sind die Treppen eines Hauses von hoher Wichtigkeit, sondern sie sollen auch beim Brande den Bewohnern die Möglichkeit bieten, sich mit Sicherheit ins Freie zu retten. Auch der Feuerwehr sollen sie möglichst lange gestatten, auf ihnen zur Rettung der Bewohner oder zum Angriff gegen das Feuer vorzudringen. Ihrer Konstruktion und Ausführung wird mit Recht von der Baupolizei eine hervorragende Bedeutung beigemessen. Diese zeigt sich namentlich in den eingehenden Bestimmungen, welche alle Baupolizei-Verordnungen über die Anlage der Treppen enthalten. Hier kommt es auf ihre Konstruktion und ihr Material an, betrachtet vom Standpunkt der Feuersicherheit.

II. Die einzelnen Konstruktionen.

a) Treppen aus Natursteinen.

Nachteile der Haustein-treppen.

Wie bereits vorstehend ausgeführt, sind Treppen aus natürlichen Steinen nicht zu empfehlen, weil diese in größerer Hitze zerspringen und ihre Tragfähigkeit verlieren. Beim Herabfallen durchschlagen sie dann die darunter gelegenen Treppenläufe und können den zum Angriff die Treppe benutzenden Feuerwehrmannschaften sehr gefährlich werden. Haustein-treppen sind also keineswegs feuersicher, sie sind die im Feuer am wenigsten haltbaren.

Podeste aus Naturstein.

Die Podeste aus Natursteinen sollten überall durch Eisenträger, Mauerbögen oder Gewölbe unterstützt werden.

Freitragende Treppen.

Besonders bedenklich sind freitragende Treppen. Nicht nur, weil ihre Stufen eher zusammenbrechen, sondern auch, weil in solchen Treppen-häusern vom Erdgeschoß bis zum obersten Geschoß ein größerer freier Raum entsteht, in welchem sich Rauch und Feuer schneller ausbreiten kann.

In Bauten, welche nicht ausschließlich Wohnzwecken dienen, sondern bei denen irgendwelche Verbindung der Treppen nach auch noch so kleinen Geschäftslokalen, Lagerräumen, Werkstätten oder dergl. besteht, sollten die äußeren Enden der Hausteinstufen durch einen Eisenträger von Podest zu Podest unterstützt werden. In Gebäuden mit größerer Feuersgefahr müssen diese Träger glutsicher ummantelt werden.

b) Treppen aus künstlichen Steinen.

Die häufig hergestellten Treppen aus Ziegelsteinen mit gewölbten Podesten und steigenden Gewölben unter den Läufen haben sich stets gut bewährt. Sie gehören mit zu den feuerbeständigsten Treppen, welche es gibt. In die Podeste werden auch manchmal irgendwelche Arten von anderen feuersicheren Deckenkonstruktionen eingebaut. Die Gewölbe werden zuweilen aus Beton hergestellt. Auch gute Kunstsandsteine haben sich zur Herstellung der Treppen als sehr haltbar erwiesen. Zuweilen werden auch eiserne Träger zu Hilfe genommen. Sie müssen natürlich vollständig geschützt sein, wenn die Treppe als feuerfest gelten soll.

Treppen aus Ziegeln.

Andere Kunststeine.

c) Treppen aus Beton und Eisen.

Zur Ausführung von massiven Treppen wird die Betoneisenbauweise vielfach angewendet. Sie eignet sich sehr dazu, weil bei der Leichtigkeit der Konstruktion eine vielseitige Herstellung möglich ist und weil die Formgebung der Treppe beim Bau selbst erfolgen kann. Die Verbindung der Eisenarmierung mit den Wänden und Decken ist leicht herzustellen, wenn sämtliche Teile zu gleicher Zeit ausgeführt werden.[1]) Alle die so ausgeführten Treppen sind feuerfest, vorausgesetzt, daß sie den vorstehend aufgeführten Bedingungen entsprechen. Auch Treppen aus Monier-Konstruktion haben sich sehr gut bewährt.

Vorteile.

Feuerbeständigkeit.

d) Treppen aus Eisen.

Eiserne Treppen finden in Gebäuden aller Art ausgedehnte Anwendung. Wie gering die Widerstandskraft des Eisens gegen eine auch nur einigermaßen heftige Flammenwirkung ist, weiß jeder. Doch wird es höchst selten vorkommen, daß in Wohnräumen eine derartige Menge brennbarer Stoffe angehäuft ist, daß die etwa von dort ins Treppenhaus gelangenden Flammen so lange und kräftig auf die Treppen einwirken, daß diese dadurch ihre Tragfähigkeit verlieren. Eiserne Treppen sind an sich nicht feuersicher. Doch sind sie ausreichend für Treppenhäuser, die lediglich mit Wohngeschossen in Verbindung stehen. Sie genügen nicht, wenn an ihnen irgendwelche Geschäfts- oder Lagerräume, Werkstätten oder dergl. liegen. Dann ist eine Ummantelung der gesamten tragenden Eisenkonstruktion unbedingt erforderlich. So geschützte Eisentreppen sind feuerfest.

Feuerbeständigkeit.

Schutz der eisernen Treppen.

Der unterste Lauf eiserner Treppen liegt meist über dem Kellereingange. Bei einem Kellerbrande kann er schnell sehr erhitzt werden. Darum wird sich die Bekleidung seiner Unterseite mit einem schlechten Wärmeleiter meist empfehlen.

Eiserne Treppe über Kellereingang.

Die Stoßstufen dieser Treppen sind häufig aus durchbrochenem Eisen hergestellt. Bei Kellerbränden zieht sich leicht der Rauch durch diese durchbrochenen Stoßstufen des untersten Treppenlaufs und verqualmt das

Durchbrochene Stoßstufen.

[1]) Vergl. Linse, a. a. O. S. 21.

Treppenhaus. Es ist darum im Sicherheitsinteresse dringend anzuraten, daß diese von innen rauchdicht verschlossen werden.

Angebliche Notwendigkeit des Holzbelages auf eisernen Stufen.

Es kann fraglich erscheinen, ob bei eisernen Treppen auch die Trittstufen lediglich aus Eisenplatten bestehen können. Oder ob sie, wie an manchen Orten vorgeschrieben,[1]) einen Holzbelag erhalten müssen. Man glaubt dort, daß die eisernen Stufen beim Brande so schnell heiß und glühend werden, daß sie nicht mehr betreten werden können. Wenn eiserne Stufen so heiß werden, daß sie zu glühen anfangen, muß in dem Treppenhaus eine derartige Temperatur herrschen, daß es von Menschen überhaupt nicht mehr betreten werden kann. Dann beträgt die Wärme mehr als 500°. Der Mensch empfindet schon bei 100° Lufttemperatur selbst durch die Kleider hindurch unerträglich stechende Hautschmerzen am ganzen Körper! Aber selbst wenn es einem Menschen noch möglich sein sollte, bei dieser ungeheuren Hitze in das Treppenhaus hineinzugehen, dann würde das Betreten ungeschützter eiserner Treppen recht gefährlich werden. Denn sie haben dann mehr als 60 % ihrer Tragfähigkeit bereits verloren. Bei nicht ummantelten Eisentreppen können also metallene Stufen ohne Holzbelag kaum schaden.

Ist bei eisernen Treppen eine Ummantelung notwendig, so muß sie auf allen Seiten der Eisenkonstruktion erfolgen, also an der Unter- wie an der Oberseite der eisernen Stufen. Ein Holzbelag ist hier ebensowenig notwendig.

Wenn daher ein Zwang zur Belegung der Eisenstufen mit Holz seitens der Baupolizei ausgeübt wird, so geht sie damit über das Notwendige hinaus.

Zulässigkeit des Holzbelages.

Über die Zulässigkeit des Holzbelages wird weiter unten die Rede sein.

e) Treppen aus Holz.

Nicht geputzte Holztreppen.

Holztreppen, welche an der Unterseite nicht geschalt und mit Rohrputz versehen sind, haben nur geringe Feuerbeständigkeit. Solche ungeschützten Treppen werden daher von der Baupolizei auch nur als nicht notwendige Treppen oder sonst nur ganz ausnahmsweise zugelassen.

Geputzte Holztreppen.

Durch das Schalen, Rohren und Verputzen wird ihnen eine nicht unbedeutende Feuersicherheit gegeben. Derartige Treppen halten dem Feuer erstaunlich lange stand. Der sorgfältig ausgeführte Rohrputz schützt die Unterseite meist mehr als eine Stunde hindurch. Die frei zutage liegende Treppenwange ist in der Regel aus ausgesuchtem starken Kernholz hergestellt. Sie fängt an zu kohlen, doch setzt dann die Verkohlungsschicht dem Feuer einen gewissen Widerstand entgegen. Die hölzernen Tritt- und Stoßstufen können vom Feuer schwerer ergriffen werden, da sie von einer Seite dagegen geschützt sind. Geputzte Holztreppen sind also keineswegs feuerfest. Doch wird durch den Verputz das Weiterschreiten des Brandes und die

[1]) Vergl. Baupol. Mitteilungen 1907, S. 216.

Zerstörung der hölzernen Treppen derartig verzögert, daß man sie ruhig als feuersicher bezeichnen kann. Gewiß haftet ihnen der Nachteil an, daß sie dem Feuer Nahrung bieten und das Treppenhaus allmählich verqualmen. Doch geht die Entwicklung von Rauch viel langsamer vor sich als bei ungeputzten Holztreppen. Sie haben eine weit größere Feuerbeständigkeit als unbekleidete eiserne Treppen und solche aus Natursteinen.

Nachträglicher Verputz vorhandener hölzerner Treppen.

Wenn darum heut meist verlangt wird, daß die notwendigen Treppen, soweit sie aus Holz bestehen, bei Neu- und Umbauten an ihrer Unterseite geschalt und feuersicher bekleidet werden, so wird kein Verständiger hiergegen Widerspruch erheben. Doch können Bedenken entstehen, ob einer derartigen baupolizeilichen Anordnung auch rückwirkende Kraft gegeben werden soll. Es gibt Städte, welche wegen ihrer geschmackvollen offenen Eichenholztreppen bekannt sind. Hier handelt es sich manchmal um eine überaus große Anzahl von Gebäuden, welche von der Rückwirkung einer solchen Verordnung betroffen werden. In Frankfurt a. M. rief in den Jahren 1900/1902 eine derartige Bestimmung der Baupolizei eine große Erregung unter der Bürgerschaft hervor.[1]) Handelte es sich doch hier um etwa 5700 ältere Gebäude, welche unverputzte Holztreppen hatten. Die Gegner des Treppenverputzes suchten durch eingehende Darlegungen zu beweisen, daß der Verputz nahezu zwecklos sei. Das Gutachten eines technischen Vereins verstieg sich sogar soweit, daß es den Treppenverputz als Nachteil hinstellte, weil infolgedessen die dadurch in Sicherheit gewiegten Menschen leichtsinniger gemacht würden! Hierdurch würden neue Gefahren heraufbeschworen![2]) Auf Grund eines Gutachtens erfahrener Fachmänner bestimmte aber schließlich die Frankfurter Baupolizei-Verwaltung trotz allen Widerstandes, daß auch die Holztreppen älterer Häuser mit Verputz zu versehen seien.

Rauch im Treppenhause.

Man darf gewiß nicht außer acht lassen, daß der Rauch, welcher im Treppenhause von einem Keller-, Laden- oder Stockwerksbrand hochsteigt, für die Bewohner eine große Gefahr bedeutet, auch ohne daß die Treppe in Brand gerät und schon eher, als dies geschieht. Diese Gefahr besteht überall, mag die Treppe feuersicher sein oder nicht. Und tatsächlich fallen alljährlich eine ganze Anzahl Menschen dieser Gefahr zum Opfer. Ganz beseitigen wird man sie nie können. Außer baulichen Einrichtungen des Treppenhauses spricht bei der Beurteilung der den Bewohnern großer Städte hieraus drohenden Gefahr auch der Volkscharakter mit und das Maß des Vertrauens, welches die Bewohner in die vorhandene Feuerwehr setzen. In manchen Gegenden Deutschlands hat das Publikum den instinktartigen Drang, bei dem geringsten Brande im Hause, der sie nicht einmal irgendwie in Gefahr bringt, die Treppen hinab ins Freie zu eilen. Wenn

[1]) Eine ausführliche Darstellung findet sich in der Zeitschrift Feuer und Wasser 1900, S. 173 ff., und 1902, S. 145 ff.

[2]) Vergl. Feuer und Wasser 1900, S. 183.

es sein muß, selbst unter Lebensgefahr durch das verqualmte Treppenhaus hindurch. In anderen Gegenden ist man ruhiger. Man entschließt sich erst zu derartigen gefahrvollen Schritten, wenn es wirklich notwendig ist, hält solange alle Türen nach dem Treppenhaus geschlossen und begibt sich in ein nach der Straße zu gelegenes Zimmer, dessen Fenster geöffnet werden. Besonders dann, wenn man zu der Feuerwehr das Vertrauen hat, daß sie die Bewohner schon retten wird, falls es wirklich notwendig wird. Die Größe der Gefahr, in welche die Bewohner durch die Verqualmung des Treppenhauses geraten, hängt also in vielen Fällen nicht allein von der Art und Ausdehnung des Brandes ab, sondern ebensosehr davon, ob sie einigermaßen ihre Ruhe und Besonnenheit behalten. Unabhängig ist sie jedoch davon, ob das Treppenhaus feuersicher ist oder nicht.

Feuer im Treppenhause.

Aber dieser einen Gefahr kann eine andere auf dem Fuße folgen, welche im Zusammenhang mit ihr steht. Die Treppen können in Brand geraten. Und diese Gefahr ist meist viel größer als die der Verqualmung. Damit wird den Bewohnern der Rettungsweg vollkommen abgeschnitten, während er bei der Verqualmung bloß zeitweise nicht benutzbar war. Vor allem ist jedoch jetzt zu fürchten, daß das im Treppenhause sich ausbreitende Feuer die Türen der Wohnungen erfaßt, vielleicht die Glasscheiben oder Oberlichter sprengt, in die Wohnungen eindringt und dort die Bewohner bedroht. Das kann namentlich nachts eintreten. Eine unverputzte Holztreppe kann, ehe es jemand von den Bewohnern oder Straßenpassanten merkt, ehe die Feuerwehr alarmiert wird, die Flamme von einem Geschoß zum anderen fortpflanzen. Verputzte Holztreppen in Wohnhäusern lassen das Feuer aber nur langsam fortschreiten. So langsam, daß nach menschlichem Ermessen in den meisten Fällen der Brand bemerkt und die Feuerwehr herbeigerufen wird, ehe es der Flamme gelingt, die Türen des höher gelegenen Stockwerks zu zerstören.

Zu diesem großen Vorteil kommt ein zweiter. Die vor sich her die Treppen ablöschende Feuerwehr kann auf den noch standhaften, weil weniger verbrannten geputzten Treppen schnell zu den geängstigten Bewohnern der Obergeschosse vordringen. Das Ablöschen der in derselben Zeit weit mehr vom Feuer zerstörten unverputzten Treppe wird viel langwieriger sein. Dadurch wird oft die Rettung der Bewohner recht verzögert.

Gegen diese Gefahren soll der Verputz an der Unterseite der Treppen in erster Linie schützen, nicht gegen das Verqualmen des Treppenhauses.[1]) Die Gefahren zu beseitigen, welche die Treppenhäuser den Bewohnern beim Brande bringen können, wird meist nicht möglich sein. Doch kann man sie durch den Treppenverputz bedeutend verringern. Und das sollte nirgends versäumt werden.

---

[1]) Vergl. hierzu das durchaus irrige Gutachten des Professors Meidinger-Karlsruhe; Feuer und Wasser 1900, S. 174.

Selbstverständlich wird eine Treppe aus Hartholz später in Brand geraten als eine aus weichem Holz. Aber nur wenn gutes feinporiges Eichen- oder Buchenholz verwendet wird. Doch kann eine auch sorgfältig ausgeführte und verputzte Hartholztreppe nie eine geputzte Treppe aus feinporigem Kiefern- oder Tannenholz ersetzen. Sie müßte denn aus ganz kolossalen Holzstärken hergestellt sein. Treppen aus Hartholz.

Sollen vorhandene Holztreppen feuersicher gemacht werden, ohne daß man an der Unterseite Rohrputz, Drahtziegelputz, Zementdielen oder dergl. anbringt, so wird sich zuweilen feuersichere Imprägnierung empfehlen. Wenn hierzu ein wirklich gutes Imprägnierungsmittel verwendet wird, dessen Feuerschutzfähigkeit periodisch geprüft wird, so ist kaum etwas dagegen einzuwenden. Doch wird bei den zahlreichen wenig zuverlässigen Mitteln, welche angeboten werden, die größte Vorsicht zu beobachten sein. Man sollte die Erlaubnis dazu nur ausnahmsweise erteilen und erst dann, wenn man sich von der feuerschützenden Wirkung des Anstrichs durch Proben überzeugt hat.[1]) Imprägnierte Holztreppen.

III. Die Einteilung der Treppen nach ihrer Feuerbeständigkeit.

Wie bei den einzelnen Baustoffen und bei den sonstigen Baukonstruktionen ergeben sich auf Grund der oft erwähnten Begriffsbestimmung folgende drei Arten von Treppen: die nicht feuersicheren, die feuersicheren und die feuerfesten Treppen. Letztere werden in manchen Baupolizei-Verordnungen „unverbrennliche“ Treppen genannt. Doch ist dieser Ausdruck nicht umfassend genug. Außer der Unverbrennlichkeit wird verlangt, daß die Treppen im Feuer ihre Tragfähigkeit nicht verlieren. Ungeschützte eiserne Treppen sind beispielsweise unverbrennlich, aber nicht feuerfest.

Zu den nicht feuersicheren Treppen muß man die ungeputzten Holztreppen, die unverkleideten eisernen und ungeschützten Hausteintreppen rechnen. Nicht feuersichere Treppen.

Feuersicher sind geputzte Holztreppen; halbgeschützte Eisentreppen, bei denen die Unterseite des Unterflansches freiliegt; geschützte nicht freitragende Hausteintreppen. Feuersichere Treppen.

Feuerfest sind in allen Teilen glutsicher geschützte Eisentreppen, Treppen aus Beton, Eisenbeton, Ziegelmauerwerk und Kunststein, freitragend mit Eiseneinlage oder auf geschützten Eisenträgern. Feuerfeste Treppen.

IV. Die Verwendung von Holz bei feuersicheren und feuerfesten Treppen.

Auch zu anderen nicht aus Holz bestehenden Treppen wird dieser Baustoff verwendet. Nämlich zur Bekleidung der Tritt- und Stoßstufen, der Podeste, sowie der Treppenwangen. In vielen Fällen gewinnt das Hölzerne Bekleidung der Treppen.

[1]) Am besten mit einer Lötlampe.

Ansehen einer Treppe dadurch. Infolge der Bekleidung der Stufen wird oft auch die Abnutzung der Treppe nicht unwesentlich vermindert. Das Streben der Bauunternehmer, bei feuersicheren und feuerfesten Treppen Holz zur Bekleidung anzuwenden, ist also zu verstehen.

Es bleibt festzustellen, ob eine derartige Holzbekleidung im Sicherheitsinteresse zu gestatten ist, ohne daß die sonstige Feuerbeständigkeit der Treppen tiefer bewertet wird.[1])

Holzbekleidung der Treppenwangen.

Das an einer verputzten Holztreppe vordringende Feuer kriecht zunächst an der Treppenwange in die Höhe. Doch setzt ihm die Stärke und Dichtigkeit des tragenden Wangenholzes einen gewissen Widerstand entgegen. Zumal wenn es glatt gehobelt und ohne scharfe Kanten ist. Weniger leicht kann das Feuer an den Stufen nach oben. Es ergreift zuerst die Stoßstufen und wird von ihnen nach den Trittstufen geleitet.

Die hölzernen Treppenwangen sorgen also am meisten für die Weiterverbreitung. Bietet sich dem Feuer nun hier nicht ein starkes Holz, sondern nur eine dünne Brettverkleidung dar, welche, wie es oft geschieht, nicht dicht an der unverbrennlichen Stirnseite der Stufen oder an der Treppenwange liegt, so geht das Fortschreiten des Feuers viel schneller vor sich als bei einer geputzten Holztreppe. Eine sonst feuersichere Treppe kann demnach durch eine derartige Brettverkleidung ihre Feuersicherheit verlieren. Holzbekleidung an den Wangen ist darum nicht unbedenklich. Man sollte sie bei feuerfesten Treppen überhaupt nicht zulassen, an feuersicheren nur ausnahmsweise. Und nur dann, wenn sie aus dichtem, möglichst hartem Holz besteht und ohne den geringsten Zwischenraum an die Stirnseiten der Stufen oder an die Wangen anschließt.

Holzbekleidung an Stufen und Podesten.

Die Belegung der Stufen und Podeste mit Holz ist weniger bedenklich. Für feuersichere Treppen kann man sie ohne weiteres zulassen. Holzbekleidung der Stoßstufen sollte man jedoch bei feuerfesten Treppen nicht anwenden, da alle senkrechten Holzflächen vom Feuer eher ergriffen werden als die wagerechten.

E. Feuerstätten, Rauchrohre, Schornsteine.

I. Allgemeines.

Gefahrenquellen.

Die vorbeugende Tätigkeit der Baupolizei hat zu verhindern, daß ein durch Naturereignisse, Fahrlässigkeit oder sonstige Umstände bereits entstandenes Feuer nicht zu großen Umfang annimmt, namentlich daß durch dieses keine Menschen gefährdet werden. Ebensosehr muß jedoch die Polizeibehörde dafür sorgen, daß die zur Lebensführung der Bewohner notwendigen baulichen Einrichtungen, aus denen Schadenfeuer entstehen können, so ge-

[1]) Vergl. die Umfrage der „Baupol. Mitteilungen" bei den verschiedenen Städten. 1907, S. 216 ff.

troffen werden, daß sie bei Befolgung der Vorschriften zu einer wirklichen Gefahrenquelle nicht werden können. Zu den wichtigsten Einrichtungen dieser Art gehören die Feuerstätten, die Schornsteine und die beide verbindenden Rauchrohre. Die Baupolizei muß im allgemeinen Sicherheitsinteresse verlangen, daß sie von jeder Neuanlage derartiger Einrichtungen unterrichtet wird, damit sie in die Lage versetzt wird, sich von deren zweckentsprechender Herstellung zu überzeugen. Sie muß aber auch fordern, daß solche Einrichtungen stets so unterhalten und gepflegt werden, daß aus ihnen für das Gebäude kein Brand entstehen kann. Darum stellen die Baupolizei-Verordnungen in der Regel die Errichtuug oder Verlegung einer Feuerstätte ohne polizeiliche Erlaubnis unter Strafe. Selbst dann, wenn die Verordnungen der Baupolizei eine derartige Bestimmung nicht enthalten, ist die Verlegung oder Neuanlage solcher Einrichtungen ohne weiteres nicht gestattet. Es ist aus Sicherheitsgründen stets die Erlaubnis der Polizeibehörde vorher einzuholen.[1])

Neuanlage und Verlegung der Feuerstätten usw.

Eine sachgemäße Aufsicht der Polizeibehörde, ob die im allgemeinen Interesse so wichtigen Sicherheitsvorschriften bei Anlage und Verlegung von Feuerstätten und Schornsteinen befolgt werden, ist sehr oft nicht möglich ohne die Mitwirkung besonderer Hilfsorgane. Die Beamten der Baupolizei haben nicht im entferntesten die Zeit und Gelegenheit, in allen Häusern festzustellen, ob die feuersicherheitspolizeilichen Bestimmungen befolgt werden. Man hat darum die Schornsteinfeger, welche durch ihren Beruf gezwungen sind, sich in periodischer Wiederkehr eingehend mit dem baulichen Zustand der ihnen zur Reinigung überwiesenen Anlagen zu beschäftigen, als Hilfsorgane der Feuersicherheitspolizei herangezogen. Hand in Hand mit den baupolizeilichen Vorschriften für die Anlage der Feuerstätten, Rauchrohre und Schornsteine geht daher die polizeiliche Regelung und Überwachung des Schornsteinfegerwesens. Wenn diese auch der Baupolizei nicht untersteht, sondern zu den Aufgaben der reinen Feuerpolizei gehört.

Schornsteinfeger als Hilfskontrollorgane.

Die — in den meisten Städten nach Ablegung einer besonderen Prüfung bestellten — Schornsteinfeger sind nicht nur zur ordnungsmäßigen, den Vorschriften entsprechenden Ausführung ihres Handwerks verpflichtet, sondern sie haben gewissermaßen als Hilfsorgane der Feuerpolizei noch eine weitere Aufgabe. Sie haben darauf zu achten, ob die ihrer Obhut und Reinigung anvertrauten Feuerstätten, Rauchrohre und Schornsteine sich in einem den bau- und feuerpolizeilichen Vorschriften entsprechenden Zustande befinden, und ob die sonstigen feuerpolizeilichen Bestimmungen in dem Hause befolgt werden. Trifft das nicht zu, so haben sie dem Hausbesitzer sofort davon Mitteilung zu machen, damit er Abhilfe schafft. Wenn diese nicht erfolgt, haben sie der Polizei Anzeige zu erstatten. Für jede

[1]) Vergl. Baltz, a. a. O. S. 28, Anm. 12 und die dort angeführten Entscheidungen des Reichsgerichts.

Unterlassung in dieser Aufgabe als Hilfsorgane der Feuersicherheit werden die Schornsteinfeger durch die Polizei ebenso bestraft wie für Nachlässigkeiten, die sie sich in ihrer eigentlichen handwerksmäßigen Tätigkeit zuschulden kommen lassen.

Durch beide Einrichtungen — eingehende baupolizeiliche Bestimmungen über die Anlage der Feuerstätten und Schornsteine, sowie durch die Heranziehung der Schornsteinfeger als Hilfskontrollorgane — ist es im Laufe der Zeit in den meisten Städten möglich geworden, die früher erschreckend hohe Zahl der Schornsteinbrände und der dadurch oft entstehenden größeren Schadenfeuer erheblich zu vermindern.

II. Die Feuerstätten.

Räume, in denen Feuerstätten angelegt werden.

Unter Feuerstätte versteht man jede zur Unterhaltung eines Feuers bestimmte Anlage oder Einrichtung.[1] Im allgemeinen dürfen Feuerstätten nur in solchen Räumen eingerichtet werden, welche nach ihrer Bestimmung nicht zu Bedenken feuerpolizeilicher Art Anlaß geben. Auch muß man verlangen, daß diese Räume gegen andere Räume, die zur Aufbewahrung leicht entzündlicher Stoffe dienen, feuersicher abgeschlossen sind. Die Unterarten der Feuerstätten sind die Feuerherde und die Öfen.

Decken unter Feuerherden.

Unter diesen beiden geben die Feuerherde mehr Brandursachen ab. Darum gibt man meist für sie schärfere Bestimmungen. Ohne Rücksicht darauf, ob sie aus Kacheln, Steinen oder Eisen bestehen, wird in der Regel verlangt, daß sie auf unverbrennlichen Decken errichtet werden. Auch ein etwa $^1/_2$ m breiter Streifen der Decke um den Feuerherd herum muß unverbrennlich sein. Ausgenommen sind in vielen Städten davon solche eisernen Herde, die auf unverbrennlichen Füßen stehen und einen Luftzwischenraum nach dem Fußboden zu haben. Diese dürfen dann auf Holzbalkendecken und Holzfußböden errichtet werden, die durch eine starke Steindecke oder Eisenplatte geschützt sind.

Decken unter Öfen.

Für Öfen genügt in der Regel eine ebensolche Massivschicht und ein Luftzwischenraum von mehreren Zentimetern.

Wände an Feuerherden.

Außer den Decken, auf denen die Feuerherde stehen, müssen auch die daneben befindlichen Wände geschützt werden. Man verlangt darum auch für sie, daß sie feuerfest sind, wenn sie näher als 10 cm an dem Feuerherde liegen.

Holzwerk in der Nähe.

In der Nähe befindliches freies Holzwerk, das nicht mehr als etwa 30 cm entfernt ist, muß feuersicher verkleidet werden. Verputztes oder verblendetes Holzwerk braucht nur die Hälfte dieser Entfernung abzubleiben. Da eiserne Feuerstätten ohne Schutzmantel viel mehr Hitze ausstrahlen als steinerne, muß man bei ihnen diese Entfernungen verdoppeln.

---

[1]) Vergl. Baltz, a. a. O. S. 286, Anm. 4.

Daß die Feuerstätten in allen ihren Teilen aus unverbrennlichem Material hergestellt werden müssen, braucht kaum erwähnt zu werden. Besondere Sorgfalt ist auf dichten Verschluß der Öffnungen der Feuerung und des Aschenfalls zu verwenden. Der Fußboden vor diesen Öffnungen ist außerdem noch feuersicher, etwa $1/_2$ m breit, zu bekleiden, damit er nicht durch herausfallende glühende Kohlen in Brand gesetzt werden kann. Vor Stubenöfen können statt dessen metallene Vorsätze verwendet werden. Ausführung der Feuerstätten.

Die sehr selten hergestellten offenen Feuerungen müssen Rauchmäntel erhalten, welche etwa 15—20 cm überragen. Sie sind aus feuersicherem Material herzustellen. Offene Feuerungen.

Für gewerbliche Feuerstätten werden oft viel schärfere Maßregeln Platz greifen müssen. Hier spricht nicht bloß ihre räumliche Ausdehnung, sondern auch ihr Zweck und das Maß der von ihnen erzeugten Hitze mit. Erhöhte Aufmerksamkeit ist zuzuwenden den Feuerstätten in Bäckereien und Tischlereien, Metall- und Glasgießereien, Dachpappenfabriken u. dergl. Ebenso in Waren- und Geschäftshäusern. Gewerbliche Feuerstätten.

In der Regel sind eiserne Öfen viel gefährlicher als steinerne. Man sollte Öfen aus Eisen in Theatern, Waren- und Geschäftshäusern, feuergefährlichen Gewerbebetrieben u. dergl. am besten gar nicht zulassen. Läßt es sich nicht vermeiden, so sind sie wenigstens durch metallene Schutzschirme mit dicht schließender Tür unter Innehaltung eines Mindestabstandes von 20 cm zu umgeben. Eiserne Öfen.

In manchen Betrieben empfiehlt es sich, Kachelöfen so einzurichten, daß sie nur von außerhalb des betreffenden Raumes oder von einem feuerfesten Vorgelege aus geheizt werden können. Vorgelege vor Öfen.

Bei Zentralheizungen dürfen natürlich nicht Kanäle aus Holz zur Zuführung der heißen Luft verwendet werden. Es ist bekannt, daß Holz durch längere Einwirkung von Hitze in hohem Grade pyrophor wird. Es entzündet sich dann, wie früher erwähnt, wenn Luft hinzutritt, ohne einer Flamme zu bedürfen. Vielmehr müssen die Heizkanäle von unverbrennlichen Stoffen umschlossen werden. Ihre Ausmündungsstellen sollen von brennbaren Gegenständen einen gewissen Abstand wahren. Rohre von Zentralheizungen.

Dampfheizungsrohre und Heizkörper dürfen nicht unmittelbar an Holz oder anderen organischen Stoffen liegen. Schon oft hat sich durch andauernde Hitze trotz geringer Dampfspannung das brennbare Isolierungsmaterial von selbst entzündet. Rohre von Dampfheizungen.

III. Die Rauchrohre.

Die Rohre, welche zur Überleitung des Rauches von den Feuerstätten nach den Schornsteinen dienen, geben oft Anlaß zu Feuersgefahr. Da sie innerhalb desselben Stockwerks seitlich geführt werden, ist ihre Neigung oft so gering, daß sie sich der wagerechten nähern. Daher kommt es, daß sich oft in ihnen eine gewisse Menge von Ruß a b l a g e r t, der leicht Gefahren der Rauchrohre.

durch Funken aus der Feuerung entzündet wird, namentlich durch brennende Papierstücke, Hobelspäne u. dergl., die vom Schornstein angesaugt werden. Das Rauchrohr wird dann sehr heiß, oft glühend, wenn es aus Eisenblech hergestellt ist. Das kann doppelte Gefahren bringen.

Staubschicht auf den Rauchrohren.

Auf der Außenseite des nur wenig geneigten Rauchrohres sammelt sich nach und nach eine Staubschicht. Sie wird bei Glühendwerden des Rohres entzündet und fällt häufig in brennenden Klumpen herab. Darunter liegende brennbare Gegenstände werden dann entzündet. Zu lange eiserne Rauchrohre, namentlich solche, welche durch mehrere gleichlaufende Wände gehen, sollten überall verboten werden. Sie bieten vielfach Gelegenheit zu derartigen Staubentzündungen. Muß man sie aus irgend welchen Gründen ausnahmsweise zulassen, so ist unter ihnen mit Abstand ein überragendes Schutzblech anzubringen, das an den Rändern hochgebogen ist. Es soll etwa herabfallende brennende Staubklumpen auffangen. Außerdem ist an solchem Rauchrohr eine Öffnung mit Schieber anzubringen, so daß man von außenher ein Ausfegen des Rohres vornehmen kann.

Durchführung der Rauchrohre durch Wände.

Ferner ist die Durchführung solcher eiserner Rauchrohre durch Wände mit einer gewissen Vorsicht vorzunehmen. Der Umstand, daß sie leicht glühend werden, verbietet es, daß sie ungesichert durch Holzwände oder Fachwerkswände oder durch verbrennliche Decken gehen. Sie müssen von geputztem oder verkleidetem Holzwerk mindestens 25 cm, von freiem Holz mindestens 50 cm entfernt bleiben. Läßt sich dies in älteren Häusern nicht erreichen, so muß das Hauptabzugsrohr zum mindesten durch ein zweites Rohr mit einem gewissen Abstande ummantelt und isoliert werden. Vielfach wird die nicht feuersichere Wand, durch welche eiserne Rauchrohre geführt werden, lediglich um diese herum außen mit Eisenblech beschlagen. Das reicht aus naheliegenden Gründen nicht aus. Alljährlich werden viele Brände hierdurch verursacht.

Einführung der Rauchrohre in Öfen oder Schornsteine.

Wo Rauchrohre in Öfen oder Schornsteine geleitet werden, müssen sie gut verschmiert sein. Es ist darauf zu achten, daß das Ende des eisernen Rauchrohres nicht in das Innere des Schornsteines hineinragt. Sonst wird die Schornsteinreinigung sehr behindert und es können leicht Verstopfungen des Schornsteines vorkommen.

Stützen der Rauchrohre.

Wo Stützen der Rohre erforderlich sind, müssen auch sie naturgemäß aus unverbrennlichem Material bestehen.

Hohle eiserne Stützen als Rauchrohre.

Im Westen Deutschlands werden hin und wieder die hohlen guß- und schmiedeeisernen Säulen, welche die Decken tragen, als Rohre zur Abführung des Rauches benutzt. Das ist natürlich gänzlich unstatthaft. Bei der Entzündung des sich in jedem Rauchrohre ablagernden Rußes kann eine derartige Säule so erhitzt werden, daß sie ihre Tragfähigkeit verliert.

Gefahren der Ofenklappen.

Manchmal entstehen durch die Rauchrohre schwere Gefahren für das Leben. Durch die in ihnen angebrachten Verschlußvorrichtungen, Schieber- oder Ofenklappen sind schon viele Menschen ums Leben gekommen. Sie lassen die giftigen Heizgase, namentlich Kohlenoxyd, nicht abziehen. Darum sind sie heut meist für solche Räume verboten, welche zum dauernden Aufenthalt von Menschen dienen.

Gefahren der Gasöfen.

Aber auch ohne solche Ofenklappen kann den Feuergasen der Abzug durch das Rauchrohr verwehrt werden. Namentlich bei Gasöfen kommt dies häufiger vor. Oft sind nämlich die Rauchrohre solcher Öfen ziemlich schräg nach oben in den Schornstein geführt. Beim Ausleinen des Schornsteines durch den Schornsteinfeger kann es nun leicht eintreten, daß eine nicht geringe Menge von Ruß in die schräg nach unten gehende Mündung dieses Rauchrohres gefegt wird, darin abwärts gleitet und sich an einer Kniestelle festsetzt. Dann können die Verbrennungsprodukte des Leuchtgases nicht abziehen. Nicht wenige Menschen kommen durch Gasöfen um. Die Ursache ist in vielen Fällen hierin zu suchen.[1]) Es ist daher notwendig, daß die Rauchrohre an ihrer Mündung mit einem weitmaschigen Drahtnetz versehen werden, das sich nicht verstopfen kann. Vor allem muß aber an jedem derartigen Rauchrohr eine Öffnung mit Schieber oder Klappe davor angebracht werden, so daß die Rohre öfters durchstoßen und gereinigt werden können.

Doch kommen noch eine Reihe von anderen Ursachen dafür in Frage, daß die Verbrennungsprodukte des Gases, unter ihnen namentlich die dem Menschen gefährliche Kohlensäure, nicht ordentlich nach oben abziehen. Der Abzug dieser Abgase wird beeinflußt durch die Ausscheidung des den Auftrieb begünstigenden Wasserdampfes im Schornstein. Diese Ausscheidung ist wieder abhängig von der Temperatur der Schornsteinwandungen. Sie sind oft kälter als die Außenluft, wenn z. B. sehr warme Tage auf kühle Witterung folgen, oder dann, wenn die Sonne die Außenluft stark erwärmt. Dann tritt häufig eine Rückströmung im Schornstein ein, so daß die schädlichen Verbrennungsprodukte nicht abziehen können. Auch Änderung in der Richtung und Stärke des Windes, Störung des Zuges durch Öffnen oder Schließen von Fenstern und Türen hindern öfters den Auftrieb.[2])

Rauchrohre in Gewerbebetrieben.

In vielen Gewerbebetrieben und Lagerstätten werden die Rauchrohre in einer Anzahl von Windungen zum Schornstein geführt, damit die

[1]) Eine andere Ursache ist die, daß oft für Gasöfen Rauchrohre von zu geringem Querschnitt gewählt werden. Zur Abführung der Verbrennungsprodukte des Leuchtgases, welche manchmal schwerer sind als die Luft (z. B. die zurückbleibende Kohlensäure), ist ein besonders kräftiger Auftrieb erforderlich. Man hat schon erwogen, diese schwereren Verbrennungsprodukte nach unten abzuführen, also z. B. durch Öffnungen in den Mauern dicht über dem Fußboden. Doch läßt sich dies kaum durchführen, da durch jene Öffnungen gleichzeitig kalte Luft zuströmt.

[2]) Vergl. Junkers, Über Abführung der Abgase bei Gasöfen. Journal für Gasbeleuchtung 1908, S. 169. Darin werden eine Reihe von sehr beachtenswerten Verbesserungsvorschlägen gemacht.

Heizwärme recht ausgenutzt wird. Auf ihnen sammelt sich Staub noch mehr als in Wohnräumen an. Es wird daher mindestens notwendig sein — namentlich wo viel brennbare Gegenstände sich in den Räumen befinden —, daß ähnliche Vorsichtsmaßregeln getroffen werden, wie vorher erwähnt.

Meistens dürfen jedoch in feuergefährlichen Betrieben und Lagerräumen eiserne Rauchrohre aus den vorstehend erwähnten Gründen überhaupt nicht zugelassen werden. Es sind dafür zur Abführung des Rauchs von den Öfen bis zu den Schornsteinen gemauerte Kanäle zu verlangen.

IV. Die Schornsteine.

Anlage und Material der Schornsteine.

Über die Anlage von Schornsteinen sind in allen Baupolizei-Verordnungen sehr eingehende Bestimmungen gegeben, damit die Entstehung von Schornsteinbränden nach Möglichkeit verhütet wird. Vor allem soll durch diese Vorschriften der Übertragung eines etwa im Schornstein entstandenen Feuers auf andere Teile des Hauses oder auf die anstoßenden Gebäude vorgebeugt werden. Durch diese Sicherheitsvorschriften darf natürlich die ordnungsmäßige Reinigung der Schornsteine nicht zu sehr erschwert werden.

Gemauerte Schornsteine.

Mag es sich um enge, sog. russische, oder um besteigbare Schornsteine handeln, in jedem Falle müssen sie von Grund auf fundamentiert, sowie sicher und unverbrennlich unterstützt werden. Ihre Wangen müssen wenigstens $^1/_2$ Stein stark aus feuerfestem Material bestehen. Lehmsteine, Schwemmsteine, Zementlochsteine u. dergl. sind ungeeignet. An den Außenwänden müssen die Schornsteinwangen eine Stärke von wenigstens 25 cm haben. Sie dürfen zu Auflagern von Eisenträgern oder als Widerlager von Gurtbögen nicht benutzt werden. Außen sind sie bis zum Dach sorgfältig zu verputzen, auf den Innenseiten glatt auszustreichen.

Nichtgemauerte Schornsteine.

Nichtgemauerte Schornsteine müssen mit Mauerwerk von der vorerwähnten Stärke umgeben oder auf eine andere gleichwertige Art feuersicher ummantelt werden, nötigenfalls unter Belassung eines ausreichenden Luftzwischenraums,[1]) doch sind Tonrohrschornsteine für gewerbliche Betriebe mit starker Feuerung nicht geeignet.

Holzwerk in Nähe von Schornsteinen.

Viele Brände werden dadurch verursacht, daß hölzerne Balkenköpfe in die Schornsteinwangen oder gar bis in das Innere des Schornsteins hineinragen. Es ist bei der Bauausführung scharf darauf zu achten, daß alles Holzwerk wenigstens 20—25 cm von der Innenwand der Schornsteine entfernt bleibt.

---

[1]) Hiervon kann abgesehen werden, wenn die Schornsteine freistehen. Ebenso bei Schornsteinen innerhalb von Gebäuden, deren Dach gleichzeitig die Decke bildet, falls sich darin keine feuergefährlichen Betriebsstätten befinden. Dann ist eine ausreichende Isolierung von allem Holzwerk der Decke vorzunehmen.

Eine Veränderung der senkrechten Richtung, das sog. Schleifen der Schornsteine, sollte nur unter spitzem Winkel gestattet werden. Es ist lediglich zulässig innerhalb von feuerfesten Mauern und von Mauerwerk unterstützt. Schleifen der Schornsteine.

Die Schornsteine müssen so eingerichtet sein, daß sie leicht gereinigt werden können. Dazu müssen sie Reinigungsöffnungen an ihren unteren Enden und bei jeder Richtungsänderung erhalten. Reinigungsöffnungen am unteren Ende des Schornsteins dürfen keinen Sack bilden. Oft liegen sie hinter Feuerstätten so verborgen, daß man gar nicht heran kann. Dann ist natürlich die so dringend notwendige Herausnahme des Rußes durch den Schornsteinfeger nicht möglich. In solchen Fällen muß eine Verlegung der Öffnungen verlangt werden. In Kellern, die zur Aufbewahrung leicht brennbarer Gegenstände oder solcher Stoffe dienen, die brennbare Gase entwickeln, dürfen Reinigungsöffnungen nicht angebracht werden. Reinigungsöffnungen.

Auch obere Öffnungen werden öfters angelegt, wenn die Reinigung vom Dach aus nur schwer auszuführen ist.[1]) Sie dürfen nicht in verschlossenen Bodenverschlägen liegen, sondern müssen vom freien Dachboden aus unmittelbar zugänglich sein.

Die Reinigungsöffnungen sind durch eiserne Türen zu schließen, welche in einen Falz schlagen und dicht sind.[2]) Eiserne Schieber sind weniger zweckentsprechend, weil sie erfahrungsgemäß oft nicht geschlossen werden und weil sie auch häufig beim Reinigen verlegt werden oder verschwinden.

Die Schornsteinrohre sollten stets bis in den Keller hinabreichen. Nur wenn die Benutzungsart des tieferen Geschosses die Hinabführung durchaus nicht gestattet, kann ausnahmsweise die Schornsteinsohle im höheren Geschoß liegen. Dann muß dort aber eine gut verschlossene Reinigungsöffnung angebracht werden. Sie darf selbstverständlich nicht mit Tapete überklebt oder durch größere Möbel, Regale oder dergl. verstellt werden. Hinabführung der Schornsteine bis in den Keller.

Brände in Schornsteinen mit Glanzruß sind gefährlicher als die Flugrußbrände in anderen Schornsteinen, weil der beim Brande aus dem Schornstein fliegende blattförmige Glanzruß länger und heftiger glüht als die Flugrußkörnchen. Darum sucht man die Bildung von Glanzruß nach Möglichkeit zu hindern und schreibt vor, daß in Küchen, Waschküchen u. a. außer dem Rauchabzug ein besonderes Wrasenrohr zum Abzug der Wasserdämpfe hergestellt wird. Es muß allen Anforderungen entsprechen, die an Wrasenrohre.

---

[1]) In manchen Städten sind Reinigungsöffnungen in den Dachböden nicht gestattet mit Rücksicht auf die häufig dort aufbewahrten verbrennlichen Gegenstände. Zu verbieten sind sie jedenfalls dort, wo sich im Dachgeschoß Lagerräume leicht brennbarer Stoffe oder feuergefährliche Betriebe befinden.

[2]) Prof. Nußbaum-Hannover hält sogar vollkommen luftdicht schließende Türen für erforderlich. Vergl. Baupol. Mitteilungen 1906, S. 169.

Schornsteinrohre gestellt werden. Manche behaupten zwar, daß ihre Wirkung so gering sei, daß sich ihre Anlage nicht lohnt.[1]) Immerhin wird man sie jedenfalls aber für gewerblich benutzte Küchen verlangen müssen.

Schornsteine für gewerbliche Anlagen.

Bei Schornsteinen für gewerbliche Anlagen muß man die lichte Weite der Rauchrohre oft bedeutend größer machen als in Wohngebäuden. Es ist außerdem bisweilen darauf Rücksicht zu nehmen, daß die erzeugten Hitzegrade viel bedeutender sind. Bei solchen Schornsteinen ist häufig festgestellt worden, daß selbst klinkerfeste Mauersteine an der Innenseite der Schornsteine einige Meter hoch gesintert und Schornsteinwangen von der gewöhnlichen Stärke durch mehrere Geschosse geborsten waren.[2]) Man muß daher für derartige Schornsteine stärkere Wangen vorschreiben; auch die sonstigen Maße, z. B. für das Abbleiben von Holzwerk, sind entsprechend zu vergrößern.

---

[1]) Vergl. Baupol. Mitteilungen 1906, S. 100.

[2]) Vergl. Baltz, a. a. O. S. 288, Anm. 16.

Vierter Teil.

Die Einzelausführungen in ihren Beziehungen zur Gesamtanlage des Gebäudes.

A. Die Umfassungswände.

I. Das Material der Umfassungswände.

In der Regel massive Wände.

In größeren Städten müssen die Umfassungswände der Gebäude in der Regel massiv oder aus gleichwertigem Baustoff hergestellt werden. Die Gründe dafür sind klar. Das Überspringen des Feuers von innen nach außen und umgekehrt soll dadurch nach Möglichkeit verhindert, der Brand auf das Haus, in dem er entstanden, beschränkt werden.

Ausnahmen.

Doch gibt es Ausnahmen von dieser Regel. Einmal dort, wo im Interesse des Staatswohls andere Gründe vor den feuerpolizeilichen den Vorrang haben. Im Vorgelände der Festungen wird durch die Rayonbeschränkungen auch für aneinander gebaute hohe Häuser dicht an der Straßenflucht Fachwerksausführung verlangt. Die Möglichkeit schnellerer Zerstörung durch Feuer, Sprengung u. dergl. sind für Wahl dieses Materials ausschlaggebend.

Auch sonst läßt man zuweilen die feuerpolizeilichen Gründe, soweit angängig, gegen architektonische, künstlerische und wirtschaftliche zurücktreten.

Fachwerksbau.

Fachwerksbau ist jedoch nur gestattet, wenn die Ausfüllung der Fache aus feuerfestem Stoff hergestellt wird. Lehmausfüllung und andere nicht feuerfeste Materialien werden in der Regel nicht zugelassen. Manchmal wird die Verwendung von Eichenholz für den Fachwerksbau verlangt. Hin und wieder schreibt man feuersichere Verblendung durch Backsteine, auch Bekleidung mit Schiefer oder Eisenblech vor, zuweilen auch Fugenausstrich und Imprägnieren der Holzteile oder auch nur Anstrich mit Ölfarbe.

Zulässigkeit und Beschränkung des Fachwerksbaus für ganze Gebäude.

In der Regel wird der Fachwerksbau für Nebengebäude zugelassen. Darunter muß man hier Baulichkeiten von geringer Höhe und Ausdehnung, Stall- und Remisengebäude u. dergl. verstehen. Sei es, daß sie selbständige Bauten, sei es, daß sie Anbauten an massiven Gebäuden bilden.

Übermäßig große Fachwerksbauten bieten naturgemäß eine gewisse Feuersgefahr. Man beschränkt darum ihre *Ausdehnung*. Einmal in der Höhe. Die Meterzahlen, welche das Höchstmaß in den Baupolizei-Verordnungen angeben, schwanken. Die einen setzen die Wandhöhe fest, die anderen die Dachhöhe. Während an einzelnen Orten nicht viel mehr als 2 m zulässig sind, geht man an anderen bis zu 10 m und darüber hinaus. Doch auch in der Grundfläche der Fachwerksbauten gibt es gewisse Beschränkungen. Man läßt zuweilen nur Fachwerksgebäude von ganz geringer Grundfläche zu, manchmal auch bis zu 100 qm und mehr.

Selbständige Fachwerksbauten müssen in der Regel einen bestimmten *Abstand von anderen Gebäuden* wahren. Oder aber sie müssen sich an den Seiten an massive Mauern anlehnen oder massiv verblendet sein.

Manche Baupolizei-Verordnungen suchen von Fachwerksgebäuden auch die Quellen zur Entstehung eines Schadenfeuers oder zu seiner schnellen Ausbreitung fern zu halten, indem sie vorschreiben, daß in ihnen keine Feuerstellen vorhanden seien oder keine leicht brennbaren Gegenstände aufbewahrt werden dürfen.

Ganzer Fachwerkbau für Wohnhäuser.

Zuweilen wird aus besonderen Gründen in größeren Städten vollständiger Fachwerksbau auch *für Wohngebäude* zugelassen. Besonders für solche, welche isoliert stehen oder nicht an der Straße liegen. Dann werden aber meist nur zwei, seltener drei Geschosse gestattet.

Ganzer Fachwerkbau für gewerbliche Bauten.

Verhältnismäßig häufig findet man Baulichkeiten zu *gewerblichen Zwecken* aus Holzfachwerk. Ihrer Höhe setzt man in manchen Orten ein Maß, oft läßt man sie unbeschränkt. Auch ihre Grundfläche wird zuweilen beschränkt. Im allgemeinen läßt man der Ausführung in Fachwerk hier vielmehr Freiheit als bei den vorgenannten Nebengebäuden. Die Entscheidung ist von Fall zu Fall zu treffen. Namentlich einer der Hauptgrundsätze darf dabei nie außer acht gelassen werden, daß nämlich Mittel und Zweck im Einklang bleiben müssen. Man wird daher, wenn es sich mit dem Sicherheitsinteresse irgendwie vereinen läßt, die Ausführung in ausgemauertem Fachwerk für die gewerbliche Baulichkeiten gestatten, deren Zweck eine massive Bauart nicht zuläßt, ohne daß unverhältnismäßige Kosten entstehen.

Bei einigermaßen ausgedehnten Fachwerksbauten zu Gewerbezwecken muß man noch mehr als sonst sein Augenmerk darauf richten, daß die *Entfernung* zwischen diesen Anlagen und den nächsten Wohn- und anderen Gebäuden nicht zu gering ist. Ein bestimmtes Mindestmaß hierfür anzugeben, ist eine mißliche Sache. Das kommt auf die örtliche Lage, die Ausdehnung der Anlage, die Art des Betriebes und vieles andere an, und muß jedesmal besonders bestimmt werden. Es ist darauf zu achten, daß die so um den gewerblichen Fachwerksbau geschaffene Schutzzone unbebaut bleibt und nicht zur Lagerung von Gegenständen benutzt wird, welche geeignet sind, das Feuer nach den anderen Gebäuden hin fortzupflanzen. Es spricht nichts dagegen, daß in diese Schutzzone Straßen, Gewässer u. dergl. eingerechnet werden.

Für alle diese Arten von Baulichkeiten, für Wohn- und Nebengebäude wie für gewerbliche Anlagen kann man jedoch die vorstehend angegebenen Forderungen ermäßigen, wenn es sich um Anlagen handelt, welche nicht für lange Zeit oder zum mindesten auf Jahre hinaus zu irgend welchen Zwecken benutzt werden, sondern nur vorübergehend. Wenn also in bestimmter, nicht zu fern liegender Zeit ihre Beseitigung zu erwarten ist. Dann werden mannigfache Erleichterungen am Platze sein.

Vorübergehend hergestellte Fachwerksbauten.

Im Gegensatz zu früheren Zeiten hat heutzutage die Ausführung ganzer Gebäude in Fachwerk sehr nachgelassen. Nur Neben- und kleine Wohngebäude sowie einige gewerbliche Bauten werden in der Regel jetzt noch ganz in Holzfachwerk gefertigt. Dagegen hat sich die Herstellung einzelner Gebäudeteile aus Fachwerk nach wie vor selbst an den umfangreichsten Wohnhausbauten erhalten. Ja neuerdings scheint die Anwendung des Fachwerks für einzelne Teile von Hochbauten mehr und mehr zuzunehmen. Ebensosehr aus wirtschaftlichen wie aus künstlerischen Gründen.

Herstellung einzelner Gebäudeteile aus Fachwerk.

Das ist freudig zu begrüßen und sicherheitstechnisch ist nicht allzuviel dagegen einzuwenden. Nicht als ob dem früher vielfach üblichen Verfahren, das wohl auch heut noch hier und da besteht, das Wort geredet werden sollte: wo man die beiden Seitenwände und die Rückwand aus Fachwerk herstellte und lediglich die an der Straße gelegene Fassade in Stein ausgeführt wurde. Daß solche Gebäude nicht weniger feuergefährlich sind, ja daß sie bei Bränden viel leichter einstürzen, als die zu einer Einheit verbundenen vollständigen Fachwerksbauten, ist offensichtlich. Jene unseligen Schadenfeuer, welche in früheren Jahrhunderten ganze Städte heimsuchten, sind zum größten Teil auf jene Bauart zurückzuführen.[1])

Soll man jedoch viel dagegen einwenden, daß es in manchen Großstädten erlaubt wird, die Vorder- und Rückwand eines den Bodenraum bildenden Dachgeschosses in Fachwerk auszuführen? Doch wohl nicht. Wenn nur die Wände, welche die Treppen umschließen, und die Mauern an der Nachbargrenze massiv sind. Und erhebliche Bedenken feuertechnischer Art stehen schließlich auch dem nicht entgegen, daß manche Baupolizei-Verordnungen es für bestimmte Stadtteile zulassen, daß unter denselben Bedingungen ein oder zwei Geschosse unter dem Dachgeschoß in ausgemauertem Fachwerk aus Hartholz hergestellt werden, sobald dort offene Bauweise angewendet, d. h. zwischen diesem Haus und den Nachbarhäusern ein angemessener Bauwich gelassen wird.

Fachwerksmauern im Dachgeschoß.

---

[1]) Welche Schwierigkeiten es machte, in Württemberg z. B. die Bewohner von den Vorteilen der massiven Bauweise zu überzeugen, beschreibt Döhring, a. a. O. S. 227.

Erker und Balkons aus Fachwerk.

Auch Vorbauten, wie Erker und Balkons, werden manchenorts aus ausgemauertem Holzfachwerk gestattet. Dagegen liegen ebenfalls schwerwiegende Bedenken kaum vor. Man könnte einwenden, daß sie unter Umständen durch die strahlende Hitze beim Brande nebenan oder jenseits der Straße entzündet werden. Gewiß, aber man weiß doch, daß die Fenster namentlich der oberen Stockwerke dadurch ebenso leicht in Brand geraten. Und die Gefahr, daß das von jenseits der Straße oder vom Nachbarhaus kommende Feuer sich in das Innere des Gebäudes fortpflanzt, ist beim Inbrandgeraten der Fenster wahrhaftig nicht geringer als beim Anbrennen des wenigen unverblendeten Riegelwerks und der hölzernen Umfriedigungen der Balkons, die von dem Innern des Gebäudes noch durch Mauerwerk abgeschlossen sind. Namentlich dann, wenn solche Vorbauten aus Hartholz hergestellt werden.

Reiner Holzbau.

Aber auch reiner Holzbau wird in größeren Städten zugelassen. Volle Holzkonstruktion, Latten und Pfosten. Natürlich nur in ganz beschränktem Umfange. Ausgeschlossen sind Bauten, die zu Wohnzwecken dienen sollen. Dagegen sind gestattet andere Baulichkeiten, wie Schuppen, Remisen, Buden, Gartenhäuser u. dergl. Sie müssen jedoch folgenden Bedingungen entsprechen: sie dürfen nicht heizbar sein, dürfen meist nicht mehr als ein Geschoß haben und müssen einen bestimmten Mindestabstand von anderen Gebäuden oder den Nachbargrenzen innehalten. Dieser Abstand ist in den einzelnen Baupolizei-Verordnungen sehr verschieden festgesetzt, von 4 m bis 20 m und mehr. Manchmal wird verlangt, daß der Abstand mindestens so groß ist wie die Höhe der Baulichkeit, manchmal nur halb so groß. Die zulässigen Höhen der Holzbauten schwanken zwischen 2 und 10 m, die Grundflächen zwischen 4 und 25 m. In einigen Städten sind nur offene oder halb offene Schuppen aus reinem Holzwerk gestattet.

II. Die Wände an den Nachbargrenzen.

Brandmauern.

Wenn ein Gebäude unmittelbar an der Nachbargrenze oder nur wenige Meter entfernt errichtet wird, so muß es gegen das Nachbargrundstück durch eine Brandmauer abgeschlossen werden. Man hat ihr diesen Namen gegeben, weil ihr Hauptzweck darin besteht, ein Übergreifen eines etwa in dem Gebäude ausbrechenden Brandes auf das Nachbarhaus zu verhüten. Wie notwendig derartige Trennungsmauern sind, ersieht man aus den Städtebränden früherer Jahrhunderte und aus den hin und wieder auch jetzt noch auftretenden Schadenfeuern in Städten mit alten Häusern ohne Brandmauern, wo ganze Straßenseiten und ganze Häuserblocks dem Elemente zum Opfer fallen. Und das trotz guter Organisation des Feuerlöschwesens, trotz umsichtiger Leitung und heldenmütigsten Kampfes der Feuerwehr.

Ihr Zweck.

Baustoff der Brandmauern.

Wenn eine Brandmauer ihren Zweck erfüllen soll, so muß ihr Baustoff so beschaffen sein, daß er der Weiterverbreitung des Feuers ein Ziel **setzt**, daß er also feuerfest ist. Diese Anschauung hat sich mehr und mehr Bahn gebrochen und liegt wohl heut allen Baupolizei-Gesetzen zugrunde. Bis vor nicht langer Zeit konnten nur massive Wände als feuerfest gelten. Daher wurde in vielen älteren Baupolizei-Verordnungen zum Ausdruck gebracht, daß eine allgemeine und ausreichende Gewähr gegen das Weiterumsichgreifen eines Schadenfeuers nach den Nachbargrenzen durch eine andere als die massive Bauart überhaupt nicht geboten würde.[1]) Als es der vorwärtsschreitenden Technik gelang, feuerfeste Wände aus anderem Material herzustellen, entsprach es nur der Billigkeit, daß auch Mauern aus solchen Baustoffen als Brandmauern zugelassen wurden. So werden denn nach und nach auch Wände aus Stampfbeton, aus Eisenbetonfachwerk mit Ziegelausmauerung, auch freitragende Eisenbetonwände und solche Konstruktionen als gleichwertig erachtet, welche nach Ermessen der Baupolizei u. U. auf Grund eingehender Versuche mindestens dieselbe Feuerbeständigkeit haben wie massive Wände. Zuweilen erst als Ausnahme und auf dem Dispenswege, manchmal auch schon durch ausdrücklichen Hinweis in der Baupolizei-Verordnung.

Stärke der Brandmauern.

Die Mindeststärke der Brandmauer wird in den meisten Baupolizeigesetzen vorgeschrieben. Meist wird für massive Mauern 25 cm verlangt, ein Maß, was als durchaus ausreichend bezeichnet werden muß. Auch für Wände anderer Konstruktion, Eisenbetonfachwerk mit Ziegelausmauerung, freitragende Eisenbetonwände u. dergl. genügt in der Regel dieses Maß.

Damit jene Stärke der Brandmauern überall vorhanden ist, kann naturgemäß die Anbringung von Nischen, Wandschränken u. dergl. nur dann gestattet werden, wenn deren Rückwand selbst noch mindestens 25 cm stark bleibt.[2]) Auch durch Anlage von Schornsteinrohren, durch Einbau oder Auflager von Holzbalken und Eisenträgern dürfen sie nicht geschwächt werden.

Keine Öffnungen in Brandmauern.

Von den anderen massiven Umfassungswänden eines Gebäudes unterscheiden sich die Brandmauern wesentlich dadurch, daß in ihnen keine Öffnungen sein dürfen. Durch alle Geschosse sind sie undurchbrochen hindurchzuführen. Nur dann kann eine solche Grenzmauer ihren vorher angegebenen Zweck erfüllen,[3]) dem Feuer ein energisches Halt zu gebieten, nur dann können sie die Feuerwehr bei ihrem Kampf gegen das Feuer wirksam unterstützen. Nicht allein Türen kommen hier in Frage, sondern in erster Linie auch Fenster.[4]) Wie oft findet man Fenster in den Giebelmauern an der Grenze, welche das Nachbardach überragen. Namentlich in älteren Häusern. Man sollte sie keinesfalls zulassen. Häufig ist beim Brande des niedrigeren Nachbarhauses das Feuer durch solches Fenster in der überragenden Brandmauer weitergegangen.

---

[1]) Vergl. hierzu O.-V.-G. vom 23. März 1885, P. V.-Bl. 6, 272.

[2]) Vergl. O.-V.-G. v. 29. September 1884, P. V.-Bl. 6, 181.

[3]) Vergl. O.-V.-G. 6, 312; P. V.-Bl. 1, 257; 12, 584.

[4]) Vergl. O.-V.-G. 4, 350; 6, 307; P. V.-Bl. 10, 249.

Immerhin kommen einzelne Fälle vor, wo wirtschaftliche, betriebstechnische oder sonstige Gründe eine Durchbrechung der Brandmauer erfordern. In solchen Ausnahmefällen sind dann besondere Vorsichtsmaßregeln zu ergreifen, damit trotzdem die Brandmauer ihren Zweck erfüllt. Das Nähere hierüber findet sich im nächsten Abschnitt.

Hochführung der Brandmauern bis über Dach.

Bei einem Dachstuhlbrande wird in den meisten Fällen das Feuer das Bestreben haben, sich nach dem Nachbarhause zu auszudehnen und sein Dach zu ergreifen. Wird die Brandmauer nur bis an die Unterseite des Daches geführt, so setzt sie an dieser Stelle der Gefräßigkeit des Elements keine Grenze. Das Nachbardach, das in gleicher Höhe mit dem des brennenden Dachstuhls steht, würde ohne weiteres ergriffen werden. Nicht viel seltener gerät das Dach des Nachbarhauses in Brand, wenn es etwas höher liegt. Aber auch das tiefer gelegene Nachbardach würde wohl nicht oft verschont bleiben, da hinabfallende brennende Sparren und Holzstücke es durchschlagen und entzünden. Darum ist es erforderlich, daß die Brandmauern bis über das Dach hochgeführt werden.[1]) Wie weit, daß kann verschieden sein. Zweckbestimmung und Umgebung des Gebäudes müssen auch hier den Ausschlag geben. Für Wohngebäude reichen 20—30 cm aus, wie die meisten Bauordnungen vorschreiben. Doch nicht für industrielle Bauten und solche Gebäude, in denen sich eine größere Menge brennbarer Stoffe befindet. Hier ist das Maß bis auf 50 cm und mehr zu erhöhen. Ja bei den neueren großen Speichern in Hamburg überragen die Giebelmauern das Dach sogar um 1,50 m.

Bei allen derartigen Gebäuden mit erhöhter Feuersgefahr sollen die Brandmauern nicht nur das Hinübergreifen des Feuers auf das Nachbardach verhüten, sie sollen also nicht allein das Nachbardach verteidigen, sondern sie müssen auch den angreifenden Feuerwehrmannschaften die Verteidigung des Nachbardaches und den Angriff des brennenden Gebäudes von der Seite aus erleichtern. Die Brandmauer gibt ihnen einen überaus wichtigen Stützpunkt hierfür, wenn sie so hoch ist, daß ein Feuerwehrmann gegen starke Hitze hinreichenden Schutz dahinter findet. Das Maß von 50 cm, ja noch mehr, scheint zu diesem Zweck eben auszureichen. Auch aus diesem Grunde sollte man für Brandmauern an Gebäuden mit erhöhter Brandgefahr unter dieses Maß nicht hinabgehen.

Zwischen zwei Häusern nur eine Brandmauer.

Der Zweck der Brandmauer wird erreicht, wenn zwischen zwei benachbarten Gebäuden eine Brandmauer hergestellt wird. Dann kann unter gewöhnlichen Verhältnissen das Feuer nicht von einem Haus zum anderen hinüber. Man erläßt darum hier und da die Aufführung einer Brandmauer an der Nachbargrenze, wenn das Nachbarhaus bereits von einer solchen begrenzt wird. In manchen anderen Orten gestattet man gemeinsame Brandmauern zwischen zwei Häusern. Die beiden Nachbarn

---

[1]) Selbstverständlich nur in Stadtteilen mit geschlossener Bauweise.

müssen sich darüber verständigen. Wenn der eine später baut, darf er im Einverständnis mit seinem Nachbar dessen Brandmauer mitbenutzen. Damit vermindern sich für beide die Kosten. Aber sie gewinnen auch an Innenraum in ihren Häusern. Und das ist manchmal bei den schmalen Straßenfronten von Gebäuden in den älteren Stadtteilen von hohem Wert.

Vom Standpunkt der Feuersicherheit ist gegen eine solche gemeinsame Benutzung nur einer Brandmauer kaum etwas zu erinnern, denn sie deckt nach beiden Seiten. Vorausgesetzt natürlich, daß sie allen sonstigen Anforderungen entspricht, die man an eine Brandmauer stellen muß.

Zwischen zwei Häusern zwei Brandmauern.

Andererseits gibt jedoch das Vorhandensein gemeinsamer Brandmauern, namentlich beim Neubau auf einem der beiden Grundstücke, fast immer Veranlassung zu rechtlichen und technischen Schwierigkeiten. Darum geht man an den meisten Orten mehr und mehr dazu über, daß man jedes Haus durch eine selbständige Brandmauer nach dem Nachbar zu abschließt. Man führt also zwei Brandmauern unmittelbar nebeneinander auf.

Eine Brandmauer immer erst nach mehreren Häusern.

Durch die Errichtung der den vorstehenden Angaben entsprechenden Grenzmauern wird zwischen jedem Hause und seinem Nachbar ein Brandabschnitt gebildet. Jedes Haus kann für sich ausbrennen, ohne daß das Nachbarhaus darunter leidet. Man überläßt also dem Feinde, dem Feuer, nur höchstens das eine Gebäude. Dort will man unter allen Umständen sein Vordringen zum Stehen bringen. Früher und wohl auch jetzt noch in manchen süddeutschen Orten gab man dem vordringenden Schadenfeuer von vornherein mehr Preis. Man war damit zufrieden, wenn man das Feuer in einem immerhin ziemlich beschränkten Raume festhielt. Heutzutage muß in der Regel jedes Haus von dem anderen durch wenigstens eine Brandmauer getrennt sein. Mag es auch noch so klein und noch so geringe Grundfläche einnehmen. Früher brauchten kleinere Grundstücke, die zusammen vielleicht nicht mehr als 25—40 m Front hatten, untereinander gar nicht durch eine massive Brandmauer abgeschlossen zu werden. Nur gegen den weiter liegenden Nachbar war eine solche notwendig. Also Brandmauern nur in Abständen von 25—40 m, sonst zwischen den Häusern gewöhnliche Mauern, ja sogar Fachwerkswände. Am meisten Vorteil hatte dabei, wer zuletzt sein Häuschen zwischen zwei Nachbarn baute, die sich beide an die begrenzenden Brandmauern anlehnten. Er kam ganz ohne Brandmauer aus.

Auf diesem Grundsatz konnte man heute nicht mehr stehen bleiben. Dem Element, das alljährlich einen solchen gewaltigen Bruchteil unseres Nationalvermögens verzehrt, darf nur so wenig als möglich überlassen werden. Darum Brandmauern zwischen allen Häusern!

Nach diesen Grundsätzen sind die Umfassungsmauern zu gestalten, welche die Gebäude nach dem Nachbar zu begrenzen. Doch nicht nur in den Fällen, wenn sie unmittelbar an der Grenze stehen, auch dann, wenn

Gewöhnlich Mauern in geringer Entfernung von der Nachbargrenze.

Mauern an der Straße.

sie bis auf eine geringe Entfernung an die Nachbargrenzen herantreten. Diese Entfernung ist verschieden festgesetzt. So bestimmte z. B. die Berliner Bauordnung von 1897, daß Umfassungsmauern von Gebäuden erst dann nicht mehr nach den vorstehend aufgeführten Sonderbestimmungen für Brandmauern auszuführen seien, wenn sie 6 m und mehr von der Nachbargrenze abbleiben. Das trifft natürlich aber nicht zu für solche Gebäude, welche an öffentlichen Straßen liegen. Auch nicht für die an weniger als 6 m breiten. Nach ihnen dürfen naturgemäß Fenster und Öffnungen aller Art angelegt werden.[1]) Auch die sonstigen Bestimmungen für Brandmauern finden hier keine Anwendung,[2]) denn sonst wäre ja die Bebauung einer solchen Straße gar nicht möglich.

III. Die Öffnungen in den Umfassungswänden.

Einfluß der Öffnungen auf die Feuersicherheit.

Nicht immer ist es möglich, ein Schadenfeuer innerhalb der vier Umfassungswände eines Gebäudes einzuschließen, trotz der an den beiden Giebeln vorhandenen Brandmauern. Denn die in den anderen Wänden befindlichen Tür- und Fensteröffnungen lassen ebensosehr die Flammen hinaus, wie sie von außen kommende gern hereinlassen. Finden die aus den Fenstern schlagenden Flammen draußen brennbares Material in gehöriger Menge, so pflanzt sich das Feuer fort. Wenn ihm nicht durch einen größeren Zwischenraum oder eine undurchbrochene Mauer Halt geboten wird, sogar bis in die Fenster des Nachbars hinein. Sind diese nur wenige Meter entfernt, so können die herausschlagenden Flammen unter Umständen sogar unmittelbar die Fenster des Nachbars ergreifen und in sein Haus hinüberspringen. Ebenso zu den Fenstern des Hauses, das dem brennenden gegenüberliegt, wenn es nur durch eine schmale Gasse getrennt ist.

Fenster- und Türöffnungen sind darum nicht ohne Einfluß auf die Feuersicherheit. Abgesehen davon, daß Mauern mit solchen Öffnungen dem Einsturz beim Brande weit eher ausgesetzt sind, als undurchbrochene Mauern.

a) Die Türen in den Umfassungsmauern.

Türöffnungen in Brandmauern.

In den Brandmauern sind Türöffnungen grundsätzlich nicht zulässig, wie im vorigen Abschnitt ausgeführt ist. Das ergibt sich aus ihrem Begriff und Zweck ohne weiteres.[3]) Dabei ist es vollkommen gleichgültig, ob und wie das Nachbargrundstück bebaut ist. Der Grundsatz, daß in Brandmauern keine Türöffnungen sein dürfen, ist aufrecht zu erhalten ohne Rücksicht darauf, ob das anstoßende Nachbargrundstück unbebaut oder be-

---

[1]) Vergl. O.-V.-G. 10, 303.

[2]) Vergl. Baltz, a. a. O. S. 260, Anm. 12 und die dort angeführten Entscheidungen des O.-V.-G.

[3]) Vergl. Baltz, a. a. O. S. 260, Anm. 14.

baut ist, ob es als Ackerland oder als Lagerplatz für brennbare Gegenstände benutzt wird.[1])

Voraussetzung für die Zulässigkeit.

Es kommt jedoch, wie oben ausgeführt, zuweilen vor, daß von dieser Grundregel eine Ausnahme gemacht werden muß. Betriebstechnische und wirtschaftliche Gründe können den Anlaß dazu geben, Türöffnungen in Brandmauern zu gestatten. Voraussetzung ist natürlich, daß die aneinanderstoßenden Räume, zwischen denen die Brandmauer durchbrochen werden soll, von ein und derselben Person oder Firma einheitlich benutzt werden. Nicht etwa, daß zwei verschiedene Firmen, die in nebeneinander liegenden Häusern ihre Warenlager haben, die trennende Brandmauer durchbrechen, um ihren gegenseitigen Geschäftsverkehr zu erleichtern.

Hört die Voraussetzung auf, werden also die durch die Öffnung in der Brandmauer verbundenen Räume nicht mehr einheitlich benutzt, so ist die Durchbrechung wieder zuzumauern.[2])

Durch Öffnungen in der Brandmauer können unter gewissen Voraussetzungen nicht bloß die Räume zweier aneinander stoßender Gebäude verbunden werden, sondern es kann auf diese Weise auch eine Verbindung von dem Raume eines Hauses nach dem unbebauten Teil eines Nachbargrundstücks geschaffen werden.

Verschluß der Türen in Brandmauern.

Doch wird selbstredend eine derartige Abweichung von der Grundregel, daß eine Brandmauer keine Öffnungen haben darf, nur unter ganz bestimmten Vorsichtsmaßregeln erfolgen dürfen. Das mindeste, was verlangt werden muß, ist die Anbringung von feuersicheren Türen von großer Widerstandsfähigkeit. Gewöhnliche T-Türen genügen nicht.

Selbsttätige T-Türen.

Ob man auch verlangen soll, daß diese Türen selbsttätig zufallen, darüber herrschen verschiedene Ansichten. Diese Einrichtung scheint auf den ersten Blick im Sicherheitsinteresse vorzüglich zu sein. Doch lehrt die Erfahrung, daß sehr häufig selbsttätig zufallende Türen, durch welche Geschäfts- und Warenverkehr erfolgt, von dem Personal durch Unterschieben eines Holzklotzes, Steines oder dergl. in geöffneter Stellung festgestellt werden. Auch werden oft die Federn entfernt, welche das selbsttätige Zufallen der Türen bewirken sollen. Es ist sogar vorgekommen, daß die Besitzer von Lagerhäusern, Speichern u. dergl. erklärt haben, sie würden lieber die auf das Offenstehenlassen der T-Türen gesetzten Strafen bezahlen, als diese Türen geschlossen lassen (Bremen). Immerhin ist es wohl zu empfehlen, die Anbringung von selbsttätigen Zufallvorrichtungen an derartigen Türen vorzuschreiben. Stets geschlossen, wenn sie nicht benutzt werden, sind weder sämtliche T-Türen mit Zufallvorrichtung, noch die ohne solche. Darüber braucht man sich keinen falschen Hoffnungen hinzugeben. Es ist anzunehmen, daß an den Stellen, wo trotz aller Verbote selbstschließende Türen offen

[1]) Vergl. O.-V.-G. 6, 309.

[2]) Vergl. Baltz, a. a. O. S. 262, Anm. 22.

festgestellt werden, auch gewöhnliche Türen immer offen gelassen werden würden. Dagegen wird kaum etwas zu machen sein. Auch hohe Polizeistrafen und unvermutete Besichtigungen werden nicht viel daran ändern. An allen übrigen Stellen — es ist wohl die Mehrzahl — ist die selbsttätig schließende Tür der anderen überlegen. Letztere zu schließen, wird von den Passanten zuweilen vergessen. Das kann bei der selbstschließenden nicht eintreten. Darum ist sie, wenn auch keineswegs vollkommen, so doch besser als die nicht selbsttätige Tür.

Man sieht, daß trotz Verschlusses mit den besten feuersicheren Türen, die Öffnungen in den Brandmauern ihre großen Gefahren haben. Viele Menschen sind nun einmal unvorsichtig und verlieren ihre Gleichgültigkeit gegen den Ausbruch eines Feuers erst dann, wenn sie davon betroffen werden.

Vorgelege und Schleusen vor den Türen in Brandmauern.

Will man in Berücksichtigung dieses Umstandes einen besseren Abschluß der Öffnungen in den Brandmauern herbeiführen, so kann man vor einer solchen Tür ein Vorgelege mit einer zweiten Tür anbringen. Die so geschaffene Schleuse muß naturgemäß so groß sein, daß die einzelnen Stücke der von dem einen nach dem anderen Gebäude zu transportierenden Ware darin Platz finden. Ihre Größe ist also je nach der Benutzung verschieden. Es ist anzunehmen, daß beim Passieren in den weitaus meisten Fällen wenigstens eine der beiden Türen geschlossen wird. Doch ist damit immer noch kein hinreichender Schutz gegeben. Denn hin und wieder, und merkwürdigerweise zwar gerade dann, wenn ein Feuer ausbricht, bleiben beide Türen offen.

Es empfiehlt sich darum, beide Türen durch eine einfache Konstruktion von eisernen Hebeln und Stangen derart starr zu verbinden, daß die eine Tür nur geöffnet werden kann, wenn die andere geschlossen ist. Diese schon oft vorgeschriebene Einrichtung hat sich sehr gut bewährt.

Ladebalkons.

Man hat auch verschiedene bauliche Maßnahmen getroffen, um eine Verbindung zweier durch eine Brandmauer getrennter Räume zu ermöglichen, ohne die Brandmauer zu durchbrechen. Man bringt dazu an den Obergeschossen von Speichern u. dergl. Ladebalkons an, welche von einer Tür in der Umfassungsmauer des einen Gebäudes oder Gebäudeteils an der Brandmauer vorbei nach einer danebengelegenen ebensolchen Tür des anderen reichen.

b) Die Fenster in den Umfassungsmauern.

Fenster in Brandmauern.

Fensteröffnungen in Brandmauern werden zuweilen zugelassen. Sie sollen nur zur Erleuchtung von Innenräumen dienen. Nicht um vom Nachbargrundstück Luft zuzuführen oder um einen Ausblick dorthin zu gestatten. Sie sind daher keine eigentlichen Fenster, sondern nur Lichtlöcher.[1]) Der Nachbar muß sie dulden. Andererseits hat er aber das

[1]) Vergl. Erk. d. Ob.-Trib. v. 17. Mai 1873, Striethorst Archiv Bd. 90, S. 181.

Recht, diese Lichtlöcher zu verbauen, ohne Rücksicht darauf, wie lange sie schon bestehen.[1]) Freilich muß die Baupolizei durch Verordnung oder von Fall zu Fall durch Dispens die Erlaubnis geben. Das geschieht nicht überall. An manchen Orten wird eine solche Erlaubnis erst nach privatrechtlicher Einigung mit dem Nachbar erteilt.[2]) Es empfiehlt sich, zur Erhellung dunkler Räume unter bestimmten Voraussetzungen solche Lichtlöcher zuzulassen.

Lichtlöcher in Brandmauern.

Zumal da im Feuersicherheisinteresse kaum etwas dagegen spricht, wenn der Verschluß durch starkes Drahtglas, widerstandsfähige Glasbausteine usw. erfolgt. Welche Bedingungen diese feuersicheren Glasarten erfüllen müssen, um als ausreichend zum Abschluß von Öffnungen in Brandmauern erachtet zu werden, ist in den sie behandelnden Abschnitten des zweiten Teiles angeführt worden. Besonders anzugeben bleibt noch das Höchstmaß solcher Öffnungen und die Bestimmung, wieviel derartiger Lichtlöcher in Brandmauern angebracht werden dürfen. Bei wirklich feuerfestem Glasmaterial kann man solche Lichtlöcher wohl bis zu einer Größe von 1 qm zulassen. Es spricht nichts dagegen, daß man sie in jedem Geschoß anbringt. Doch empfiehlt es sich aus naheliegenden Gründen, daß man zwischen ihnen einen angemessenen wagerechten Zwischenraum läßt. Darum gestattet man sie für Brandmauern in jedem Geschoß in der Regel auf eine Wandlänge von 3—5 m nur einmal.

Verschluß, Größe und Zahl der Lichtlöcher in Brandmauern.

Fenster in den anderen Umfassungsmauern sind meist keinen feuerpolizeilichen Beschränkungen unterworfen. Auch solche Fenster nicht, welche nach ganz schmalen Straßen hinausgehen. Es ist nicht zu verkennen, daß dadurch in den engen, oft nur 3—4 m breiten Gassen alter Stadtteile eine große Gefahr der Weiterverbreitung von Schadenfeuern auf die gegenüberliegenden Häuser besteht.

Fenster in anderen Umfassungswänden.

Sehr gefährlich können eiserne Fenster werden, die gar nicht oder nur mit einer kleinen Scheibe geöffnet werden können. Es ist schon wiederholt vorgekommen, daß Menschen aus brennenden Räumen, deren Treppenausgang durch Feuer oder Rauch gesperrt war, nicht gerettet werden konnten, weil sie durch die eisernen Fenster nicht hindurch konnten. Im Sicherheitsinteresse muß unbedingt verlangt werden, daß in jedem Raum, der zum dauernden oder vorübergehenden Aufenthalt von Menschen dient, die Fenster einen leicht zu öffnenden Flügel von mindestens 1 m Höhe und $1/2$ m Breite unmittelbar über der Fensterbrüstung erhalten, der einem Menschen das Ein- und Aussteigen ermöglicht. In großen Fabrikräumen wird man sich begnügen können, wenn jedes zweite oder höchstens dritte Fenster derart eingerichtet wird.

Eiserne Fenster.

---

[1]) Vergl. Baltz, a. a. O. S. 261, Anm. 18 und die dort angeführten Gesetzesstellen.

[2]) Vergl. Baupol. Mitteilungen 1906, S. 87.

Vergitterte Fenster.

Auch vergitterte Fenster können aus diesem Grunde sehr gefährlich werden. Es ist notwendig, daß von jedem von Menschen benutzten Raum im Obergeschosse wenigstens ein Fenster unvergittert bleibt. Im Erdgeschoß können für Räume, in denen sich brennbare Sachen befinden, nur dann vergitterte Fenster zugelassen werden, wenn wenigstens zwei Ausgänge an entgegengesetzten Seiten vorhanden sind.

Große Fenster der Warenhäuser.

Sicherheitspolizeiliche Vorschriften bestehen sonst eigentlich nur für die großen Fenster der Waren- und Geschäftshäuser. Einmal dürfen die in den Obergeschossen liegenden Fenster nicht zu große Scheiben erhalten. Sie müssen durch Sprossen angemessen geteilt sein. Ferner muß über den Fenstern, welche zur Ausstellung von Waren dienen, den Schaufenstern, in allen Geschossen die Frontwand in einer Höhe von 1 m feuerfest geschlossen bleiben. Der Sturz der Schaufensteröffnung soll wenigstens 30 cm unter den Deckenabschluß herabreichen. Doch würde es genügen, wenn der oberste Streifen des Schaufensters bis 30 cm unter der Decke aus feuersicherem Glase hergestellt wird, falls man es in einem feuerfesten Rahmen sicher anbringt.[1]) Damit soll verhindert werden, daß bei einem Brande die aus dem Schaufenster schlagenden Flammen das darüber liegende zum springen bringen und in das nächst höhere Geschoß eindringen. Es läßt sich eine Verminderung dieser Maße herbeiführen, wenn jedes der übereinanderliegenden Schaufenster feuersicher vom Innenraum des Geschäftshauses abgeschlossen ist, oder wenn zwischen ihnen an der Gebäudefront weit vorspringende Gesimse angebracht werden.[2]) Diese tragen nicht unerheblich dazu bei, ein Überspringen von einem Schaufenster zum anderen zu verhüten.

Lichtschächte für Kellerfenster

Öfters werden in Geschäfts- oder Warenhäusern, auch in Industriegebäuden mit Lagerkellern, unterhalb der Eingänge zu den Treppenfluren oder Erdgeschoßräumen oder in ihrer unmittelbaren Nähe Lichtschächte für die Kellerfenster angebracht. Dann kommt es beim Kellerbrande manchmal vor, daß die aus dem Fenster hochschlagenden Flammen den Eingang sperren. Man sollte die Anlage von Kelleröffnungen an diesen Stellen nicht zulassen. Oder sie wenigstens oben durch starkes Drahtglas, Elektroglasfliesen oder dergl. feuersicher abschließen.

Einsteigeschächte vor den Kellerfenstern.

Bränden im Kellergeschoß ist meist sehr schwer beizukommen. Es ist darum sehr zweckmäßig, daß man der Feuerwehr außer den Kellertreppen noch mehr Angriffswege bietet, auf denen sie in den Keller hinabgelangen kann. Sehr geeignet sind hierzu Einsteigeöffnungen, welche man vor den Kellerfenstern anbringt. Dazu müssen die Lichtschächte vor diesen Fenstern so weit nach außen, also nach dem Bürgersteig der Straße zu oder nach dem Hofe zu, erweitert werden, daß sie im Lichten etwa 80 cm

[1]) Vergl. Garbe, a. a. O. S. 7.

[2]) Aber nicht aus Sandstein oder desgleichen, sie zerspringen und fallen herab.

zu 80 cm betragen. Dieses Maß ist notwendig für einen mit Feuerschutzanzug ausgerüsteten Feuermann. Oben werden sie, wenigstens an der Straße oder wo es sonst notwendig, durch einen kräftigen Glasverschluß abgedeckt, der von der Feuerwehr leicht von außen geöffnet oder zertrümmert werden kann. Es liegt im allgemeinen Interesse, wenn gestattet wird, daß derartig sicher abgedeckte Einsteigeschächte weiter, als sonst vorgeschrieben, in den Bürgersteig vorstehen. Diese Einsteigeöffnungen können durch Anlage von Steigeisen noch bequemer für die Feuerwehr eingerichtet werden.

Fenster an Höfen und Lichthöfen.

Für Fenster an Höfen und Lichthöfen, selbst wenn diese nur eng sind, bestehen keine allgemeine Vorschriften. Hier sind, wenn es im Sicherheitsinteresse notwendig erscheint, in jedem einzelnen Falle besondere Maßnahmen zu treffen. Es kann manchmal erforderlich werden, einzelne oder mehrere Fenster ganz aus feuersicherem Glase herzustellen. Dann ist es zumeist angebracht, diese Scheiben in unverbrennlichen und unbeweglichen, d. h. nicht zu öffnenden Rahmen zu befestigen. Das kann z. B. erforderlich sein bei den Fenstern, welche in dem Lichthofe eines Waren- oder Geschäftshauses über dem Deckenoberlicht liegen, das den Lichthof der unteren Stockwerke nach oben zu begrenzt. Allerdings nur dann, wenn dieses Deckenoberlicht nicht selbst aus Drahtglas in feuerfestem Rahmen hergestellt ist.

An und für sich wäre es im Feuersicherheitsinteresse recht empfehlenswert, wenn alle nach engen Lichthöfen führenden Fenster aus feuersicherem Glase hergestellt würden. Jeder weiß, wie leicht das Feuer in den oft schornsteinartig wirkenden engen Lichthöfen von einem Stockwerk in die darüberliegenden dringt, weil diese nur mit gewöhnlichem Glase geschlossen sind. Doch wird sich dieser Wunsch nicht immer durchführen lassen.

Eiserne Läden an Fenstern.

Es wird vorgeschlagen, daß man unter Umständen derartige Fenster, welche nach engen Höfen oder Lichthöfen hinausgehen, innen mit leicht verschließbaren eisernen oder eisenbeschlagenen Läden versehen solle.[1]) An einzelnen Orten, z. B. in Wien, sind auch derartige Einrichtungen getroffen worden; doch erscheint es sehr fraglich, ob im Fall eines Brandes jemand von den Bewohnern oder Angestellten so viel Geistesgegenwart und Ruhe behält, diese Läden zu schließen. Besser ist es jedenfalls, die Läden so einzurichten, daß sie von leicht verbrennlichen Schnüren gehalten werden, so daß sie nach deren Durchbrennen von selbst herunterfallen.

Feuerschutzvorhänge an Fenstern.

Man hat auch Schutzvorhänge aus Asbest konstruiert, welche bei einem Brande zum Schutz von Fensteröffnungen gegen die strahlende Hitze und gegen das Eindringen von Feuer herabgelassen werden.[2]) Mehr zu empfehlen sind diese Einrichtungen, wenn sie sich bei einem Brande selbst-

[1]) Vergl. Döhring, a. a. O. S. 268.

[2]) Vergl. Handbuch der Architektur. Stuttgart 1904. 4. Teil, 6. Halbband, 5. Heft, S. 442. Allgemeine Bauzeitung, 1898 S. 90.

tätig, z. B. infolge Schmelzens von bestimmten Metallegierungen, in Tätigkeit setzen. Doch leiden solche Schutzvorhänge meist darunter, daß sie dem bei einem großen Brande entstehenden ganz bedeutenden Luftzuge nicht widerstehen. Recht geeignet scheint der von Professor M. Gary erfundene Feuerschutzvorhang aus unverbrennlichem, durch Stäbe versteiftem Gewebe für Maueröffnungen zu sein.[1]) Er wird aufgerollt vor oder hinter dem Fenster derart befestigt, daß bei Erreichung einer bestimmten Temperatur die Befestigungsvorrichtung schmilzt. Der Vorhang fällt dann herunter. Die in dem Gewebe zur Versteifung angebrachten Stangen aus Eisen, Zement mit Eiseneinlage u. dergl. laufen an den Seiten in unverbrennlichen eisernen oder gemauerten Furchen herab. Dadurch wird die Fensteröffnung feuerdicht geschlossen. Trotzdem der herabgelassene Feuerschutzvorhang dem Luftdruck recht hohen Widerstand entgegensetzt, kann er von der Feuerwehr zur Vornahme von Löscharbeiten oder zum Rauchabzug leicht entfernt werden.

Merkwürdigerweise trifft es sich häufig so, daß derartige Erfindungen zufälligerweise dann, wenn sie in Tätigkeit treten sollen, aus irgend einer Veranlassung gerade nicht funktionieren. Aus vielen Gründen wäre es zu begrüßen, wenn durch solche Vorrichtungen an manchen Stellen die Anbringung der unbeweglichen Drahtglasfenster mit ihren Nachteilen erspart würde. Doch müßte dann die Gewähr gegeben sein, daß diese Einrichtung im Bedarfsfalle auch wirklich funktioniert. Das kann man nur erreichen, wenn man sie so anbringt, daß sie den Witterungseinflüssen standhalten, und vor allem, wenn man häufig ihre Gangbarkeit prüft.

Fenster nach der Nachbargrenze.

Eine Art von Öffnungen bleibt noch zu besprechen, die ein besonderes Interesse beansprucht: die Fensteröffnungen in den Mauern, welche dem Nachbar zugekehrt sind. In den Brandmauern, also in den Wänden, die unmittelbar an den Nachbargrenzen oder in geringer Entfernung (bis zu 2,5 m) davon errichtet werden, darf in der Regel keine Fensteröffnung sein. Das ist oben dargelegt. Mauern, welche man in etwas größerer Entfernung von der Nachbargrenze errichtet, brauchen nicht als Brandmauern ausgestaltet zu werden. Es ist also nicht erforderlich, daß sie den für diese aufgestellten Bedingungen entsprechen; doch ist die Anbringung von Fensteröffnungen in diesen Mauern erst dann zulässig, wenn sie von der Grenze ein gewisses Maß entfernt bleiben. Dieses Maß ist nicht überall gleichmäßig festgesetzt. In der Regel entspricht es der geringsten zulässigen Breite für die Höfe. In Berlin und in einigen anderen Städten beträgt es z. B. 6 m, an anderen Orten ist es je nach dem Stadtteil und der Bauklasse abgestuft. Es wechselt zwischen den Zahlen 6 und 4 m. Den Fenstern nach der Nachbargrenze liegt dann drüben unmittelbar

[1]) Patentiert 1904. Vergl. Archiv für Feuerschutz-, Rettungs- und Feuerlöschwesen 1907, S. 106.

jenseits der Grenze die Brandmauer des Nebenhauses gegenüber oder aber dessen Fenster, welche gleichfalls von der Grenze um eine geringste Hofbreite entfernt sind. Damit ist in beiden Fällen wirksam verhindert, daß ein Feuer aus den dem Nachbar zugekehrten Fenstern eines Gebäudes nach dessen Grundstück überspringen kann.

Lichthöfe an der Nachbargrenze.

An der Nachbargrenze werden oft Lichthöfe angebracht. Für sie kann man nicht verlangen, daß nur in solchen Mauern Fenster nach der Nachbargrenze hin angelegt werden dürfen, welche wenigstens 6 m oder das sonst vorgeschriebene Maß davon entfernt bleiben. Denn sonst können entweder in den der Grenze gegenüberliegenden Mauern keine Fensteröffnungen angebracht werden. Und dann würden die Lichthöfe zum großen Teil ihren Zweck, die Beleuchtung und Belüftung der Nebenräume, nicht erreichen. Oder aber sie würden das für Lichthöfe übliche und zulässige Maß überschreiten müssen. Dann ginge ihr Charakter als Lichthof verloren, es würde ein Haupthof entstehen. Damit würde dem Bauherrn der Vorteil entgehen, der ihm durch Anwendung von Lichthöfen bei der Bebauung und Ausnutzung des Grundstücks sonst erwächst.

Immerhin muß man einsehen, daß es eine nicht zu unterschätzende Gefahr für den Nachbar bedeutet, wenn in den Lichthöfen in einer Entfernung von nur 2—4 m, wie die üblichen geringsten Maße für Lichthöfe sind, von der Nachbargrenze sich Fenster befinden. Darum ist in den meisten Städten vorgeschrieben, daß Lichthöfe nach der Nachbargrenze zu abzugrenzen sind. Meist wird eine massive, also feuerfeste Mauer verlangt. Doch würde in manchen Fällen eine feuersichere Wand, z. B. aus Drahtglas, dem Zwecke wohl auch genügen. Die Höhe dieser Grenzwand wird verschieden vorgeschrieben. An manchen Orten führt man sie nur bis zur Oberkante des obersten Fensters, an anderen bis zur Dachfläche, manchmal sogar bis über Dach. Doch dürfte das über das Notwendige hinausgehen.

IV. Vortretende Bauteile an den Umfassungswänden.

Vortretende Bauteile.

Man versteht im allgemeinen im Baupolizeirecht unter vortretenden Bauteilen nur diejenigen, welche tatsächlich Teile des betreffenden Gebäudes sind, nicht etwa selbständige Baulichkeiten, welche unmittelbar neben das Gebäude gestellt sind.[1]) Schuppen und Fachwerksanbauten sind darum nicht als vortretende Bauteile in diesem Sinne anzusehen. Ebensowenig Veranden, Gartenhäuser, Kegelbahnen und andere derartige kleine Baulichkeiten.

Erker und Balkons.

Feuerpolizeilich sind von den vortretenden Bauteilen von Interesse die Erker, Balkons und geschlossenen Vorbauten, sowie die Gesimse. Manche Bauordnungen schreiben vor, daß sie (mit Ausnahme der Gesimse) aus dem

[1]) Vergl. Baltz, a. a. O. S. 269, Anm. 1.

gleichen Baustoffe hergestellt sein müssen wie die Umfassungswände. Da letztere in der Regel massiv sind, so sind auch die vortretenden Bauteile massiv herzustellen. Diese Bestimmung scheint zu weit zu gehen, über das hinaus, was im Sicherheitsinteresse notwendig ist. Was will man denn ernstlich dagegen einwenden, wenn im beschränkten Maße die Anbringung von Erkern in ausgemauertem Holzfachwerk und die vereinzelte Herstellung von hölzernen Umfriedigungen an Balkons gestattet wird? Besonders wenn man gehobeltes Hartholz dafür vorschreibt? In vielen Großstädten geschieht dies bereits.

Dachgesimse und Hauptgesimse.

Für Dachgesimse läßt man vielfach Holzkonstruktion zu. Auch in Städten, wo für massive Häuser ebensolche Erker und Balkons vorgeschrieben sind. Ebenso dürfen dort die Hauptgesimse bis auf eine geringe Entfernung von der Nachbargrenze (etwa 1—2 m) aus Holz hergestellt werden. Warum also nicht in beschränktem Umfange Fachwerkserker und hölzerne Balkonumfriedigungen?

Erker und Balkons an der Nachbargrenze.

Selbstverständlich dürfen solche Erker und Balkons aus Fachwerk und Holz nicht in unmittelbarer Nähe der Nachbargrenze liegen. Bis zu einer Entfernung von 2 m müßte bei massiven Umfassungswänden die Verwendung von Holzfachwerk und Holz für derartige vortretende Bauteile überhaupt nicht gestattet werden, bis zu 4 m Entfernung von der Grenze nur dann, wenn es feuersicher verblendet ist. Im übrigen wird meist vorgeschrieben, daß Balkons, welche auf 2—3 m an die Nachbargrenzen herantreten, gegen diese durch eine feuersichere Wand ohne Öffnungen von über Mannshöhe abzuschließen sind (z. B. aus Drahtglas, Monier, Gipsdielen usw.).

Obere Abdeckung der Erker.

Daß Erker von oben feuersicher abgedeckt sein müssen, braucht nicht besonders hervorgehoben zu werden. Besondere Aufmerksamkeit verdienen die in vielen Städten üblichen Erker in dem ersten Obergeschoß, welche als Schaufenster benutzt werden und darum an allen Seiten nur aus Glaswänden hergestellt sind.

Schaufenster-Erker im ersten Obergeschoß.

In ihnen entstehen wie in anderen Schaufenstern leicht Brände, welche erfahrungsgemäß darum besonders gefährlich sind, weil die nach Platzen der Glasscheiben vor der Hausfront nach oben schlagenden Flammen häufig Gelegenheit finden, in die darüber befindlichen Geschosse einzudringen. Es ist zweckmäßig, die Überdachung derartiger Schaufenstererker auch an ihrer Unterseite recht feuersicher zu gestalten. Damit die Flammen nicht in zu großer Nähe der höher liegenden Fenster nach oben gehen, empfiehlt es sich, die Überdachung nach außen etwas überstehen zu lassen. Selbstredend ist der überstehende Dachteil auch an der Unterseite feuersicher zu bekleiden. Statt dessen kann man auch den obersten Teil der Glaswände bis auf etwa $^1/_3$ m unter der Decke aus feuersicherem Glase in unverbrennlichem Rahmen herstellen.

Vorteile der Balkons für Rettung der Bewohner.

Balkons und offene Galerien, selbst schon ganz schmale Austritte, welche lediglich architektonisch wirken sollen, sind eine sehr vorteilhafte Einrichtung für die Sicherheit der Bewohner. Schon allein aus dem

Grunde, weil sie ihnen selbst bei vollkommen verqualmter Wohnung einen Zufluchtsort gewähren. Sie können sich dort der Feuerwehr leicht bemerkbar machen und sind, falls dies überhaupt notwendig wird, von dort leichter zu retten. Von noch größerem Vorteil sind längere Balkons und Galerien, welche vor einzelnen Fenstern zweier aneinanderstoßender, im übrigen völlig getrennter Wohnungen liegen. Bieten sie doch bei Feuersgefahr den Bewohnern Gelegenheit, nach Umstoßen oder Übersteigen der meist niedrigen und wenig widerstandsfähigen Trennungswand auf dem Balkon durch die Nebenwohnung eine andere Treppe zu erreichen. Das ist besonders wertvoll für höher gelegene Wohnungen mit nur einer Treppe.

Die Anbringung von Balkons und offenen Galerien an den Gebäuden ist daher im Interesse der Sicherheit der Bewohner in hohem Grade erwünscht. Sie tragen bei einem Brande in erheblichem Maße zur Beruhigung der geängstigten Bewohner bei. Diese gewinnen in den meisten Fällen ihre Ruhe und Besonnenheit wieder, wenn sie ihren verqualmten Zimmern entronnen und in frischer Luft sind. Sind sie einmal draußen, so überschätzen sie meist die Gefahr nicht mehr, in der sie sich befinden. Gerade aus dieser Überschätzung der Gefahr entstehen alljährlich in den Großstädten viele Unglücksfälle, welche bei einiger Ruhe der Bewohner vermieden werden könnten. Nicht die wirkliche Größe der Gefahr wirkt entscheidend auf die Handlungen der Bewohner, sondern die subjektive *Einschätzung der Gefahr* durch den davon Betroffenen.

Es muß vom sicherheitspolizeilichen Standpunkt aus als ein großer Fehler bezeichnet werden, daß in manchen Städten die Anlage von Balkons durch die baupolizeilichen Bestimmungen erschwert wird.

Notbalkons.

Die Erkenntnis von der bei Bränden so segensreichen Wirkung solcher Balkons, welche vor Fenstern zweier aneinanderstoßender Wohnungen liegen, hat in manchen Städten dazu geführt, daß für Häuser, deren Wohnungen nur einen Ausgang nach einer Treppe haben, solche Balkons von der Baupolizei sogar vorgeschrieben wurden (sog. Notbalkons).[1])

Verteilung der Balkons an der Gebäudefront.

Es ist angeregt worden, daß man Balkons in unteren Stockwerken *nur vor den Fenstern gestatten sollte, wo auch in den darüberliegenden Geschossen sich solche befinden.* Schon öfters, z. B. bei dem Brande eines Warenhauses in Budapest, ist es vorgekommen, daß Leute, welche durch die Feuerwehr aus den Fenstern der oberen Stockwerke mit dem Sprungtuch gerettet werden sollten, auf die darunter befindlichen Balkons gesprungen und dabei verunglückt sind. Man ordnet darum in manchen Städten an, daß Häuser, welche an den unteren Stockwerken Balkons haben, auch in den höher liegenden Geschossen solche haben müssen.[2])

[1]) Vergl. Abhandlung des Verfassers: „Die Treppen der Wohnhäuser als Ausgangsweg bei Feuersgefahr“ in Feuer und Wasser 1906, S. 25.

[2]) Vergl. Feuer und Wasser 1906, S. 326.

Gewiß mag diese Maßregel sehr zweckmäßig sein. Doch würde es wohl zu weit gehen, wenn man sie überall bei Neubauten durchführen wollte.

Dagegen läßt sich eine andere Maßregel leicht treffen, welche im Zusammenhang hiermit vorgeschlagen wurde.[1]) Sie betrifft die Firmenschilder an der Fassade, welche vielfach schräg, also nicht gleichlaufend mit der Gebäudefront angebracht werden.

Fig. 4.

Schräge Firmenschilder an Erkern und Balkons.

Sie gehen von den Ecken der Erker oder Balkons schräg oft vor mehreren Fenstern der Hausfront entlang und treffen im spitzen Winkel auf sie. Wenn aus diesen Fenstern durch die Feuerwehr Menschen zu retten sind, so ergeben sich große Schwierigkeiten. Denn weder außerhalb der Schilder noch zwischen ihnen und der Hausfront kann man die Fenster mit Leitern erreichen. Auch die letzte Maßregel der Feuerwehr, das Retten der oben in höchster Not befindlichen Menschen mit dem Sprungtuch, ist dann kaum möglich. Es empfiehlt sich darum sehr, daß solche Firmenschilder polizeilich nicht zugelassen werden.

B. Die Dächer und ihr Zubehör.

I. Material und Konstruktion.

Hartes Dachdeckungsmaterial für alle Baulichkeiten.

In großen und mittleren Städten wird wohl jetzt durchgehends hartes Dachdeckungsmaterial vorgeschrieben. Die Gründe dafür liegen nahe. Und zwar wird in der Regel verlangt, daß alle Baulichkeiten ein derartig feuersicheres Dach erhalten, also auch diejenigen, deren Wände nicht massiv, sondern aus Holzfachwerk hergestellt sind, ja selbst alle Holzbauten, sämtliche hölzernen Buden und Schuppen, sogar alle offenen Holzkonstruktionen, Schutzdächer u. dergl.

Brennbarkeit der Dachstühle.

Die Dachstühle sind heutzutage bedeutend holzärmer als in früheren Zeiten. Damals wurden vielfach an Zahl und Maßen gewaltige Mengen Holz in den Dachstuhl eingebaut. Das hat sich jetzt sehr geändert. Zum größten Teil schon dadurch, daß jetzt aus mannigfachen Gründen meist flachere Dächer angewendet werden. Von den heutigen Dächern sind die feuergefährlichsten die Mansardendächer, da sie viel Holz enthalten. Die feuersichersten sind die flachen Holzzementdächer. Ihrer geringen Neigung wegen brauchen sie nur wenig Konstruktionsholz. Daß diese ebenso wie

[1]) Vergl. Feuer und Wasser 1906, S. 325.

die Metall-, Pappdächer u. a. bei Dachstuhlbränden den Rauchabzug erschweren und dadurch die schnelle Entwicklung des Feuers verhindern, ist bereits früher des näheren ausgeführt worden. Eiserne Dachstühle mögen gewisse Vorzüge vor hölzernen haben. Doch sind sie nicht übermäßig hoch anzuschlagen, falls die Eisenkonstruktion nicht geschützt ist. Besonders wenn der Dachboden zur Aufbewahrung leicht brennbarer Gegenstände dient.

Abschluß des Dachgeschosses nach unten.

Dachstuhlbrände haben heutzutage in den größeren Städten viel von den Schrecken vergangener Jahrhunderte verloren. Einmal weil die Feuerwehren leistungsfähiger, besser ausgerüstet und schneller zur Stelle sind als in früheren Zeiten. Vor allem aber darum, weil durch die Bauordnungen auf einen feuersicheren Abschluß des Dachgeschosses vom Treppenhaus und den darunterliegenden Geschossen hingearbeitet worden ist. Schon die gewöhnliche ausgestakte, mit unverbrennlichen Stoffen ausgefüllte Holzbalkendecke mit Rohrputz gibt einen nicht zu verachtenden Schutz. Vorzuziehen bleiben noch solche Konstruktionen, wo auch der Fußboden des Dachgeschosses durch Zement-Estrich oder dergl. von oben gesichert wird. Nicht bloß, da sie das Feuer nach unten noch weniger hindurchlassen, sondern auch deswegen, weil sie das Durchsickern von Wasser bei schadhaftem Dach, vor allem aber bei Dachstuhlbränden, verhindern, und damit die unteren Decken schützen.

II. Die Öffnungen in den Dächern.

Abstand der Fenster in Dachaufbauten und in der Dachfläche von der Nachbargrenze.

Für die Öffnungen in Dächern und Dachaufbauten gelten an vielen Orten dieselben oder ganz ähnliche Bestimmungen wie für Fenster in den Umfassungswänden. Für Fenster in den Dachaufbauten ist es gewiß berechtigt, wenn sie von der Grenze so weit abstehen, wie Fenster in Umfassungsmauern. Warum sollen jedoch die eigentlichen Dachfenster, welche in der Dachfläche liegen, ebenso weit, also um eine geringste Hofbreite (4—6 m) von der Grenze entfernt bleiben? Das erscheint kaum notwendig. Ein Maß von 2—3 m würde auch genügen, und auch diese Entfernung kann bei entsprechender Erhöhung der Brandmauer noch vermindert werden.

Abstand in seitlicher Richtung.

In seitlicher Richtung werden für Dachfenster, auch für die in Dachaufbauten, meist keine Entfernungen vorgeschrieben. Ebensowenig wie dies für Fenster in den Umfassungswänden geschieht. Sie können also beliebig nahe an die Nachbargrenze herantreten. Nur bei besonders steilen Dächern setzt man zuweilen für die Dachfenster eine seitliche Entfernung von 2 bis 3 m fest.

Fenster aus feuersicherem Glase.

Selbstverständlich können überall Fenster in den Dachflächen und Dachaufbauten bis dicht an die Grenze herantreten, wenn sie aus feuersicherem Glase hergestellt sind. Dachfenster aus Drahtglas haben den Nachteil, daß sie von der Feuerwehr nur schwer zertrümmert werden können, wenn diese sich Rauchabzug schaffen will. Dagegen haben sie den Vorteil, daß sie nicht so leicht zerschlagen werden wie gewöhnliche Fenster. Sie kosten daher auf die Dauer weniger. Allein, weil es durch die zerschlagenen Scheiben gewöhnlicher Fenster oft durchregnet.

III. Vortretende Bauteile.

Regelmäßig feuersichere Bekleidung der vortretenden Bauteile.

In der Regel sollen alle aus Dächern vortretenden Bauteile denselben Grad von Feuerbeständigkeit haben wie die Dächer selbst. Bei harter Bedachung soll den Verordnungen nach ihre Oberfläche aus solchem Material hergestellt oder so bekleidet sein, daß sie zum mindesten auf die Bezeichnung feuersicher Anspruch haben. Wenn von dieser Grundregel jedoch hin und wieder Ausnahmen — generell oder von Fall zu Fall — zugelassen werden, so ist nicht viel dagegen zu sagen. Örtliche Lage, Bauart, Abstand der Nachbarhäuser, gegebenenfalls Wahl eines Surrogats an Stelle des sonst verlangten feuersicheren Materials und manches andere werden öfters dazu führen, daß eine Ausnahme von der Regel zugelassen wird.

Dach- und Mansardenfenster.

Eine Ausnahme wird wohl von vornherein überall gestattet: die Vorderflächen von Dach- und Mansardenfenstern. Wollte man für sie feuersicheres Material vorschreiben, so wäre ihre Anlage meistens unmöglich. Darum wird mit Recht gestattet, daß sie aus ungeschütztem Holz hergestellt werden. In der Regel wird dies jedoch nur für die Vorderflächen derjenigen Dach- und Mansardenfenster zugelassen, welche in seitlicher Richtung einen gewissen Abstand (2—3 m) von der Nachbargrenze innehalten. Alle übrigen Teile der Dach- und Mansardenfenster müssen feuersicher bekleidet sein, auch die Seitenansichten der Dachausbauten. An manchen Orten wird übrigens in den Stadtteilen mit offener Bauweise auf die feuersichere Gestaltung dieser Seitenansichten verzichtet. Das erscheint recht und billig.

Seitenansicht der Dachausbauten.

Hartholz oder Imprägnierung.

Zuweilen wird für die aus freiem Holzwerk bestehenden Vorderflächen der Dach- und Mansardenfenster, auch wenn sie nicht an der Grenze liegen, Hartholz oder feuersichere Imprägnierung vorgeschrieben. Das kann ganz zweckmäßig sein, notwendig ist es aber wohl in den meisten Fällen nicht.

Dachgesimse aus Holz.

Auch Dachgesimse aus Holz werden meist zugelassen. Damit sie vom Nachbar her nicht so leicht zum Entflammen gebracht werden können, wird in der Regel verlangt, daß sie bis auf 1 m Entfernung von der Nachbargrenze her feuersicher verkleidet werden. Das ist etwas wenig. Über den 1 m Blechverkleidung oder dergl. springt das Feuer leicht hinweg. Eine Sicherung auf mindestens 2—3 m von der Grenze scheint erforderlich. Gerade das Inbrandgeraten von Gesimsen, ob Dach- oder Hauptgesimsen, ist unangenehm. Einem solchen Feuer ist von innen wie außen schlecht beizukommen. Vor allem aber ist bei seinem Brande das Hinabstürzen einzelner Teile zu befürchten; dadurch werden Menschen gefährdet. Der

Brand kann auch leicht in die unteren Stockwerke übertragen werden, wenn die brennenden Stücke auf Balkons fallen.

Dachrinnen und Dachüberstände aus Holz.

Auch Dachrinnen, Dachüberstände usw. dürfen häufig unter Verwendung von Holz hergestellt werden. Man schreibt dann in der Regel vor, daß sie ebenso wie die hölzernen Gesimse bis auf 1 m von der Nachbargrenze feuersicher bekleidet sein müssen. Diese Entfernung genügt bei überstehenden Dächern noch weniger als bei hölzernen Gesimsen, denn unter den Dachüberständen springt das Feuer leichter und weiter über. Es empfiehlt sich, daß man zwischen zwei überstehende Nachbardächer eine senkrechte Scheidewand herstellt, indem man gewissermaßen als Fortsetzung der Brandmauer unter dem Zusammenstoß der beiden Dachüberstände ein hinreichend vorspringendes Konsol (Zwickel) anbringt, das aus imprägniertem Holz besteht oder feuersicher mit Blech, Asbest, Rohrputz oder dergl. bekleidet ist. Das hindert nicht, daß es in seiner Zeichnung und Ausführung architektonisch ansprechend hergestellt wird. Die unter den Dachüberständen entlang schleichende Flamme wird dann dort zum Stehen gebracht, zumal wenn beiderseits auf eine gewisse Entfernung eine feuersichere Bekleidung der Dachüberstände erfolgt.

C. Die Decken.

I. Material und Konstruktion.

Grundsätze für die Auswahl von Decken.

Die Feuerbeständigkeit der verschiedenen Deckenarten, der steinernen, hölzernen und unter Verwendung von Eisen hergestellten, ist bereits besprochen worden. Es muß hier noch untersucht werden, wann die verschiedenen Arten bei Hochbauten zu verwenden sind. Grundsätze hierfür aufzustellen ist unmöglich. Mehr als in jeder anderen Frage geben hier Örtlichkeit, Ausdehnung, Benutzungsart und nicht zuletzt finanzielle Gesichtspunkte den Ausschlag.

Decken für Wohnhäuser.

Für Wohnhäuser muß als Regel gelten, daß die einzelnen Wohngeschosse voneinander durch mindestens feuersichere Decken abgeschlossen werden. Offene Balkendecken genügen darum nicht, um die Bewohner vor dem Rauch und den Flammen eines im Geschoß darüber oder darunter ausgebrochenen Feuers zu schützen. Auch dann nicht, wenn die Balkendecken an der Unterseite geschalt und mit Rohrputz versehen sind. Erst durch Herstellung einer Zwischendecke und durch Ausfüllung mit unverbrennlichem Material wird einer solchen geschalten, gerohrten und geputzten Decke hinreichende Widerstandskraft gegen das Feuer gegeben.

Decken über dem Kellergeschoß.

Es muß dem Bauherrn freigestellt bleiben, ob er an Stelle dieser eine andere Art feuersicherer oder feuerfester Decken verwendet. An einer Stelle ist jedoch eine feuersichere Holzbalkendecke nicht ausreichend: zur Trennung des Kellergeschosses von dem darüberliegenden Erdgeschoß. Ein dort ausbrechendes Feuer ist viel schwerer zu bewältigen als ein im

Erdgeschoß oder darüber entstandenes. Mangel an Öffnungen für den Rauchabzug, enge und winklige Zugänge und nicht zuletzt der Umstand, daß die Feuerwehr dem Brande von seiner stärksten Seite, von oben, zuleibe gehen muß, führen dazu, daß die Unterdrückung eines Kellerbrandes in der Regel erst später erfolgt als die eines Feuers in einem anderen Geschoß. Das Feuer hat also längere Zeit, ungefesselt seine Kraft zu entfalten. Aber es findet in den meisten Fällen im Keller auch weit mehr brennbare Stoffe als in anderen Geschossen. Darum kann es auch kräftiger wüten.

Eine gewöhnliche feuersichere Holzbalkendecke reicht nicht dazu aus, längere Zeit das manchmal heftig brennende Feuer im Keller festzuhalten. Hier ist eine feuerfeste Decke am Platze, gewölbt oder mit geschützten Eisenträgern. Eine Decke, bei welcher die Unterflanschen der eisernen Träger nicht geschützt sind, ist eigentlich nicht widerstandsfähig genug. Besonders wenn im Keller viele brennbare Stoffe lagern.

Decken unter dem Dachgeschoß.

Dagegen ist zur Trennung des Dachgeschosses von dem darunterliegenden Geschoß die feuersichere Balkendecke ganz geeignet. Wenn auch die Kraft eines Dachstuhlbrandes wenigstens ebensogroß ist als die eines ausgedehnten Kellerfeuers: seine Wirkung richtet sich weniger nach unten als nach oben und nach der Seite. Darum reicht die feuersichere Holzbalkendecke vollkommen aus. In besonderen Fällen wird auch noch der Boden des Dachgeschosses mit Zementstrich bedeckt. Dadurch wird die Decke nach untenhin feuerfest gemacht.

Decken in Gewerbe- und Geschäftshäusern.

Für solche Gebäude, deren Geschosse ganz gewerblichen Zwecken oder zur Aufbewahrung oder Feilhaltung einer größeren Menge brennbarer Gegenstände dienen, ist natürlich weder die feuersichere Holzbalkendecke noch die Decke mit ungeschützten Eisenträgern geeignet. Das Bestreben der vorbeugenden Feuersicherheitspolizei wird immer darauf gerichtet sein müssen, ein etwa ausbrechendes Feuer schon durch die bauliche Anlage auf ein Geschoß zu beschränken. Das ist hier nur möglich durch Trennung der einzelnen Geschosse durch feuerfeste Decken.[1])

Decken in Wohnhäusern mit Gewerbe- und Geschäftsräumen in den unteren Stockwerken. Gefälle der Decken.

Auch in denjenigen Gebäuden, in denen sich Wohnungen über größeren Werkstätten, Warenlagern, umfangreicheren Verkaufslokalen u. dergl. befinden, wird zur ausreichenden Fernhaltung des Feuers von den Bewohnern die gewöhnliche feuersichere Balkendecke öfters nicht ausreichen.. Bei Neuanlagen muß man hier stets feuerfeste Decken verlangen. Bei älteren Wohnhäusern, deren untere Geschosse zu diesem Zwecke ein-

[1]) In einzelnen Gebäuden, in denen sich eine größere Menge brennbarer Stoffe befindet, z. B. in Speichern, kann es zweckmäßig sein, den Decken etwas Gefälle nach vorn und hinten zu geben, damit das beim Brande im Innern des Speichers verwendete Löschwasser abfließt. Es wird dann durch Öffnungen in den Frontwänden mit Wasserspeiern abgeleitet. Das ist beispielsweise in den neueren großen Hamburger Speichern durchgeführt.

gerichtet werden, schreibt man häufig zum mindesten eine **Verstärkung der Feuersicherheit** der gerohrten oder geputzten Balkendecke vor. Vielleicht durch Drahtputzdecken nach System **Rabitz** oder **Monier**, durch Befestigen von Gipsdielen, die sorgfältig überputzt werden, von guter Asbestpappe mit etwa 10 cm Luftzwischenraum oder besonders dazu hergestellten Hartgipsplatten mit halb eingegossenem Wellendrahtgewebe oder dergl.[1])

Manchmal ist es nun aber nicht möglich, feuersichere Decken einzubauen. Finanzielle oder betriebstechnische Gründe sprechen zuweilen dagegen. Bei Speichern, Magazinen, Mühlen, manchen Fabriken wird sich die Forderung feuersicherer Decken oft nicht aufrecht erhalten lassen. Zuweilen kann man sich mit Surrogaten helfen. An Stelle des einfachen Fußbodens wird auf den von unten offenliegenden Balken doppelte Dielung mit versetzten Fugen verlangt, vielleicht noch eine Schicht Eisenblech zwischen beide gelegt. In manchen Betrieben, z. B. in Malzfabriken, ist ein ganz undurchlässiger Fußboden aus Betriebsrücksichten nicht zu verwenden. Feuersicherheit der Zwischendecken kann also dort nicht verlangt werden. Etwas, wenn auch nicht allzu viel, wird die Feuerbeständigkeit des in solchen Betrieben meist verwendeten einfachen Holzfußbodens vermehrt durch Wahl nicht zu schwacher gespundeter Bretter, die an ihrer Unterseite glatt gehobelt sind. Aber in manchen Gebäuden, z. B. in den Trockenräumen über und neben Ringporzellanöfen, ist auch das nicht möglich, weil zum Durchlassen der Luft zwischen den Bohlen absichtlich Fugen gelassen werden.

Nicht feuersichere Decken in besonderen Gewerbebauten.

Gegen die Zulassung von ungeputzten Holzdecken ist im Sicherheitsinteresse in der Regel nichts einzuwenden für solche Gebäude, in denen keine Feuerungen vorhanden sind. Auch nicht in den Fällen, wo das Dach zugleich die Decke des Raumes bildet. Endlich in Baulichkeiten, welche nur ein Geschoß von besonderer Höhe, also von vielleicht mehr als 5 m, haben, z. B. in Turnhallen, Reitbahnen u. dergl. Man muß in derartigen Fällen aber immer verlangen, daß die Holzdecken wenigstens gehobelt werden, weil dadurch immerhin ein gewisser Schutz gegen das Feuerfangen geboten wird.

Decken in Gebäuden ohne Feuerung und in niedrigen Gebäuden.

II. Die Durchbrechungen der Decken.

Der Einbau von feuersicheren oder feuerfesten Decken in Gewerbs- oder Geschäftshäusern ist von hohem Wert für die Feuersicherheit des Gebäudes. Doch wird dieser Wert bedeutend vermindert, ja vielleicht sogar vollständig beseitigt, wenn in den Decken Durchbrechungen hergestellt werden, welche das Überspringen des Feuers von einem Geschoß zum andern gestatten. Vier Arten von Deckendurchbrechungen sind brandtechnisch besonders wichtig: die für Transmissionen, Treibriemen, Rohre, Ventilationen, Schüttrinnen in Mühlen u. dergl., ferner die für Fahrstühle, weiter die für Innentreppen, und endlich lichthofartige Deckendurchbrechungen in Warenhäusern.

Arten der Deckendurchbrechungen.

[1]) Vergl. Zeitschr. Feuerpolizei Bd. IV, S. 91 und Bd. VIII, S. 163.

a) Deckendurchbrechungen für Riemen, Rohre u. dergl.

Durchbrechungen für Transmissionswellen, Treibriemen, Gurte, Seile, Zahnräder.

Für Transmissionswellen, Treibriemen, Gurte, Seile, Zahnräder usw. sind in Gebäuden für gewerbliche Betriebe Durchbrechungen der Decke nicht zu vermeiden. Nicht immer ist es möglich, die mechanische Kraft von einem Geschoß zum andern durch biegsame Wellen oder Übersetzungen an der Außenseite zu übertragen. Es braucht nicht hervorgehoben zu werden, in wie hohem Maße die Öffnungen, welche dafür in den Decken angebracht werden, die schnelle Ausbreitung eines Feuers auf andere Geschosse fördern. Man sollte darum verlangen, daß sie, wenn nicht auf beiden, so doch wenigstens auf einer Seite feuersicher abgeschlossen werden. Es genügt nicht, daß die Öffnung in der Decke durch feuersicheres Material ausgefüttert wird. Vielmehr ist es dringend erforderlich, daß diese Transmissionen, Riemen usw. selbst durch besondere Schutzkästen aus feuersicherem Baustoff bis auf etwa 1 m Höhe über dem Fußboden eingekapselt werden.

Gas- und Wasserrohre, Ventilations- und Absaugerohre, Drahtleitungen und feste Gestänge.

Besser kann man die Öffnungen in Decken abschließen, welche unbeweglichen Bau- oder Maschinenteilen zum Durchgang dienen. Also die für Gas-, Wasserleitungs-, Ventilations- und Absaugerohre, für Schüttrinnen, für Drahtleitungen, feste Gestänge. Ihr Abschluß ist nicht minder notwendig.

b) Deckendurchbrechungen für Aufzüge.

Gefahren der Fahrstuhlschächte.

Besondere Gefahren entstehen in allen gewerblichen und Geschäftsgebäuden durch unverwahrte Aufzüge. Das zeigte sich bei vielen großen Bränden. Die überraschend schnelle Übertragung des Feuers auf die oberen Geschosse ist bei ihnen darauf zurückzuführen, daß die Aufzüge nicht bloß das Feuer von einem Stockwerk zum andern fortschreiten lassen, sondern daß sie es dadurch befördern, daß sie wie ein Schornstein die expansionslüsternen Brenngase in die oberen Geschosse hinaufsaugen.

Lage der Fahrstuhlschächte.

Darum sollte man bei der baupolizeilichen Genehmigung zur Verminderung der Feuersgefahr nach Möglichkeit darauf dringen, daß in gewerblichen Betrieben, in Waren- und Geschäftshäusern, Aufzüge möglichst an den Außenfronten der Gebäude angebracht werden.[1]) Läßt sich dies nicht durchführen, so kann vielleicht der Aufzug freistehend im Treppenhaus aufgestellt werden, wenn dieses mit massiven Wänden umschlossen ist.

Abschluß der Fahrstuhlschächte.

Erst wenn beides sich nicht erreichen läßt, sollte der Aufzug im Innern des Gebäudes angelegt werden. Seine Fahrbahn muß dann aber in ihrer ganzen Ausdehnung durch feuerfeste dichte Wände abgeschlossen werden, welche so hoch wie die Brandmauern, also mindestens 20 cm über Dach geführt werden. Letzteres ist nicht notwendig, wenn die Schächte an ihren oberen Enden feuerfest abgedeckt sind. Nicht abgedeckte Fahrstuhlschächte dürfen oben einen Glasabschluß aus feuersicherem Glase oder aus

[1]) Vergl. hierzu den Preuß. Minist.-Erlaß vom 20. April 1903; Min.-Bl. S. 114.

gewöhnlichem Glas mit Drahtnetz darunter erhalten. Dann sind aber Entlüftungsöffnungen vorzusehen.

Naturgemäß ist darauf zu achten, daß das Feuer, welches durch die feuerfesten Wände in dem Aufzugsschacht festgehalten werden soll, nicht durch die Öffnungen in die anstoßenden Räume entweichen kann. Die Zugangsöffnungen nach den einzelnen Geschossen sind daher nach den Vorschriften feuersicher abzuschließen. Dazu werden in Preußen auch hölzerne Türen mit beiderseitigem Eisenblechbeschlag zugelassen. Doch empfiehlt es sich im Feuersicherheitsinteresse sehr, hierin etwas weiter zu gehen und feuersichere Türen mit größerer Widerstandsfähigkeit anzubringen. Namentlich wo es jetzt eine Anzahl vorzüglicher derartiger Fabrikate von ansprechendem Aussehen gibt. Fensteröffnungen in den Wänden des Fahrstuhlschachtes und in den Türen sind mit feuersicherem Glase von der Art und der Stärke zu verschließen, wie für Brandmauern vorgesehen. Doch sind Lichtöffnungen von mehr als 0,05 qm Größe in jedem Geschoß nicht zulässig. Durchbrechungen, Türen wie Fenster, der Fahrstuhlwände im Dachgeschoß sind zu verbieten, ebenso wie bei Lichthöfen.

Türen in Fahrstuhlwänden.

Fenster in Fahrstuhlwänden.

In manchen Fabriken, Waren- und Geschäftshäusern wird aus Betriebsrücksichten Wert darauf gelegt, daß die Aufzüge durch sämtliche Stockwerke bis zum Kellergeschoß hinabgehen. Diese Anlage ist nicht unbedenklich. Dort, wo der Keller, wie in den meisten Warenhäusern, zum Aus- und Einpacken der ankommenden und abgehenden Waren dient, wird er stets eine größere Menge von leicht brennbarem Packmaterial, Kisten, Stroh, Papier usw., enthalten.[1]) Die dort liegenden Kleiderablagen für die Angestellten, in denen sie frühstücken und vespern, wo auch oft Kaffee gewärmt wird, gibt dabei eine gewisse Gefahr im Keller ab. Ein größerer Kellerbrand ist darum in solchen Betrieben leicht möglich. Man muß unter allen Umständen darauf hinwirken, daß der Keller ausbrennen kann, ohne daß Rauch und Feuer nach oben in die Räume des Gebäudes dringt. Wenn der Fahrstuhl bis in den Keller geführt wird, so geben bei einem Brande die feuersicheren Verschlüsse der Tür- und Fensteröffnungen des Fahrstuhlschachtes in den Obergeschossen gewiß einen Schutz gegen Rauch und Feuer. Zumal bei der jetzt üblichen Einrichtung der Fahrstühle, wo stets nur eine Zugangstür des ganzen Schachtes geöffnet werden kann, nämlich die, vor welcher der Fahrkorb gerade steht. Doch wird es bei der großen Wichtigkeit, welche in derartigen Gebäuden dem unbedingten rauch- und feuersicheren Abschluß des Kellergeschosses von den darüberliegenden Stockwerken beizumessen ist, meistens notwendig sein, daß man noch eine weitere Sicherung vorschreibt: ein genügend großes Vorgelege mit zwei feuersicheren Türen. Diese sind derart starr zu verbinden, daß nur dann das Öffnen der einen möglich ist, wenn die andere geschlossen ist.

Fahrstühle bis in den Keller hinab.

---

[1]) Vergl. Garbe, a. a. O. S. 4.

Nicht abgeschlossene Fahrstühle im Innern von Gewerbebauten.

Alle diese Grundsätze für Fahrstühle finden selbstredend dort keine Anwendung, wo die Zwischendecken dem Überspringen des Feuers von einem Geschoß in das andere keinen Widerstand leisten. Also dort, wo sie beispielsweise aus ungeschützten offenen Balkendecken bestehen, wie in gewissen Fabriken, Speichern, Mühlen, Trockenräumen, Ziegeleien usw. Dort kann naturgemäß auf die Abschließung der Fahrbahn durch feuerfeste Wände verzichtet werden.

c) Deckendurchbrechungen für Innentreppen.

Offene Zwischentreppen in Fabriken u. dergl.

In vielen Fabriken finden sich Deckendurchbrechungen für innere Zwischentreppen. Bei einem Brande weisen diese nicht umschlossenen Zwischentreppen dem Feuer den Weg nach dem anderen Stockwerk. Es brennen dann beinahe stets die beiden Geschosse aus. Wenn es der Betrieb irgendwie zuläßt, sollte man solche Zwischentreppen feuersicher umschließen.

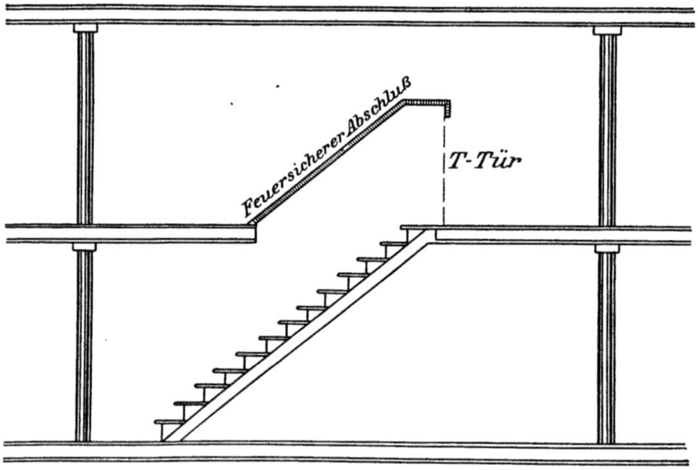

Fig. 5.

Feuersicherer Überbau offener Zwischentreppen.

Läßt sich das nicht durchführen, so ist wenigstens die Deckendurchbrechung nach oben durch einen Überbau aus Rabitz, Monier, Drahtglas oder dergl. feuersicher abzuschließen. Die Durchgangsöffnung ist durch eine T-Tür zu verschließen (etwa wie aus Fig. 5 ersichtlich).

Zuweilen ist aus Betriebsrücksichten auch ein solcher Abschluß nicht möglich. Dann muß man eben damit rechnen, daß bei einem Brande gleich beide durch eine solche Treppe verbundenen Geschosse ausbrennen. Besonders bedenklich wird die Anlage, wenn durch derartige offene Zwischentreppen nicht nur zwei, sondern mehrere, vielleicht alle Geschosse eines Gebäudes verbunden sind. Noch dazu, wenn die dafür notwendigen Durchbrechungen der verschiedenen Decken übereinander oder wenigstens dicht beieinander liegen. Hier muß man zum mindesten zu erreichen suchen, daß immer je zwei Geschosse durch Treppenüberbauten, ähnlich wie vorgeschrieben, voneinander feuersicher abgetrennt werden. Denn sonst läßt bei einem Brande der Luftzug und der Auftrieb der erhitzten Luft das Feuer wie in einem Schornstein im Nu in die oberen Geschosse gelangen.

Offene Zwischentreppen in Waren- und Geschäftshäusern.

Eine besondere Gefahr bilden derartige offene Zwischentreppen in Warenhäusern und in solchen Geschäftshäusern, in welchen eine größere Menge brennbarer Stoffe lagern und verkauft werden. Hier muß stets verlangt werden, daß ein feuersicherer Abschluß der Deckendurchbrechung hergestellt wird. Durchbrechungen der Decke vom Erdgeschoß nach dem Keller dürfen nur ausnahmsweise gestattet werden. Und dann nur, wenn sie durch feuerfeste Wände mit Vorzugs-T-Türen nach beiden Geschossen hin, also oben und unten, abgeschlossen sind. Nach dem Dachgeschoß sind solche Deckendurchbrechungen überhaupt nicht zulässig.

Offene Zwischentreppen in Geschäftslokalen, die nur in zwei Geschossen liegen.

Auch andere Geschäftslokale, welche nur in zwei Geschossen liegen und darum nicht unter die durch die preußischen Sonderanforderungen[1]) getroffenen Anlagen fallen, sind häufig durch offene Zwischentreppen miteinander verbunden. Ob bei ihnen ein feuersicherer Abschluß der Deckendurchbrechung notwendig ist, wird von Fall zu Fall zu entscheiden sein. Maßgebend dafür sind die Grundflächen der Verkaufsräume, die Menge der brennbaren Waren, die Lage der Zwischentreppe, die Ausgangsverhältnisse für das Obergeschoß und manches andere.

d) Größere Deckendurchbrechungen in Waren- und Geschäftshäusern.

Größe der lichthofartigen Deckendurchbrechungen in Warenhäusern.

Deckendurchbrechungen in Warenhäusern und in Geschäftshäusern der höheren Gefahrenklasse (vergl. die Sonderanforderungen) werden in großen Maßen meist in lichthofartiger Ausführung zugelassen. Sie sind in Preußen nur in einer Mindestgröße von 100 qm gestattet.[2]) Es werden für die Zulassung derartiger Anlagen nur wenige Bedingungen gestellt. Damit das Feuer nicht ohne weiteres von einem Geschoß zum andern überspringt, muß ein von der größten Ausladung des Brüstungsgesimses ab gerechneter durchgehender Gang von mindestens 1 m Breite von allen Gegenständen frei bleiben. Im I. Stockwerk dürfen brennbare Gegenstände nicht näher als 2 m von den durchbrochenen Brüstungen oder Brüstungsgesimsen, bei feuersicher geschlossenen Gesimsen nur bis $^1/_2$ bezw. $1^1/_2$ m Entfernung aufgestellt werden. Ausgenommen sind hiervon stark verglaste Kästen und hölzerne Auslagen- und Geschäftstische. Außerdem sollen leicht brennbare Gegenstände an den Brüstungen nicht aufgehängt werden.[3]) Schließlich wird noch verlangt, daß in der oberen Decke der

Bedingungen.

[1]) Vergl. die Sonderanforderungen an Warenhäuser usw. vom 2. November 1907, Ziff. 14.

[2]) Vergl. Sonderanforderungen, Ziffer 7.

[3]) Vergl. ebenda Ziffer 20.

lichthofartigen Deckendurchbrechung eine Entlüftungsvorrichtung angebracht wird, welche von einer Stelle außerhalb der Verkaufsräume aus bedient werden kann.[1])

Gefahr der großen Deckendurchbrechungen.

Alle an einem solchen Lichthof liegenden Geschosse sind durch ihn derart in Verbindung gesetzt, daß sich ein in einem Stockwerk ausbrechendes Feuer sehr schnell den anderen mitteilen wird. Die vorgenannten Bedingungen ändern nicht viel daran, wenn sie auch das Übergreifen der Flammen immerhin etwas verzögern werden. Solche Anlagen bedeuten daher stets eine große Gefahr. Es wäre im Interesse der Sicherheit des solche Warenhäuser besuchenden Publikums dringend zu wünschen, daß derartige Deckendurchbrechungen nicht mehr angelegt würden. Die Behörden sollten darauf hinarbeiten. Jeder Raum wächst mit der Größe seiner Ausdehnung an Feuersgefahr, und zwar unverhältnismäßig. Wenn man die großen Hohlräume in den Warenhäusern horizontal und vertikal in mehrere kleinere zerlegt, so wird dadurch die Feuersgefahr wesentlich verringert.

Das Fortschreiten eines Brandes geht in kleineren Abteilungen nur in mäßigem Tempo vor sich. Zunächst sammelt sich Feuer und Rauch in dem Raume an, wo der Brand entstanden ist, bis der obere Teil über der Türöffnung bis zur Decke angefüllt ist. Dann erst geht Flamme und Rauch unter dem Türsturz nach dem Nebenraum, und dort beginnt das Vorwärtsschreiten von Raum zu Raum in derselben Weise. Wie anders ist es in einem großen freien Raum.[2])

Außerdem ist die Hitze, welche sich durch den verkleinerten Querschnitt einer Türöffnung weiter verbreitet, nicht mit der zu vergleichen, die sich in einem großen freien Raum entwickelt. Auch die Verbrennung geht viel langsamer vor sich. In einem kleineren Raum, wo Feuer entsteht, staut sich die Hitze einige Zeit. Durch sie entsteht eine Spannung der Luft in dem Raum, welche eine Zeitlang den Zutritt frischer Luft und damit die Belebung des Feuers unmöglich macht. Alle diese Hemmnisse für die schnelle Entwicklung eines Feuers fallen in einem großen Raum fort.

In der Sitzung des Preußischen Abgeordnetenhauses vom 8. Februar 1908[3]) wies der Abgeordnete Felisch auf die vorgenannten Gefahren der großen Hohlräume in Warenhäusern hin. Ihm wurde von einem Regierungsvertreter erwidert, daß Warenhäuser mit großen Hohlräumen im Falle einer Feuersbrunst weniger gefährlich wären, als Warenhäuser, welche durch horizontale Decken geteilt sind! Als Grund wurde angeführt,

---

[1]) Vergl. v. Ritgen, a. a. O. S. 41.

[2]) Man denke doch nur an die große Gefahr der Theaterbrände. Sie führen häufig gerade deshalb zu solchen Katastrophen, weil es sich um große hallenartige Räume handelt, welche durch keinerlei senkrechte oder wagerechte Trennungen zerlegt sind.

[3]) Vergl. Stenograph. Bericht S. 1839.

daß die Beseitigung des Rauches, welcher für die Besucher die größte Gefahr bedeute, durch einen großen Hohlraum wesentlich erleichtert werde.

Dieser Ansicht kann nicht zugestimmt werden. Durch den großen Hohlraum wird sich Feuer und Rauch schnell ausdehnen, wie oben ausgeführt. Der Rauch steigt in dem Hohlraum in die Höhe, er sammelt sich unter der Abdeckung. Selbst wenn eine Rauchklappe dort geöffnet wird — woran aber in dem Moment allgemeiner Kopflosigkeit bei dem erfahrungsgemäß schnellen Fortschreiten des Brandes wahrscheinlich niemand denkt — kann im Verhältnis nur ein kleiner Teil des Rauches abziehen. Sonst müßte man zum Abzug des schnell zuströmenden Qualmes den größten Teil der Abdeckung öffnen. Der Rauch, der nicht gleich abzieht, staut sich und verbreitet sich in die oberen, offen am Hohlraum liegenden Geschosse. Was man also angeblich durch Schaffung großer Hohlräume verhindern will, die Verqualmung, wird somit in erhöhtem Grade herbeigeführt.[1])

Urteil von Kaufleuten über solche großen Deckendurchbrechungen.

Zweifellos sind daher diese großen Hohlräume von hoher Gefahr für das Publikum. Aber es wird nicht viel dagegen zu machen sein, da sie in Großstädten für Waren- und Geschäftshäuser der Neuzeit aus ästhetischen, repräsentativen und Verkehrsgründen notwendig zu sein scheinen. Doch gibt es schon verschiedene ganz neue große Warenhäuser, besonders in Amerika, welche auf Grund der kaufmännischen Erfahrungen in Anlage und Betrieb solcher Riesengeschäfte ohne solche Hohlräume erbaut sind. Von den Inhabern dieser Warenhäuser werden die Hohlräume „als ein Krebsschaden für das Geschäft, als eine große Platzvergeudung“ betrachtet und gesagt, daß sie „das Verschmutzen der ausgelegten Waren“ beförderten.[2]) Sie werden also vielleicht von selbst mehr und mehr verschwinden.

Mögen übrigens derartige Hohlräume in Warenhäusern von Weltstädten aus den angeführten Gründen notwendig sein, so liegt doch immer noch keine Veranlassung vor, wie Dr. Plathner-Hannover richtig bemerkt,[3]) in den kleineren Großstädten ebensolche gefährliche Anlagen zuzulassen. Für diese wird es wohl in allen Fällen genügen, daß große Deckendurchbrechungen allenfalls in der Decke zwischen Erdgeschoß und I. Obergeschoß gestattet werden. Nicht aber für die übrigen Decken. Diese sind undurchbrochen und feuerfest herzustellen.

---

[1]) Mit dieser Ansicht über die Gefährlichkeit der Hohlräume in Warenhäusern befindet sich Verfasser in Übereinstimmung mit dem an Erfahrungen reichsten Fachmann Deutschlands, Branddirektor a. D. Herzog-Breslau. Auch andere bedeutende Leiter von Berufsfeuerwehren, z. B. Branddirektor Westphalen-Hamburg, erkennen die großen Gefahren, welche die Hohlräume bringen können (vergl. seine erwähnten „Mitteilungen“ S. 22).

[2]) Vergl. Westphalen, a. a. O. S. 22.

[3]) Vergl. Dr. Plathner, Verschärfung der Vorschriften für Warenhäuser. Baupol. Mitteilungen 1904, S. 128.

D. Die Treppen und Treppenhäuser.

I. Die Einteilung der Treppen.

Man kann die Treppen verschieden einteilen:

Abgeschlossene Treppen. Offene Treppen.

a) Einmal nach ihrer Anlage. Da wird man sogleich zwei Unterschiede machen müssen: die Treppen, welche von Wänden umschlossen werden, die abgeschlossenen Treppen, und ferner die, welche ohne Abschluß zwei oder mehr Geschosse miteinander verbinden, die offenen Treppen. Von letzteren gibt es zwei Unterarten, die inneren Freitreppen und die Zwischentreppen. Beide Arten findet man z. B. in Waren- und Geschäftshäusern. Ein Unterschied besteht zwischen ihnen, denn in manchen behördlichen Erlassen werden sie besonders aufgeführt und es werden verschiedene Anforderungen an sie gestellt. Worin besteht dieser Unterschied?

Innere Freitreppen.

Innere Freitreppen sind solche Treppen, welche in Waren- und Geschäftshäusern „im Innenraum an größeren Deckendurchbrechungen"[1]) liegen, d. h. an solchen Deckendurchbrechungen, welche „zum Zwecke der Vereinigung von Räumen verschiedener Geschosse zu einem einheitlichen Raume ...... mit einer Mindestgröße von 100 qm"[1]) hergestellt werden.

Zwischentreppen

Zwischentreppen dagegen sind solche offenen Treppen, welche zwei oder mehrere Geschosse verbinden, ohne an einer größeren Deckendurchbrechung der vorgenannten Art zu liegen. Also alle die offenen Verbindungstreppen, welche nicht in unmittelbarster Nähe der größeren Deckendurchbrechungen liegen. Und ferner sämtliche offenen Treppen in Waren- und Geschäftshäusern ohne solche größeren Deckendurchbrechungen.

Es ist im Feuersicherheitsinteresse erforderlich, daß in Waren- und Geschäftshäusern von mehr als zwei Verkaufs- und Lagergeschossen[2]) die Zwischentreppen feuersicher abgeschlossen werden.[3]) In Geschäftslokalen mit nur zwei Geschossen wird, wie oben besprochen, von Fall zu Fall darüber Entscheidung zu treffen sein.

Es würde jedoch unsinnig sein, wenn man für die in größeren Deckendurchbrechungen oder in ihrer unmittelbarsten Nähe gelegenen Freitreppen einen feuersicheren Abschluß von den einzelnen Stockwerken verlangen wollte. Bietet man doch dem Feuer und Rauch durch die größeren, meist lichthofartigen Durchbrechungen der Decke einen viel bequemeren Weg nach oben, als ihn diese offenen Treppen geben. Darum wird für sie auf feuersicheren Abschluß verzichtet. Sie werden aber gleichzeitig als minderwertige Ausgangstreppen bezeichnet durch den Zusatz, daß sie bei Bemessung der notwendigen Treppen nicht in Anrechnung gebracht werden.

---

[1]) Vergl. die preuß. Sonderanforderungen für Warenhäuser usw., Ziff. 14 u. 7.

[2]) Für diese treffen die preuß. „Sonderanforderungen" vom 2. November 1907 zu.

[3]) Vergl. ebenda Ziff. 14.

b) Man teilt außerdem die Treppen danach ein, ob sie im Feuersicherheitsinteresse notwendig sind oder nicht. Hiernach unterscheidet man notwendige Treppen und Nebentreppen.

Notwendige Treppen sind diejenigen, welche auf Grund der Baupolizeiverordnung oder besonderer Auflagen der Baupolizei unbedingt angelegt werden müssen. Das sind also die Treppen, welche im sicherheitspolizeilichen Interesse unter allen Umständen verlangt werden müssen, damit den Bewohnern und Benutzern des Gebäudes bei Feuersgefahr ein Rettungsweg aus den oberen Stockwerken offen gehalten wird. Notwendige Treppen.

Nebentreppen sind solche, welche von dem Eigentümer über das notwendige Maß hinaus freiwillig hergestellt werden. Nebentreppen.

Für notwendige Treppen müssen eine Reihe von Anforderungen in bezug auf Material, Konstruktion, Abschluß u. dergl. gestellt werden. Sie werden in folgendem besprochen werden. Nebentreppen, welche aus eigener Entschließung des Eigentümers hergestellt werden, können milder beurteilt werden. Man läßt bei ihnen zu, daß sie schmäler und steiler als notwendige Treppen hergestellt werden, mit kleineren Treppenpodesten, verlangt nicht immer, daß sie in besonderen Treppenhäusern liegen und verzichtet vor allem in der Regel auf ihre feuersichere Ausführung. Ausführung von Nebentreppen.

II. Feuerpolizeiliche Vorschriften für notwendige Treppen.

a) Material und Konstruktion.

Notwendige Treppen in Wohngebäuden müssen mindestens feuersicher sein. Bestehen sie aus Holz, so sind sie feuersicher zu bekleiden. An manchen Orten wird hiervon die Ausnahme gemacht, daß in Ein- und Zweifamilienhäusern, welche einschließlich des bewohnbaren Dachgeschosses nicht mehr als zwei Obergeschosse besitzen, unverputzte Holztreppen aus Eichenholz zugelassen werden. Hiergegen ist nichts einzuwenden, wenn feinporiges Holz gewählt wird. Zuweilen wird aber auch ein größeres Maß von Feuerbeständigkeit verlangt: wenn man bei höheren Mehrfamilienhäusern je nach Ausdehnung und Zweck des Gebäudes sowie nach der Erreichbarkeit ausnahmsweise auf die sonst vorgeschriebene zweite Treppe verzichtet. Dann muß die einzige verbleibende nicht bloß feuersicher, sondern feuerfest angelegt werden. Feuerbeständigkeit der notwendigen Treppen. Unverputzte Eichenholztreppen. Feuerfeste Treppen.

Notwendige Treppen in Waren- und Geschäftshäusern, Theatern und Versammlungsräumen, Fabriken, Lagerhäusern u. dergl. werden oft sämtlich feuerfest anzulegen sein.

b) Die Umschließungsmauern und die Öffnungen darin.

Notwendige Treppen müssen von feuerfesten Wänden umschlossen werden.[1]) Also Backstein-, Beton-, Eisenbetonmauern usw. von wenigstens Feuerfeste Wände.

[1]) Nicht in allen Städten; z. B. wird in Kiel für Häuser von weniger als 4 Wohngeschossen keine massive Umfassung der notwendigen Treppen verlangt.

25 cm Stärke. Sie dürfen nur durch die erforderlichen Verbindungs- und Lichtöffnungen durchbrochen werden. Das heißt durch die Türöffnungen, welche den Zugang von der Treppe zu den einzelnen Geschossen und den Ausgang vom Treppenhaus ins Freie ermöglichen. Und ferner durch die Fensteröffnungen, welche zur Erhellung des Treppenhauses bestimmt sind. Grundsätzlich sind Fenster vom Treppenhaus nach den Räumen in den Geschossen unzulässig. Doch werden hiervon aus gesundheitspolizeilichen und anderen Gründen Ausnahmen gestattet. Zuweilen wird es jedoch erforderlich, derartige Fensteröffnungen durch feuersicheres Glas unbeweglich zu verschließen.

Türöffnungen nach den Geschossen. Fenster ins Freie. Fenster nach den Geschossen.

Nicht statthaft sind Verbindungsöffnungen zwischen zwei unmittelbar nebeneinanderliegenden notwendigen Treppen. Denn sonst kann bei Unbenutzbarwerden der einen Treppe durch Rauch oder Feuer die andere gleichfalls gesperrt werden. Doch ist nichts dagegen zu erinnern, daß eine Nebentreppe, die unmittelbar neben einer notwendigen liegt, mit dieser durch Türen verbunden wird. Verbindungsfenster läßt man hier in der Regel nur dann zu, wenn sie aus feuersicherem Glase hergestellt werden. Weil sonst bei Inbrandgeraten der nicht feuersicheren Nebentreppe auch sehr bald die notwendige Treppe gefährdet sein würde.

Tür- und Fensteröffnungen zwischen zwei nebeneinanderliegenden Treppen.

Damit das Treppenhaus möglichst vor Verqualmung bewahrt bleibt, und damit es, soweit als möglich, gegen das Feuer aus anderen Räumen gesichert ist, soll man den erforderlichen Verbindungs- und Lichtöffnungen nach den einzelnen Geschossen oder Nebentreppen tunlichst tiefliegende Gurtbögen mit Vorlage geben.[1])

Anlage der Tür- und Fensteröffnungen.

c) Die Zugänge zu den Geschossen.

Die Zugänge zu den einzelnen Geschossen müssen so groß, ihre Maße sollen so weite sein, daß die Menschen beim Brande aus den Räumen schnell die Treppe erreichen können. Man sollte aber andererseits in ihrer Zahl und ihrem Maße nicht zu weit gehen. Denn aus jeder Tür, aus der größeren mehr als der kleineren, kann das Treppenhaus durch Eindringen von Rauch und Feuer unbenutzbar gemacht werden.

Maße der Zugangstüren.

Die Türöffnungen in gewöhnlichen Wohnhäusern verschließt man durch Holztüren mit oder ohne Glasscheiben oder Oberlicht. Die Verwendung von Rohglas ist gewiß nicht ohne Gefahr, wie manche Brände[2]) gelehrt haben, bei denen nachts das im Treppenhaus hochgehende Feuer die Scheiben zersprengte und in die oberen Wohnungen eindrang. Doch würde es über das von der Baupolizei zu verlangende Notwendige hinausgehen, wenn man wegen solcher immerhin selten eintretenden Fälle in allen Treppenhaustüren der oberen Stockwerke volle Füllungen oder feuersicheres Glas verlangen wollte.

Treppenhaustüren in Wohnhäusern.

---

[1]) Vergl. Baltz, a. a. O. S. 280, Anm. 9.

[2]) Z. B. bei dem Brande in der Lützowstraße in Breslau 1902.

Treppenhaustüren in Geschäfts- und Gewerbehäusern.

In Geschäfts- und Lagerhäusern, Fabrikgebäuden u. dergl. sind die Treppenhaustüren feuersicher und selbstschließend herzustellen. Öfters empfehlen sich Doppeltüren, manchmal sogar Vorgelege mit starr verbundenen Türen, so daß die eine stets verschlossen ist. Sie sind nach außen schlagend derart anzubringen, daß sie in geöffnetem Zustande nicht das Treppenhaus verengen. Statt Kanten- und Schubriegel sind meist an ihnen Baskülverschlüsse anzubringen. In Gebäuden, in denen Wohnungen über Verkaufs-, Lagerräumen, Werkstätten usw. an demselben Treppenhaus liegen, wird man die Türen zu diesen Räumen rauch- und feuersicher verschließen. Für die darüberliegenden Wohnungen muß man meist darauf verzichten. Man begnügt sich mit starken Holztüren ohne Scheiben und Oberlichte aus Rohglas.

Türen von Läden im Erdgeschoß nach dem Treppenhaus.

Sehr gefährlich sind die Türen, welche in Wohngebäuden von Läden im Erdgeschoß nach dem Treppenhaus führen. Man findet sie sehr häufig. Die meisten der kleinen und großen Verkaufsläden im Erdgeschoß haben in vielen Städten außer der nach der Straße führenden Tür eine Ausgangstüre nach dem Treppenhaus. Man läßt sie in beliebiger Ausführung zu. Und sie sind doch so gefährlich! Beim Brande flüchten die Verkäufer oft durch diese Tür und lassen sie in ihrer Kopflosigkeit auf. Oder aber sie brennt bald durch. Ja, oft sind sogar Scheiben in ihr oder Oberlichte darüber, welche in sehr kurzer Zeit springen. Auf jeden Fall findet Rauch und Feuer durch solche Türen sehr bald Gelegenheit, ins Treppenhaus zu dringen und es unbenutzbar zu machen. Wie oft hat schon ein unbedeutendes Feuer in einem Laden das Treppenhaus mit Rauch erfüllt oder gar in Brand gesetzt und die Bewohner der oberen Geschosse in größte Angst gebracht. Ja, sogar oft, ehe die Feuerwehr kam, zum Todessprung auf die Straße verleitet! Diese Verbindungstüren sind in den meisten Fällen durchaus unnötig, sie sollten überall verboten werden. Statt ihrer sind Ausgangstüren direkt nach dem Hofe anzubringen.

Gewiß gibt es, namentlich in Großstädten, zahlreiche Läden, welche lediglich aus einem einzigen an der Straße liegenden Raum bestehen, der keine Verbindung nach dem Hof erhalten kann. In derartigen Fällen ist eine Verbindung nach dem Treppenhaus meist nicht erforderlich. Falls jedoch einmal die Anlage einer solchen Tür durchaus nicht zu umgehen ist, so muß man fordern, daß sie feuersicher ohne Glas oder mit feuersicherem Glase hergestellt und mit selbsttätigem Verschluß versehen wird.

d) Der Abschluß gegen das Kellergeschoß.

Eigentlich ist es widersinnig, daß man den Eingang zu dem Kellergeschoß meistens unter dem letzten Lauf des Treppenhauses anlegt. Gerade die Räume, welche beinahe nie ohne Lampe oder Licht betreten werden und in denen aus Nachlässigkeit und Leichtsinn mehr Streichhölzer nach ihrem Gebrauch achtlos fortgeworfen werden als wo anders, gerade die

Gefahren der jetzt gebräuchlichen Anlage der Kellertreppe unter dem letzten Treppenlauf.

Räume, in denen ein Feuer an dem dort lagernden Brennmaterial, den Wirtschaftsgegenständen und alten Gerümpel reiche Nahrung findet, verbindet man auf diese Weise mit dem Treppenhaus und schafft damit die Möglichkeit einer raschen und kräftigen Verqualmung der Treppen! Als wenn man für Kellerbrände mit Absicht diesen Rettungsweg der Bewohner unbenutzbar machen wollte. Die Rücksicht auf Ersparung an Raum und bequeme Erreichbarkeit des Kellers reichen sicherlich nicht dazu aus, um diese jetzt so gebräuchliche Anlage zu rechtfertigen. Wenn erst mehr und mehr die Erkenntnis dessen, daß die Vorbeugung auch bei dem Feuerschutz und der Rettung der Bewohner aus Angst und Gefahr wichtiger ist als die beste Abwehr, in weitere Kreise gedrungen ist, wird man die Kellereingänge an weniger gefahrbringenden Stellen anlegen, oder sie wenigstens so herstellen, daß sie, unter dem untersten Treppenlauf liegend, feuerfest und rauchdicht von dem Treppenhaus abgeschlossen sind. Ohne daß Nachteile gegen die jetzige Bauart entstehen.

Keine Verbindung des Treppenhauses mit dem Keller.

Schon jetzt verlangt man bei vielen Gebäuden, daß die Kellertreppen in keinerlei Verbindung mit anderen Treppen des Hauses stehen dürfen, z. B. für Waren- und Geschäftshäuser, Theater- und Versammlungsräume, viele Lager- und Fabrikgebäude, Keller, in denen feuergefährliche Gegenstände lagern u. a. Auch für andere Gebäude, in denen leicht eine Panik entstehen kann, z. B. in Schulen, sollte man diese Anordnung treffen. Ebenso für höhere Wohngebäude mit nur einer Treppe. In der Regel ist dann ein unmittelbarer Kellerausgang nach dem Hof oder der Straße hin zu schaffen.

Feuersicherer Abschluß des Treppenhauses am darunterliegenden Kellereingang.

Bei den anderen Gebäuden, wo die Kellertreppe unter dem letzten steigenden Treppenlauf liegt, muß auf möglichsten Abschluß von Feuer und Rauch gedrungen werden. Darum muß dieser Treppenlauf unterhalb unbedingt feuersicher hergestellt werden. Selbst bei Treppen, die man aus freiem Holzwerk zuläßt, wird man also an dieser Stelle sorgfältigen Verputz auf Schalbrettern verlangen.

Außerdem ist aber durch einen feuersicheren Verschlag ein rauch- und feuersicherer Abschluß des Kellers herbeizuführen. Der Ausgang aus diesem Abschluß unter dem letzten Treppenlauf ist durch eine selbsttätige T-Tür zu schließen.

Durchbrochene Treppenstufen.

Durchbrochene Stufen sind in diesem Treppenlauf unzulässig, da durch sie hindurch Rauch in das Treppenhaus dringt.

e) Der Abschluß gegen das Dachgeschoß.

Gefahren der Dachstuhlbrände.

Wie im Keller, so entstehen auch im Dachgeschoß leicht umfangreiche Brände. Auch hier lagert eine Menge brennbarer Stoffe, welche nicht durch dichte feuersichere Wände, sondern nur durch Lattenverschläge voneinander getrennt sind. Auch der Dachboden muß häufig mit einer Lampe oder Licht betreten werden. Und das Anzünden dieser Beleuchtungsmittel erfolgt, wie man täglich beobachten kann, nicht vor Betreten des Dachbodens, sondern erst nachher. Da haben dann die dabei in der Regel achtlos fortgeworfenen Streichhölzer die beste Gelegenheit, auf herumliegendem alten Gerümpel, dickem Staub u. dergl. weiterzuglühen und nach kurzer Zeit den schönsten Dachstuhlbrand zu verursachen.

Gefahr für das Treppenhaus.

Solche Brände wirken naturgemäß in erster Linie nach oben und nach der Seite. Das zum Dachgeschoß hinaufführende Treppenhaus scheint auf den ersten Blick wenig gefährdet. Es kommt jedoch häufig vor, daß die Brenngase vor dem Durchbrennen des Daches in ihrem Drang, sich auszudehnen, die Bodentür durchbrennen und den oberen Teil der Treppe erfassen. Von dort kann die Flamme tiefer und tiefer dringen. Ja, es ist sogar schon öfters der Fall eingetreten, daß bei Holzzementdächern der sich im Bodenraum entwickelnde Qualm nach oben und seitlich hin nicht entweichen konnte, weil zufällig alle Dachluken und Bodenfenster geschlossen waren. Infolgedessen wurde starker Rauch durch die offen gelassene oder durchgebrannte Bodentür in das Treppenhaus hinab bis in den Keller gedrückt, so daß die anrückende Feuerwehr es mit einem stark entwickelten Kellerfeuer zu tun zu haben glaubte und erst nach längerer Zeit den richtigen Sachverhalt feststellte. Da es darauf ankommen muß, den Rettungsweg der Bewohner, die Treppen, bei jedem Brande von Rauch und Feuer freizuhalten, wird man daher verhindern müssen, daß das Feuer vom Boden aus nach untenhin in das Treppenhaus hineindringen kann. Man wird also den Bodenzugang durch eine rauchsichere selbsttätige T-Tür schließen. Das ist besonders dann notwendig, wenn auf demselben Flur, wo die Bodentüren münden, noch Eingänge zu im Dachgeschoß gelegenen Wohnungen sich befinden.

Aufgabe der Bodentüren.

Weitere Aufgabe der Bodentüren.

Aber die Bodentüren haben noch einen anderen Zweck. Wenn im Keller ein Brand ausbricht oder im Erd- oder einem der Obergeschosse, so dringt der Rauch in vielen Fällen durch die offen gelassene oder durchgebrannte Zugangstür ins Treppenhaus. Er geht darin in die Höhe, bis er einen Ausweg ins Freie findet. Meist steigt er dabei bis zum Dachgeschoß. Bei nicht feuersicheren Treppen kann ihm oft das Feuer auf dem Fuße nachfolgen, die Treppe erfassen, und sie bis oben hin in Brand setzen. Bei verputzten Holztreppen und anderen feuersicheren und feuerfesten Treppen mit Holzbelag dringt es langsamer hoch.

Rauch und Feuer im Treppenhause.

Strömt nun bei solchen Bränden unten im Treppenhaus Außenluft in genügendem Maße zu, so entstehen infolge hiervon und wegen des Ausdehnungsbedürfnisses der erhitzten Gase nicht selten lange Stichflammen, welche mit dem im Treppenhaus wie in einem Schlot hocheilender Luftstrom auch bei ganz feuerfesten Treppen nach oben gelangen. Manchmal sprungweise. Die Türen der einzelnen Obergeschosse sind dabei in der Regel nicht so sehr gefährdet. An ihnen eilen die vom Luftstrom getragenen Flammen infolge der Schnelligkeit ihres Vorwärtsdringens vorbei. Anders im Dachgeschoß. Hier können die Flammen nicht weiter. Das Feuer braust gegen die Bodentür und sucht durch die neben oder in jeder Holztür vorhandenen Ritzen in den Boden zu dringen, angesaugt durch den auf dem Dachboden gewöhnlich vorhandenen Luftzug. Widersteht die Tür dem vielleicht nur kurzen, aber darum um so heftigerem Ansturm der Flammen nicht, so ergreifen diese bald auch das Dachgeschoß. Das soll aber die Bodentür verhindern. Darum muß sie feuersicher sein.

Beiderseitiger Blechbeschlag der Bodentüren.

Wohl in den meisten Städten wird daher heutzutage mit Recht verlangt, daß die Bodentüren als T-Türen hergestellt werden. Meist werden sie auf beiden Seiten mit Blech beschlagen und selbsttätig in einem unverbrennlichen Falz fallend eingerichtet.

Einseitiger Blechbeschlag der Bodentüren.

In manchen Städten wehren sich die Besitzer älterer Häuser mit Händen und Füßen hiergegen. Höchstens einen einseitigen Blechbeschlag wollen sie an der Innenseite der Türen anbringen. Jedermann weiß, wie gering die Widerstandskraft einer derartigen Tür gegen Rauch und Feuer ist. Schon nach ganz kurzer Brandzeit, unverhältnismäßig viel früher als die doppelt beschlagene Tür, sinkt die einseitig beschlagene in sich zusammen. Trotzdem und trotz der geringen Mehrkosten sträubt man sich oft lebhaft, in älteren Häusern beide Seiten der Bodentüren zu beschlagen. Da manchmal unbegreiflicherweise von den Aufsichtsbehörden wohl die Zweckmäßigkeit des doppelseitigen Blechbeschlages zugegeben, die Notwendigkeit aber verneint wurde, war der Baupolizei die Grundlage entzogen, gegen die sich weigernden Hausbesitzer zwangsweise vorzugehen. Sie mußte sich daher in manchen Städten begnügen, nur für solche Häuser beiderseitigen Blechbeschlag der Bodentüren zu verlangen, wo die Sicherheit der Bewohner ganz besonders gefährdet war. Also in denen Räume zum dauernden Aufenthalt von Menschen im Dachgeschoß liegen. Und ferner für diejenigen Gebäude, in welchen für Wohnungen, die über 10 m über der Erde liegen, nur eine Treppe vorhanden ist. Für die Bodentüren anderer Häuser mußte einseitiger Blechbeschlag zugestanden werden.

Fenster vom Dachgeschoß nach dem Treppenhaus.

Bei manchen Gebäuden findet man in der Treppenhausmauer Fenster nach dem Dachgeschoß. Die sind aus den angeführten Gründen ganz unzulässig. Wenn man sie nicht ganz zumauern will, so muß man sie wenigstens durch fest eingemauertes Drahtglas schließen.

Über den für Häuser mit Wohnungen im Dachgeschoß zu fordernden rauchdichten Abschluß des Flurs vom Treppenhause wird weiter unten die Rede sein.

f) Der obere Abschluß des Treppenhauses.

Aufgabe des oberen Treppenhaus-Abschlusses.

Man kann sich denken, daß beim Emporeilen der Flammen im Treppenhaus dessen obere Abdeckung leicht vom Feuer erfaßt werden kann, wenn sie nicht feuersicher ist. Durch ihre Inbrandsetzung würde sich voraussichtlich das Feuer auf den Dachstuhl ausdehnen. Die feuersichere Bodentür würde also wenig Zweck haben. Nur beide Maßnahmen, Feuersicherheit der Bodentür wie des Deckenabschlusses im Treppenhaus, vermögen zusammen den Brand vom Dachgeschoß oder umgekehrt den Dachstuhlbrand vom Treppenhaus fernzuhalten.

Auftrieb der Brenngase im Treppenhaus nach Durchbrennen des oberen Abschlusses.

Das Durchbrennen des Deckenabschlusses des Treppenhauses würde aber noch die weitere Gefahr bringen, daß durch die entstehende Öffnung die Brenngase abziehen könnten. Dadurch würde im Treppenhaus ein derartig schornsteinartiger Auftrieb entstehen, daß die Flammen aus dem brennenden tieferliegenden Geschoß neu angefacht mit vermehrter Gewalt im Treppenhaus nach oben eilen und vermutlich nach Zerstörung der Zugänge in die oberen Geschosse eindringen würden. Man müßte dann befürchten, daß gleich mehrere Geschosse, vielleicht das ganze Haus in Flammen aufgehen. Darum wird verlangt, daß der obere Deckenabschluß der Treppenhäuser feuersicher hergestellt wird.

g) Sonstige Einrichtungen im Treppenhause.

Es muß, wie schon des öfteren hervorgehoben, alles daran liegen, nicht bloß das Weiterschreiten eines Feuers im Treppenhaus zu verhindern, sondern vor allem auch das Eindringen von Feuer und Rauch in das Treppenhaus zu verhüten. Darum wird in erster Linie der Abschluß des Keller- und Dachgeschosses verlangt. Aber noch andere Räume können dem Treppenhaus Gefahr bringen.

Verschläge unter Treppen.

Zunächst Verschläge unter den Treppen. Sie dienen oft zur Aufbewahrung von allerhand Gerümpel. Sicherlich aber herrscht in ihnen meist recht wenig Ordnung. Staub und Schmutz liegt herum. Wer in ihnen etwas sucht, muß ein Streichholz oder Licht anstecken. Also Gefahren genug. Sie sind daher, wie es meist geschieht, ganz zu verbieten. Schon oft ist durch Feuer in ihnen das ganze Treppenhaus in Brand gesetzt worden.

Sonstige Verschläge im Treppenhaus.

Auch sonstige Verschläge im Treppenhaus sind meist nicht ungefährlich. Einmal wegen der vorerwähnten Zustände in ihrem Innern, dann weil sie oft die Treppen oder Podeste einengen. Man wird sie daher meist nicht zulassen, besonders in Waren- und Geschäftshäusern, feuergefährlichen Fabrikbetrieben u. dergl.

Podestklosetts.

Aus verschiedenen Gründen wenig empfehlenswert sind die an vielen Orten bestehenden Klosets an den Treppenpodesten. Sie haben auch in sicherheitspolizeilicher Beziehung ihre schweren Bedenken. Wer bei Dunkelheit einen solchen Raum betritt, brennt ein Streichholz an oder ein in der Regel offenes Licht. Öfters raucht er und wirft auch brennende Zigarrenstummel fort. Dabei hantiert er mit losem Papier herum, läßt wohl auch solches achtlos auf die Erde fallen. Nach dem Verlassen des Raums entsteht öfters ein Brand. Dadurch wird zum mindesten das Treppenhaus nicht unbedeutend verqualmt. Das Klosett selbst bietet in der Regel nicht viel brennbaren Stoff. Es muß nach oben und nach den Seiten mindestens feuersicher abgeschlossen sein. Rohglasscheiben in den Holztüren sind am besten zu vermeiden oder durch feuersicheres Glas zu ersetzen.

III. Die Anordnung und Ausführung der Treppen.

Zweck der Treppen. Rettungsweg. Angriffsweg.

Der Zweck der Treppen in sicherheitstechnischer Beziehung ist ein zweifacher. Einmal sollen sie den Hausbewohnern bei einem Brande Gelegenheit bieten, sich schnell und sicher ins Freie zu retten. Das ist ihr Hauptzweck. Weiter sollen sie aber der Feuerwehr gestatten, auf ihnen nach den Obergeschossen zu gelangen, um bedrohte oder bereits von Rauch bewußtlose Menschen in Sicherheit zu bringen und um das Feuer anzugreifen. Zwar bringt die Feuerwehr Leitern mit, auf welchen sie nach allen Geschossen gelangen kann. Doch bleiben die Treppen für sie der schnellste, bequemste und ungefährlichste Weg, um nach oben zu gelangen. Die Feuerwehr wird daher unter allen Umständen sie bei ihrem Vordringen zu benutzen versuchen. Erst wenn sie nicht mehr gangbar sind oder zur Unterstützung des Vorgehens auf den Treppen macht man von den Leitern Gebrauch. Die Treppen haben also zunächst als Rettungsweg, dann aber auch als Angriffsweg zu dienen.

a) Die Treppen als Rettungswege.

1. Die Breite der Treppen.

Einfluß der Breite der Treppen.

Eine Treppe kann als Rettungsweg bei Feuersgefahr mehr oder weniger geeignet sein. Zunächst spricht dabei ihre Breite mit. Nicht allein, weil auf einer breiten Treppe die Menschen schneller hinab ins Freie gelangen, sondern auch weil beim Zuströmen von Rauch aus den Wohnungen ein weiteres Treppenhaus später in die Gefahr kommt zu verqualmen, als ein enges.

Treppenbreite in Wohnhäusern.

Nicht überall sind gleiche Gesichtspunkte für die Festsetzung der Breite von Wohnhaustreppen maßgebend. In manchen Bauordnungen wird die Zahl der an ihnen liegenden Wohnungen zugrunde gelegt. Andere schreiben ihre Breite nach der Anzahl der Geschosse vor, in der Weise, daß sie z. B. eine gewisse Mindestbreite für das oberste Vollgeschoß festsetzen und nun für jedes darunterliegende Geschoß eine Verbreiterung um ein kleines Maß (10—20 cm) verlangen. Wieder andere setzen eine Mindesttreppenbreite für Wohngebäude fest, welche von unten bis zum Dachgeschoß beibehalten werden muß. Als Mindestbreite für Wohngebäude sollte 1 m genügen, bei Einfamilienhäusern könnte sie sogar auf 80 cm erniedrigt werden.

Treppenbreite in Theatern usw.

Für Theater- und Versammlungsräume wird in den einzelnen Bundesstaaten eine Mindestbreite der Treppen von 1,5—2 m verlangt mit der Maßgabe, daß sie bei Inanspruchnahme durch eine größere Besucherzahl derart erweitert werden, daß auf 1 m Treppenbreite 90—200 Personen kommen.

Treppenbreite in Krankenhäusern und Warenhäusern.

Noch für eine Reihe von anderen Gebäuden werden die geringsten Treppenbreiten vorgeschrieben. So ist z. B. für die Provinz Brandenburg die Mindestbreite für Privatkranken-, Entbindungs- und Irrenanstalten[1])

[1]) Vergl. Polizeiverordnung vom 8. Juli 1898, § 4. Abgedruckt bei Baltz, a. a. O. S. 57.

auf 1,3 m festgesetzt worden. In Waren- und Geschäftshäusern sollen die Treppen wenigstens 1,5 m breit sein, in Schulen mindestens 1,3 m.

Treppenbreite in Hotels.

Besondere Maßnahmen empfehlen sich auch für die notwendigen Treppen in Gasthäusern und Hotels. Mit Rücksicht darauf, daß sie von einer größeren Anzahl von Menschen benutzt werden als die gewöhnlicher Wohnhäuser, und daß den dort meist nur eine Nacht über wohnenden Fremden die Ortskenntnis fehlt, welche den ständigen Bewohnern eines Hauses zum Vorteil gereicht, sollte man auch für diese Gebäude eine größere Treppenbreite verlangen.[1])

Nachteile zu breiter Treppen.

Doch ist bei Bemessung der Breite der Treppen eins noch zu bedenken. Der eine Treppe hinabsteigende Mensch fühlt sich auf breiten Treppen weniger sicher, sobald er sich so weit von den vorhandenen Handläufern entfernt, daß er sie nicht mehr ergreifen kann. Diese Unsicherheit wächst, wenn mit ihm gleichzeitig viele Menschen diese Treppe benutzen. Für solche Treppen, welche zum gleichzeitigen Hinabsteigen einer größeren Personenmenge dienen, sollte man daher die Einrichtung treffen, daß jeder Person bis unten hin ein Handläufer in die Hand gegeben wird. Oder daß sie sich bei etwaigem Falle an einem danebengehenden Menschen festhalten kann, der an einem Handläufer hinabgeht. Demnach dürfte also eine Treppe zur gleichzeitigen Hinabbeförderung einer großen Personenmenge nicht breiter als 2 m sein. *Die Breite solcher Treppen hat demnach auch nach oben ihre Grenze!* Darum schreiben z. B. auch die neuen preußischen Vorschriften für Warenhäuser eine Höchstbreite der Treppen von nur 1,8 m vor.

Höchstbreite der Treppen.

Zwischengeländer auf breiten Treppen.

Die Nachteile sehr breiter Treppen kann man für derartige Gebäude aufheben, wenn man auf ihnen Zwischengeländer in Entfernungen bis zu 2 m von den Außenhandläufern anbringt. Dann besteht allerdings die Gefahr, daß einzelne Personen im Gedränge auf den Treppenpodesten vor den oberen Enden dieser Zwischengeländer zu Fall kommen und dann zertreten werden. Darum wird es dann notwendig sein, die Zwischengeländer auch über die Podeste hinweg zu führen. Vielleicht genügt es aber schon, wenn am oberen Ende der Treppenläufe der Beginn des Zwischengeländers durch eine in die Augen fallende über mannshohe dünne Säule, etwa mit einem Beleuchtungskörper daran, augenfällig gemacht wird.

2. Anzahl und Verteilung der Treppen.

Gesichtspunkte für die Verteilung der Treppen.

Wichtiger als ihre Breite ist aber die Anzahl und die Verteilung der Treppen in den Gebäuden. Für die Anzahl der herzustellenden Treppen sind drei Gesichtspunkte maßgebend: die *Zahl der Wohnungen*, die *horizontale Ausdehnung des Gebäudes*, und endlich die *Höhe der obersten Geschosse* über der Straße.

[1]) Vergl. z. B. Polizeiverordnung des Regierungs-Präsidenten zu Liegnitz vom 10. März 1899.

Zahl der Wohnungen an einer Treppe.

Die Zahl der an einer Treppe liegenden Wohnungen ist insofern für ihre Benutzbarkeit im Brandfalle von Einfluß, als jede Wohnung mehr mit ihren Türöffnungen und Feuerstätten die Möglichkeit der Verqualmung der Treppe erhöht. Darum wird vielfach vorgeschrieben, daß z. B. auf eine Treppe in jedem Geschoß nicht mehr als 3 oder 4 Wohnungen angewiesen sein dürfen.

Erreichbarkeit der Treppe.

Die Zahl der Treppen muß so groß sein, daß von jedem Punkt des Gebäudes eine Treppe nur eine gewisse kurze Strecke entfernt ist. Diese Strecke ist auf dem Fußboden durch den freien Raum zu messen, ohne Rücksicht auf die in dem Raum befindlichen Gegenstände, wie Maschinen, Möbel, Verkaufstische u. dergl. Das Maß dieser Entfernung schwankt in den verschiedenen Städten. Manchmal beträgt es 20 m, andere lassen bis 30 m zu. Es ist auch nach den Gebäudearten verschieden. Für Waren- und Geschäftshäuser ist in Preußen 25 m vorgeschrieben. In einzelnen Fällen empfiehlt es sich, eine kürzere Entfernung festzusetzen, z. B. für Hotels und Gasthäuser aus den vorerwähnten Gründen. Für sie sollte bestimmt werden, daß die Treppen von den Wohn- und Schlafräumen für Fremde nicht weiter als 15 m entfernt sind. Nach diesen Grundsätzen ist die Zahl der Treppen für ein Gebäude festzusetzen, ohne Rücksicht auf seine Höhe.

Treppen für die hochgelegenen Geschosse.

Im übrigen bestimmt sich die Zahl der Treppen lediglich nach der Höhe der Gebäude. Die Grundfläche eines solchen Hauses ist oft nicht so groß, daß zwei oder mehr Treppen notwendig werden. Doch zwingt die Höhe und Zahl der Obergeschosse zur Anlage mehrerer Treppen.

α) Häuser mit zwei oder mehr notwendigen Treppen.

Zweck und Notwendigkeit der zweiten Treppe für alle hochgelegenen Wohnungen.

In den Baupolizeiverordnungen findet sich die Vorschrift, daß alle Häuser, in denen die Fußböden der oberen Wohnungen mehr als eine bestimmte Anzahl von Metern (6—11 m) über Terrain liegen, wenigstens zwei Treppen haben müssen. Wozu diese Bestimmung? Sicherlich nicht in erster Linie, um der Feuerwehr den Angriff zu erleichtern. Doch wohl vor allem dazu, daß den Bewohnern der oberen Geschosse bei einem Brande Gelegenheit gegeben wird, sich über die zweite Treppe zu retten, wenn die erste verqualmt ist oder gar brennt.

Man wird vielleicht einwenden, daß doch aber für die Bewohner der nicht so hochliegenden Geschosse nur eine Treppe verlangt wird und daß bei Unbenutzbarwerden dieser durch Feuer oder Rauch die Bewohner der tieferen Geschosse ebenso notwendig einen zweiten Rettungsweg brauchen wie die höher wohnenden. Das trifft zu. Ihnen bietet sich aber weit eher Gelegenheit, einen zweiten Rettungsweg zu finden, als den Bewohnern der oberen Geschosse. Sei es, daß sie sich selbst aus der geringeren Höhe mit den im Hause vorhandenen Mitteln zu retten versuchen. Sei es, daß Straßenpassanten oder Nachbarn ihnen helfen. Übrigens wird auch, nachdem die

Feuerwehr erschienen ist, ihre Rettung viel schneller von statten gehen als die der Bewohner höher gelegener Stockwerke. Diese sind sicherlich in ungünstigerer Lage.

Für letztere sorgt also im allgemeinen der Gesetzgeber mehr. Das ist nur recht und billig.

Verteilung der Treppen.

Die Verteilung der notwendigen Treppen im Hause muß naturgemäß unter Berücksichtigung der vorerwähnten Gesichtspunkte so erfolgen, daß jede Treppe in unmittelbarer Nähe des wirtschaftlich gesondert benutzten Teils des Gebäudes liegen muß, dessen Ausgangsweg sie bilden soll.

Zugänglichkeit beider Treppen.

Doch nutzt im Brandfalle die beste Verteilung der Treppen auf den Grundriß nicht viel, wenn nicht für eine genügende Zugänglichkeit gesorgt ist. Man findet merkwürdigerweise in vielen Städten Häuser, für welche zwar ihrer Höhe wegen ganz richtig zwei Treppen verlangt wurden, in denen aber die höherliegenden Wohnungen nur einen Ausgang nach einer dieser Treppen haben. Die konzessionierende Behörde hat bei der Erteilung der Bauerlaubnis offenbar gar nicht daran gedacht, aus welchem Grunde die Bauverordnung für solche Gebäude eine zweite Treppe verlangt. Das, was man bei Erlaß der Bestimmung im Auge hatte, die Schaffung eines zweiten Rettungswegs für die Bewohner, ist nicht erreicht worden. Es empfiehlt sich darum dringend, daß in den Baupolizeiverordnungen zu der Bestimmung, daß in Häusern von einer bestimmten Höhe zwei Treppen anzulegen sind, ausdrücklich zugesetzt wird, daß auch die so und so hochliegenden Wohnungen Ausgänge nach diesen beideu Treppen haben müssen.

Man findet eine große Anzahl von Häusern, wo diesem Grundsatz nicht Rechnung getragen ist. Das kommt bei vielen älteren Gebäuden vor. Aber auch für zahlreiche Neubauten dieser Art wird alljährlich die Bauerlaubnis erteilt. Namentlich Häuser mit kleineren Wohnungen kommen hier in Frage.

Es muß ohne weiteres zugegeben werden, daß in den Großstädten mit ihren hohen Bodenpreisen eine rationelle Bebauung und Ausnutzung des Grundstücks dem Architekten geradezu unmöglich gemacht wird, wenn man ihn zwingen will, zwischen je zwei kleine Wohnungen der obersten Geschosse immer eine Treppe zu legen. Soll man darum aber auf den Ausgang nach der zweiten Treppe verzichten? Das wäre doch im Sicherheitsinteresse recht zu bedauern.

Notwege zur zweiten Treppe.

Wie aber Ersatz für den fehlenden zweiten Rettungsweg schaffen? Die zweite Treppe ist vorhanden, nur können bei Feuersgefahr die bedrängten Bewohner sie nicht erreichen.

Nottür in der Trennungswand zwischen zwei Wohnungen.

In manchen Städten wird in solchen Fällen vorgeschrieben, daß in der Trennungsmauer zweier nebeneinander befindlicher Wohnungen, von denen jede an einer besonderen Treppe liegt, Türöffnungen hergestellt werden. Diese läßt man mit Gipsdielen zuschließen. Man glaubt, daß dann im Falle der Verqualmung des einen Treppenhauses die Bewohner mit einem im Haushalt vorhandenen Beil oder Hammer sich leicht eine genügend große Öffnung in die Gipsdielenwand schlagen können, um durch die Nebenwohnung die andere Treppe zu erreichen.

Oder aber es wird bestimmt, daß die Türöffnung durch eine gewöhnliche Tür zu schließen ist. Auf beiden Seiten, also in jeder Wohnung, wird dann ein Schlüssel zu der Tür für den Fall der Not bereit gehängt.

Beide Auswege haben jedoch ihre großen Nachteile. Der eine Weg ist oft nicht gangbar. Denn wie sollen ältere Frauen oder Kinder, die in einer Wohnung allein sind, die Gipsdielenwand durchschlagen? Selbst wenn sie sich in ihrer Aufregung bei einem Brande an deren Vorhandensein erinnern. Und selbst wenn sie das erforderliche Handwerkszeug zur Hand haben.

Und der andere Ausweg mit der verschlossenen Tür? Er ist entweder zu leicht gangbar oder zu schwer. Zu leicht für unredliche oder leichtfertige Besuche der Angehörigen beider Familien untereinander. Daran ändert auch die Ansiegelung der Schlüssel oder ihre Aufhängung in Glaskästen nichts. Ein Nachschlüssel ist schnell angefertigt. Die Hausbesitzer befürchten darum mit Recht, daß sie solche Wohnungen nur selten vermieten können. Zu schwer ist dieser Weg dann gangbar, wenn auf einer oder beiden Seiten Möbelstücke von einigem Gewicht vor die Tür gestellt sind, so daß Frauen und Kinder sie nicht öffnen können.

Notbalkon.

Man ist daher auf den Ausweg verfallen, einen Notausgang zu der zweiten vorhandenen Treppe durch die Nebenwohnung von außen vorzuschreiben. Über einen nur zu diesem Zweck angebrachten Notbalkon. Der nur 50—60 cm breite Balkon mit Geländer versehen und in Höhe des Fußbodens oder besser des Fensterbretts angebracht, reicht von dem letzten Fenster der einen Wohnung bis zu dem danebenliegenden Fenster der Nebenwohnung. Er kann in der Mitte durch eine bewegliche Holzwand getrennt werden.

Dieser Ausweg muß als zweckmäßig bezeichnet werden. Schon an und für sich sind Balkons als sehr vorteilhafte Einrichtung für die Sicherheit der Bewohner zu betrachten. Allein weil sie ihnen bei verqualmter Wohnung einen Zufluchtsort gewähren. In diesem Falle sind sie von besonderem Segen. Die geängstigten Menschen können leicht nach Zerschlagen der Scheiben durch die Nebenwohnung zur anderen Treppe gelangen.

Die Leitern der Feuerwehr als zweiter Rettungsweg.

Vielleicht wird jemand sagen: wir brauchen bei uns keine solche künstlichen Aushilfsmittel, um den Bewohnern der obersten Geschosse einen zweiten Rettungsweg zu schaffen. Den zweiten Rettungsweg bringt bei uns die Feuerwehr in Gestalt ihrer Leitern mit. Sehr richtig. Das tut aber wohl jede Berufsfeuerwehr und auch jede gut ausgerüstete freiwillige Feuerwehr. Aber weiß man denn so bestimmt, daß die Feuerwehr in jedem Falle so schnell zur Stelle sein wird, daß sie ihre Leitern den in Not befindlichen Bewohnern als zweiten Rettungsweg bieten kann? Wie oft tritt — namentlich bei Nacht — der Fall ein, daß ein Feuer erst dann bemerkt wird, wenn nicht nur das Treppenhaus, sondern auch bereits ein Teil der Wohnungen vollständig verqualmt ist. Dann kommt öfters selbst die bestorganisierte Berufsfeuerwehr zu spät. Das zeigen die Fälle, bei denen die ankommende Feuerwehr gerade noch das Sprungtuch ausbreiten kann, um die herabspringenden Menschen aufzufangen. Ganz zu schweigen von den traurigen Vorkommnissen, wo bereis vor Ankunft der Feuerwehr Bewohner in ihrer Todesangst auf die Straße hinabgesprungen sind.

Die Baupolizei-Verwaltungen im Verein mit den Feuerwehren sollten daher darauf dringen, daß der in der Theorie für die höchstgelegenen Wohnungen meist als notwendig anerkannte, in der Praxis aber oft fehlende Weg zur zweiten Treppe überall geschaffen wird. Damit könnte manches Unglück verhütet werden.

Die Treppen in Wohnhäusern mit unteren Geschäftsgeschossen u. dergl.

Daß in einem Wohnhause gleichzeitig beide Treppen durch Rauch oder Feuer ungangbar werden, so daß keine von ihnen als Rettungsweg benutzt werden kann, der Fall wird wohl kaum jemals eintreten. Er kann höchstens in denjenigen Gebäuden vorkommen, in denen durchgehende Geschäfts-, Lager- oder Fabrikräume in den unteren Geschossen an den Treppen liegen, welche zu den Wohnungen hinaufführen. Nicht dort, wo sich verschiedene feuerfest voneinander abgeschlossene Räume dieser Art in demselben Geschoß befinden. Bricht in einem dieser Werkstatts- oder Geschäftsräume Feuer aus, das die daranliegende Wohnungstreppe ungangbar macht, so können die Bewohner über die andere Treppe sich in Sicherheit bringen.

Anders wenn das Geschäfts- oder Fabrikationslokal von einer Treppe zur anderen reicht und nach beiden Ausgänge hat. In diesem Falle können u. U. bei einem Brande beide Treppen verqualmt werden. Dann ist den Bewohnern jeder Rettungsweg abgeschnitten.

Reservierte Bewohner-Treppe.

Es muß in solchen Gebäuden nach den wohl überall bestehenden Vorschriften verlangt werden, daß eine der vorhandenen Treppen für die über den Geschäftslokalen gelegenen Wohnungen vorbehalten bleibt. Gleichgültig, ob der Fußboden so weit über der Straße liegt, daß bei gewöhnlichen Wohnhäusern eine zweite Treppe verlangt würde oder nicht. Diese für die Bewohner reservierte Treppe darf mit den Geschäftsräumen in keinerlei Verbindung stehen, sondern muß feuerfest dagegen abgeschlossen sein. Also keine Türöffnungen, selbst nicht mit Vorzugs-T-Türen abgeschlossen, keine Fenster oder feuersicheren Glasverschlüsse u. dergl. Sie muß so angelegt werden, daß sie auch bei völliger Verqualmung der Geschäftsräume unter allen Umständen benutzbar bleibt. Mit dieser Bewohnertreppe muß jede Wohnung bequeme und ungehinderte Verbindung haben.

Ausgang aus den Obergeschossen der Geschäftslokale.

In Häusern mit nur einer oder zwei Treppen wird durch einen solchen feuerfesten Abschluß der einen Treppe oft der notwendige Ausgang für die in Obergeschossen befindlichen Geschäfts- oder Fabriklokale beseitigt.

Das kann jedoch keinerlei Einfluß auf diese Maßregel ausüben: den darüber wohnenden Menschen muß bei einem Brande dieser Räume auf jeden Fall die Gewißheit gegeben werden, daß sie ungefährdet das Freie erreichen. Es ist Sache der Inhaber der Geschäfts- oder Fabriklokale, die für ihre Räume notwendigen Ausgänge zu beschaffen.

Dazu können sie Außentreppen anlegen. Oder aber sie stellen nach Zumauern der Türen zum Bewohner-Treppenhaus Ausgänge aus den oberen Geschäftsräumen nach einer außen anzubringenden, offenen eisernen Galerie her, von welcher kurze offene Treppen außen bis zum Fenster des nächst tieferen Treppenpodestes hinabführen. Dann wird den in den oberen Geschäftsräumen befindlichen Menschen die Möglichkeit der Benutzung der Bewohner-Treppe gewährt, ohne daß diese verqualmen kann. Man hat auch vorgeschlagen, daß die direkten Ausgänge aus den oberen Geschäftslokalen nach der Bewohner-Treppe bestehen bleiben sollen und daß durch Anbringung von feuersicheren Drehtüren oder durch Herstellung von Vorgelegen mit zwei Türen dem Hinaustreten von Rauch aus diesen Räumen nach dem Treppenhaus vorgebeugt werden solle. Diese Mittel sind jedoch keinesfalls ausreichend, eine Verqualmung der Treppe unter allen Umständen zu verhüten.

β) Häuser mit nur einer Treppe.

Nur eine Treppe in Neubauten und in älteren Häusern.

Viele ältere Häuser haben nur eine Treppe. Aber auch Neubauten mit nur einer Treppe werden unter besonderen Umständen ausnahmsweise zugelassen. Solch Ausnahmefall liegt dann vor, wenn es sich um ein Grundstück handelt, dessen Grundfläche nur gering ist, bei der also die bebaute Fläche vielleicht nicht mehr als 100—150 qm beträgt, und wo die Front des Gebäudes sehr schmal ist. Es wäre hart, wenn man für derartige Häuser zwei Treppen verlangen wollte. Wenn auf die sonst notwendige zweite Treppe verzichtet werden soll, muß naturgemäß die eine Treppe von allen Punkten des Gebäudes schnell und bequem erreichbar sein.

Dann zu stellende Anforderungen.

Treppe und Treppenhaus müssen in solchen Fällen einer Reihe von Anforderungen genügen, welche über das hinausgehen, was man sonst für notwendige Treppen fordert. Ist nur eine Treppe vorhanden, so ist das Treppenhaus so einzurichten, daß ein Brand nicht in ihm entstehen kann, daß Feuer und Rauch aus anderen Räumen möglichst schwer hineingelangen und sich nur schwer fortpflanzen können.

Feuerbeständigkeit.

Erste Forderung dazu ist natürlich Herstellung einer genügend feuerbeständigen Treppe. Bei Neubauten ist in solchem Falle eine feuerfeste Treppe zu verlangen. In älteren Häusern muß man sich meist mit einer feuersicheren Treppe begnügen. Besteht die einzig vorhandene Treppe aus Holz, so ist sie zum mindesten an der Unterseite zu schalen und mit Rohrputz zu versehen.

Eine Verqualmung des Treppenhauses entsteht häufig bei Kellerbränden. Bei Neubauten mit nur einer Treppe sollte man daher den Kellereingang nicht unter dem untersten Treppenlauf anlegen. Bei älteren Häusern läßt sich die Herstellung eines Kellerausgangs direkt ins Freie ohne Verbindung mit dem Treppenhaus nicht immer erreichen. Versuchen wird man es in jedem Falle müssen. Läßt es sich nicht durchführen, so ist wenigstens der Kellereingang rauch- und feuersicher vom Treppenhaus abzuschließen. Also feuersicherer Verschlag über der Kellertreppe, feuersichere selbsttätige Tür, keine durchbrochenen Treppenstufen. Abschluß des Kellers.

Brände können aber auch in den am Treppenhaus liegenden Wohnungen entstehen. Damit dem Weiterdringen von Feuer und Rauch aus ihnen ins Treppenhaus und zu den höher gelegenen Wohnungen wenigstens einigermaßen entgegengetreten wird, schreibt man zweckmäßig vor, daß die Scheiben und Oberlichter solcher Türen und Fenster, welche am Treppenhaus liegen, durch volle Füllungen oder feuersicheres Glas zu ersetzen sind. Auch die oft vorhandenen Oberlichtscheiben der Türen der Podestklosetts. Lichtöffnungen in Türen.

Daß man außerdem sein besonderes Augenmerk auf die sonst für Treppenhäuser geforderten Einrichtungen, wie feuersicheren Bodenabschluß, Beseitigung von Verschlägen, Vermeidung von Aufbewahrung brennbarer Stoffe im Treppenhaus u. dergl. richten muß, braucht nicht hervorgehoben zu werden. Sonstige Forderungen.

In manchen Fällen wird man auch die Zugänge feuerfest gestalten und die anschließenden Flure überwölben müssen.[1])

Alle diese Maßnahmen können die Gefahr, daß das *eine* Treppenhaus in der Stunde der Not unbenutzbar wird, gewiß ganz bedeutend *vermindern*. Aber auch nur das. Sie können die Gefahr nie ganz *beseitigen*. Denn die Treppe ist von zwei Gefahren bedroht. Nicht bloß vom Feuer, sondern auch vom Rauch. Und gegen die Gefahren, welche die Verqualmung des Treppenhauses bringt, können diese Einrichtungen nicht ganz schützen. Verqualmungsgefahr.

Das Fehlen des zweiten Rettungsweges kann daher in solchen Häusern von schwerwiegenden Folgen sein. Darum sollte die Baupolizei in jedem derartigen Falle, wo sie aus den angeführten Gründen ausnahmsweise die Erlaubnis zum Bau eines Hauses mit nur einer Treppe geben muß, reiflich überlegen, ob sie nicht auf *andere Weise*, ohne daß eine zweite Treppe angelegt wird, den Bewohnern der obersten Geschosse einen *zweiten Ausweg schaffen* kann. Es gibt eine Reihe von Mitteln dazu. Vor allem sollte sie aber den älteren Häusern mit nur einer Treppe ihre ganz besondere Aufmerksamkeit zuwenden. Bei ihnen ist die Schaffung eines anderen Rettungsweges für die Bewohner oft am notwendigsten.

---

[1]) Vergl. *Baltz*, a. a. O. S. 347, Anm. 34.

3. Die Ersatzmittel für die fehlende zweite Treppe.

Notweg zur Treppe des Nebenhauses.

Das einfachste Mittel, um in Häusern mit nur einer Treppe den Bewohnern bei ihrer Verqualmung einen zweiten Rettungsweg zu öffnen, besteht darin, daß man ihnen die Möglichkeit gewährt, zu der Treppe des Nebenhauses zu gelangen. Selbstverständlich wird es nur dann möglich sein, einen solchen Rettungsweg für die Bewohner bereit zu halten, wenn der Besitzer des Nebenhauses seine Einwilligung dazu gibt. Doch wird diese in vielen Fällen viel leichter erteilt werden, als es auf den ersten Blick scheint. Dort, wo sich Gebäude mit nur einer Treppe befinden — also meist in den alten Stadtteilen, wo die Grundstücke nur klein sind — ist häufig der Nachbar in ähnlicher Lage. Auch seinem Haus fehlt die zweite Treppe. Wenn sich beide Nachbarn einigen und ihren Hausbewohnern einen Notweg durch das Nachbarhaus bereitstellen, kommen sie viel billiger fort, als wenn jeder von beiden durch die Baupolizei gezwungen wird, andere kostspielige Ersatzmittel für die fehlenden Treppen zu schaffen. Sie werden also beide einer privatrechtlichen Einigung nicht abgeneigt sein. Für den Fall, daß einer von ihnen einen Neubau errichtet, könnten besondere Bestimmungen getroffen werden. Diese Art des Vorgehens hat sich z. B. in Posen bei einzelnen älteren Häusern bewährt.

Notweg durch die brennende Brandmauer.

Die Möglichkeit, auf Grund dieser Einigung einen Ausweg zu der Treppe des Nachbarhauses zu schaffen, bietet sich öfters. Man braucht dazu gar nicht einmal auf die im vorigen Abschnitt erwähnten Mittel, wie Durchbruch einer Türöffnung in die trennende Brandmauer zwischen den Wohnungen und Verschluß durch Gipsdielen oder eine feuersichere Tür, zurückzugreifen. Trotzdem nicht allzuviel dagegen einzuwenden wäre. Was man zur Erleichterung des Geschäftsverkehrs bei so großen Brandobjekten wie Speichern, wenn auch nur ausnahmsweise, gestattet, sollte in derartigen Wohnhäusern, wenn es sich um Menschenrettung handelt, nicht verboten werden. Der vorgeschlagene Notbalkon wird sich vielleicht auch manchmal zweckmäßig anbringen lassen.

Notweg durch die Bodenräume.

Oft gelingt es aber, einen Weg durch die Bodenräume zu schaffen. Die Brandmauer wird durchbrochen und durch eine feuersichere Tür geschlossen. Auf jeder Seite von ihr hängt ein Schlüssel im Glaskasten. Vielleicht bekommt auch jeder der zu oberst wohnenden Mieter einen solchen. Höhenunterschiede der beiden Böden machen nicht viel aus, wenn sie nicht allzubedeutend sind. Es wird an der Durchbruchstür eine einfache Holztreppe mit ein paar Stufen angebracht. Um den obersten Treppenteil, von den oberen Wohnungen zum Dachboden, rauchfrei zu halten, kann es sich empfehlen, die Treppen an den Podesten vor diesen Wohnungen durch eine selbsttätige rauchsichere Tür nach oben abzuschließen.

Notweg über das Dach.

Manchmal findet sich auch ein Weg aus dem höher gelegenen Dachboden des einen Hauses auf das flache Dach des Nachbarhauses und von dort durch eine Dachluke oder ein Dachfenster auf feststehender flach geneigter Leiter mit Handläufer hinab in dieses. Dann müssen natürlich auf dem Dach Laufbretter mit Geländern angebracht werden. Aber man wird häufig als Notbehelf bei älteren Häusern auch noch andere Wege finden.

In vielen Städten werden als Ersatzmittel für die fehlende zweite Treppe feste eiserne Leitern an der Hausfront vorgeschrieben. Damit sie von unten aus durch Unbefugte nicht benutzt werden können, läßt man sie $2^1/_2$—3 m über Terrain endigen.[1] Glaubt man aber wirklich, daß es bei Unbenutzbarwerden des Treppenhauses allen Bewohnern gelingen wird, auf der steilen eisernen Leiter hinabzuklettern? Alten Leuten auch Frauen mit kleinen Kindern doch wohl sicherlich nicht! Für sie bleibt dieser Rettungsweg unbrauchbar. Eine eiserne Notleiter, wenn sie vor den Fenstern mit Podesten versehen und sachgemäß angebracht ist, hat gewiß ihre großen Vorteile. Aber nur dort, wo sie im Notfalle von nicht zu jungen und nicht zu alten Personen benutzt werden soll. Es ist recht zweckmäßig, sie an Werkstatt- und Fabrikgebäuden anzubringen, an Kasernen und manchen Schulen u. dergl. Aber nicht an gewöhnlichen Wohnhäusern. Von großem Wert sind solche Leitern natürlich in jedem Falle als Angriffswege für die Feuerwehr. Eiserne Notleitern.

---

[1]) Im übrigen gelten für eiserne Feuerleitern in der Regel folgende Grundsätze:

1. Die Leitern sind so anzubringen, daß ihre Sprossen parallel zur Hausfront liegen. Zwischen Leiter und Hauswand muß ein freier Raum von wenigstens 20 cm sein.

2. Die Leitern sind herzustellen aus Flacheisenholmen von mindestens 8×40 mm Stärke und Rundeisensprossen von wenigstens 15 mm Durchmesser. Die Holme müssen etwa 50 cm, die Sprossen 30 cm voneinander entfernt sein. Die Holme sind längstens alle 2,5 m mittelst kräftiger Mauerstützen zu befestigen.

3. Die Leiter muß etwa 2,5—3 m über Terrain beginnen und so weit über die Dachtraufe bezw. Ballustrade reichen, daß die oberste Sprosse etwa in Höhe dieser liegt. Die Holme sind noch 1 m weiter als Geländer zu führen und über dem Dachgesims nach der Dachfläche hin zu neigen.

4. Die Leiter ist dicht neben einer Fensterreihe anzubringen.

5. Vor jedem Obergeschoß ist ein eisernes Podest von 80 cm Breite so anzubringen, daß es von der Leiter und vom Fenster aus leicht bestiegen werden kann. Es ist an der Lang- und der einen Schmalseite mit festen Geländern und einer 10—15 cm über der Trittfläche befindlichen eisernen Querstange zu versehen.

6. Die neben den Feuerleitern liegenden Fenster dürfen nicht vergittert oder mit Drahtgewebe verschlossen sein. Sie müssen einen von innen leicht zu öffnenden Flügel von mindesten 50×100 cm Größe erhalten.

7. Diese Fenster dürfen nicht verstellt werden und müssen leicht zugänglich sein. Neben oder über ihnen ist groß und deutlich anzuschreiben „Notleiter".

Zu bemerken ist noch, daß Leitern ohne Podeste weder für die Rettung der Menschen, noch für den Angriff der Feuerwehr viel Wert haben. Ganz zu verwerfen sind jene Leitern, bei denen die Sprossen nicht parallel, sondern im rechten Winkel zur Hausfront stehen.

Schrägliegende eiserne Notabstiege.

Sehr geeignet für alle Arten von Gebäuden, auch für Wohnhäuser, sind eiserne schrägliegende Notabstiege, welche an einer Außenmauer des Hauses derart angebracht werden, daß die Trittstufen rechtwinklig zur Gebäudeflucht stehen.[1]) Sie dürfen nicht zu steil sein und müssen ein festes Geländer erhalten. Vor den Aussteigefenstern der einzelnen Geschosse sind Podeste anzubringen. Es kann manchmal notwendig werden, daß einzelne Fenster, vor denen dieser Notabstieg vorbeiführt, feuersicher verglast werden.

Rettungsfenster. Rahmenleitern.

Man hat noch einige Vorrichtungen ersonnen, welche im Brandfalle eine sichere Rettung aus den obersten Geschossen ermöglichen sollen. Einige, wie das „Rettungsfenster" und die „Rahmenleiter", stellen eiserne Leitern dar, welche im Bedarfsfalle vor die Fenster heraus- oder herumgeklappt werden. Auch sie haben die vorerwähnten Nachteile der eisernen Leitern.

Wendelrutsche.

Eine andere Art ist die „Wendelrutsche", welche in Amerika mit Erfolg verwendet werden soll. Bei ihr gleitet die zu rettende Person auf einer schraubenartig gedrehten schiefen Ebene herab.

Rettungsapparat.

Erwähnt mag noch werden, daß in vielen Städten Norwegens auf Anordnung der Behörde an einem Fenster jedes Hotelzimmers ein einfacher Rettungsapparat angebracht ist, wie ihn die Feuerwehr benutzt. Die dabei angeschlagene kurze Erläuterung in verschiedenen Sprachen unterweist jeden, wie er sich beim Brande mit diesem Apparat gefahrlos auf die Straße hinablassen kann.

b) Die Treppen als Angriffswege.

Durchführung der Treppen bis ins Dachgeschoß.

1. Bei Dachstuhlbränden soll der Feuerwehr die Möglichkeit geboten sein, daß sie auf der Treppe bis ins Dachgeschoß gelangen kann. Ist das Grundstück so groß, daß mehr Treppen als eine notwendig sind, so sind auch die Bodenräume so ausgedehnt, daß das in ihnen wütende Feuer von mehreren Treppen her angegriffen werden muß.

Notwendige Treppen bis ins Dachgeschoß.

Bei vielen Gebäuden reicht die Treppe des Vorderhauses nicht bis zum Boden hinauf. Bei einem im Dachgeschoß ausbrechenden Brande ist dort oft der ganze Dachstuhl verloren, da infolge Fehlens der Treppe der Angriff der Feuerwehr sehr erschwert und verzögert wird. Manchmal muß sich erst die Feuerwehr durch die Decke unter dem Dachgeschoß einen Zugang hauen, da die entlegenen anderen Treppen nicht genügen. Darum ist es in jedem Falle erforderlich, daß alle notwendigen Treppen bis ins Dachgeschoß durchgeführt werden.

Die Fortsetzung der notwendigen Treppen vom obersten Voll- bis zum Dachgeschoß kann durch eine Nebentreppe erfolgen. In architektonisch geschmackvoll ausgeführten Treppenhäusern mit dekorativem Deckenabschluß kann die Bodentreppe aber recht störend sein. Man gestattet darum vielfach, daß sie in einem unmittelbar neben dem Treppenhaus ge-

[1]) Vergl. v. Ritgen, a. a. O. S. 49.

legenen schmalen Raum angebracht wird, der feuersicher abgeschlossen ist. Der Eingang zu ihm muß leicht aufzufinden sein. Zweckmäßig ist es, wie an manchen Orten vorgeschrieben, daß an seiner Tür das Wort „Bodentreppe" angeschrieben wird. Diese Nebentreppe braucht nur geringen Ansprüchen zu genügen. Als Breite reicht etwa $^3/_4$ m aus. Sie kann steiler sein als notwendige Treppen sonst, doch muß überall eine freie Kopfhöhe von mindestens 1,8 m verbleiben. Die Futterstufen können an ihr fehlen.

Neben-treppen bis ins Dachgeschoß.

In manchen Fällen kann es auch erforderlich werden, daß nicht bloß notwendige, sondern auch Nebentreppen bis ins Dachgeschoß hochgeführt werden. Feuerpolizeiliche Rücksichten werden dann maßgebend sein.

Was heißt „Dachgeschoß"?

Die notwendigen Treppen sind bis ins „Dachgeschoß" fortzusetzen. So schreiben die Baupolizei-Verordnungen vor. Was ist in diesem Zusammenhange unter „Dachgeschoß" zu verstehen? Manchmal wird in den hohen Dachraum ein Wohngeschoß eingebaut. Damit es innerhalb der zulässigen Dachneigung bleibt und doch senkrechte Außenwände hat, werden diese auch öfters entsprechend zurückgerückt. Braucht die notwendige Treppe nur bis zu diesem „Dachgeschoß" geführt, oder muß sie weiter bis in den freien Dachbodenraum fortgesetzt werden? Ist es ferner erforderlich, daß eine etwaige Fortsetzung der Treppe bis zum darüberliegenden Dachboden feuersicher durch das Dachgeschoß hindurchgeführt und feuersicher gegen den Dachbodenraum abgeschlossen wird? Über diese Fragen sind in manchen Städten nicht wenige Meinungsverschiedenheiten zwischen Baupolizei und Architekten entstanden. Der Begriff „Dachgeschoß" ist nicht genügend sicher festgelegt. Auch nicht durch die Entscheidungen des preußischen Oberverwaltungsgerichts[1]) in einigen derartigen Streitfällen. Es empfiehlt sich, daß in die Bauordnungen ausdrücklich eine Definition des Begriffs „Dachgeschoß" aufgenommen wird.

Als Dachgeschoß wird man lediglich dasjenige Geschoß bezeichnen dürfen, welches über dem obersten Vollgeschoß liegt. Der Boden über dem Kehlgebälk gehört nicht dazu.

Treppen nach dem freien Bodenraum über dem Dachgeschoß.

Bis zu diesem Dachgeschoß müssen die notwendigen Treppen auf jeden Fall fortgesetzt werden. Wenn das Dachgeschoß von dem darüberliegenden Bodenraum durch eine feste und dicht schließende **Dielung auf den Kehlbalken** oder aber durch eine noch feuerbeständigere Zwischendecke abgedeckt wird, dann ist einem Brande, der in dem so geschaffenen Bodenraum entsteht, vom eigentlichen Dachgeschoß aus nicht beizukommen. Bei derartigen Anlagen ist es daher erforderlich, die bis zum Dachgeschoß führende Treppe als Nebentreppe nach diesem Bodenraum fortzusetzen und sie feuersicher abzuschließen. Es ist nicht unzweckmäßig, auch eine derartige Bestimmung in die Baupolizei-Verordnung aufzunehmen.

[1]) Vergl. Entsch. des O.-V.-G. vom 27. November 1895 (Pr. V.-Bl. 17, 471); vom 20. Juli 1890, Bd. 21, 385; vom 26. Juni 1904 (Pr. V.-Bl. 26, 167). — Vergl. auch Baupol. Mitteilungen 1906, S. 90 u. 107.

Aussteigeluken im Deckenabschluß des Treppenhauses.

2. Die bei einem Dachstuhlbrand vom Treppenhaus her angreifenden Feuerwehrmannschaften haben oft sehr zu leiden unter dem Rauch, der aus der zum Angriff geöffneten Bodentür dringt. Sehr zweckmäßig erweist es sich in solchen Fällen, wenn im Deckenabschluß des Treppenhauses eine Aussteigeluke angebracht ist. Sie braucht von der Feuerwehr nur geöffnet zu werden, dann ist sofort ein Rauchabzug geschaffen. Die Löscharbeiten werden dadurch bedeutend erleichtert und beschleunigt. Auch zu anderen Zwecken ist eine dort angebrachte Aussteigeluke sehr geeignet. Beispielsweise wenn Feuerwehrmänner schnell auf das Dach geschickt werden müssen, um dort mit einer Schlauchleitung vorzugehen oder dergl. Wo es geht, sollte auf die Herstellung solcher Aussteigeluken über dem Treppenhaus hingewirkt werden. Selbstverständlich müssen die Abschlußdeckel dieser Luken, wenn sie aus Holz sind, auch an der Unterseite mit Blech beschlagen oder sonstwie feuersicher bekleidet werden. Ebenso wie die Umfassung der Luke. Sonst können sie bei einem im Treppenhaus hochsteigenden Feuer leicht durchbrennen. Dann würde häufig ein solcher Luftzug entstehen, daß Rauch und Feuer gewaltig angefacht und angesaugt werden. Das Öffnen der Dachluken über dem Treppenhaus soll erst durch die Feuerwehr erfolgen. Dann ist eine Weiterverbreitung des Feuers verhindert. Es wäre falsch, wenn man das Öffnen der Dachluken dem Naturelement selbst überlassen und damit unter Umständen seine Ausbreitung fördern wollte. Darum ist es notwendig, daß die Dachluken über dem Treppenhaus von unten mit Eisenblech beschlagen oder auf eine andere Art feuersicher bekleidet werden.

Besondere Angriffstreppen für die Feuerwehr.

3. Eine besondere Treppenanlage, welche eigens für den Angriff der Feuerwehr eingerichtet ist, findet sich in den neueren großen Speichern im Hamburger Freihafengebiet nördlich der Elbe.[1]) Von den beiden Treppen, welche für jeden Speicher oder jede feuerfest abgeschlossene Speicherabteilung von etwa 350 qm Grundfläche angelegt sind, dient die vordere für den allgemeinen Verkehr. Dagegen ist die hintere Treppe nur für den Sicherheitsdienst bestimmt. Damit für die letztere tunlichst wenig von dem kostbaren Lagerraum des Speichers verloren geht, ist sie so angelegt, daß sie gleichzeitig für zwei Speicher dient. Der Zutritt von den Speicherräumen zu der Treppe erfolgt über eiserne Balkons, die vor jedem Geschoß angebracht sind.

Westphalen-Türme.

Diese runden, sogen. „Westphalen-Türme“[2]) haben innen eine feuerfeste Wendeltreppe, welche bis aufs Dach hinaufführt (Fig. 6). Im Keller haben sie einen vollkommen feuersicheren Zugang von außenher. Es ist ausgeschlossen, daß sie durch Feuer oder Rauch unbenutzbar werden.

[1]) Vergl. Westphalen-Hamburg, Moderne Lagerschuppen und Speicher in der Freien und Hansestadt Hamburg. Vortrag, gehalten auf dem Kongreß für Feuerverhütung, London 1903.

[2]) In Hamburg so genannt nach dem dortigen Branddirektor Westphalen, der sie ersonnen und eingeführt hat.

Diese Treppentürme gestatten der Feuerwehr, den Brand stets auch von der zweiten hinteren Seite aus anzugreifen. Sie geben ihr einen sehr wertvollen Stützpunkt für ihren Angriff, selbst dann noch, wenn das Feuer bereits so weit vorgeschritten sein sollte, daß die Standfestigkeit der Außenmauern des Speichers in Frage gestellt ist. Ein Einsturz der Treppentürme mit ihren 38 cm starken Rundmauern erscheint ausgeschlossen.

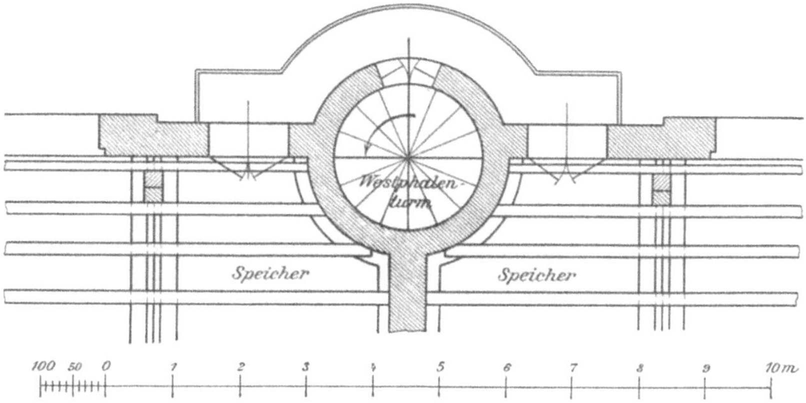

Fig. 6.

Darum können die Feuerwehrmannschaften von ihnen aus bis zum letzten Augenblick gegen das Feuer kämpfen und sich schließlich durch den im Keller anschließenden feuersicheren Gang ins Freie zurückziehen, gegebenenfalls auch über das Dach und von dort aus auf die Dächer der Nachbarspeicher.

Getrennte Treppentürme.

Weniger zweckmäßig, weil mehr Platz und Kosten beanspruchend, sind Treppentürme, welche getrennt von den Gebäuden mit besonders feuergefährlichem Inhalt erbaut werden. Sie sind mit jedem Stockwerk des Hauses durch feuersichere Brücken verbunden.

IV. Die Vorrichtungen für den Rauchabzug in den Treppenhäusern.

Verqualmung des Treppenhauses.

Es wurden im vorstehenden die Maßnahmen erwähnt, welche man trifft, um das Eindringen von Feuer in das Treppenhaus und seine Weiterverbreitung darin zu verhindern. Dabei wurde darauf hingewiesen, daß man sich gegen die andere Gefahr, die Verqualmung des Treppenhauses, nicht so leicht sichern könnte. Mancher wird damals dieser Ansicht nicht ohne weiteres zugestimmt haben. Denn nichts erscheint einfacher, als daß man zur Abführung des gefahrbringenden Rauchs über jedem Treppenhaus eine Rauchklappe anbringt. Jeder Hausbewohner müßte sie beim Brande von seinem Geschoß aus öffnen können. Dann wäre doch, wie es scheint, die eine Gefahr, die der Verqualmung der Treppen, mit einem Schlage verschwunden. Und dann könnten bei einem

Vorteile der Rauchklappen.

Brande in den unteren Geschossen die oben Wohnenden durch das jetzt rauchfreie Treppenhaus ruhig ins Freie hinabsteigen.

Nachteile der Rauchklappen.

Bei diesem Einwand vergißt man bloß das eine: durch Öffnen der Rauchabzugsklappe entsteht sofort ein gewaltiger Luftzug nach oben und damit ein ganz bedeutender Auftrieb der Rauch- und Brenngase. Das Feuer in dem unteren Geschoß wird dadurch angefacht, wenn die Tür nach dem Treppenhaus offen steht. Es brennt lebhafter. Der entstehende Rauch, oft sogar die Flamme, werden im Treppenhaus hochgesaugt. Die Folge wäre in vielen Fällen, daß das Treppenhaus nicht bloß noch mehr vom Rauch erfüllt, sondern daß sogar das Feuer in ihm hocheilen und vielleicht in die oberen Wohnungen eindringen würde. Darum mag unter Umständen ein solcher Rauchabzug, den jeder Bewohner öffnen kann, recht gefährlich werden.

Dagegen wird eine Rauchklappe über dem Treppenhaus von großem Vorteil sein, wenn von unten kein Rauch zuströmen kann, wenn also die Treppenhaustüren des unteren Geschosses, in dem es brennt, einigermaßen rauchdicht geschlossen sind. Oder wenn mit Öffnen der Rauchklappe gleichzeitig dem Feuer zuleibe gegangen wird. Sobald die Feuerwehr in Tätigkeit tritt, kann aus dem Aufmachen des Rauchabzugs nur noch Vorteil entspringen. Denn dann wird dem Aufwärtsschreiten des Brandes im Treppenhaus ein Riegel vorgeschoben.

Allgemeine Gesichtspunkte für die Anbringung von Rauchklappen.

Rauchklappen im Dach geben häufig Anlaß zu Zug, Durchregnen oder sonstigen Undichtigkeiten. Man wird sie darum nur dort anbringen, wo sie unbedingt nötig sind. In gewöhnlichen Wohnhäusern mit Treppenfenstern können sie, wie erwähnt, vor Ankunft der Feuerwehr sehr schaden, nach Ankunft sind sie kaum noch notwendig, weil dann die Fenster im Treppenhaus durch die Feuerwehr geöffnet werden, so daß der Rauch bald abzieht. Bei Treppenhäusern ohne Fenster, lediglich mit Oberlicht, sind sie von Vorteil, wenn sie bei Ankunft der Feuerwehr geöffnet werden. In manchen Gebäuden, z. B. in neueren Theatern, Warenhäusern u. dergl., in denen Rauch nicht von unten ins Treppenhaus treten kann, werden sie sogar von großem Nutzen sein, wenn sie sofort beim Brande von irgend einer beliebigen Person geöffnet werden können.

Rauchklappen können also im Sicherheitsinteresse recht vorteilhaft sein, sie können aber auch in anderen Fällen durch zu frühzeitige Öffnung seitens eines Unberufenen viel Unglück anrichten. Darum wird in jedem Falle reiflich zu überlegen sein, ob sich die Anbringung von Rauchabzugsklappen empfiehlt oder nicht.

Inbetriebsetzung der Rauchklappen.

Die Inbetriebsetzung der Rauchklappen kann dadurch erfolgen, daß durch Drehen einer Kurbel ein Drahtseil oder eine Kette aufgerollt und durch diesen Zug die Arbeit des Öffnens ausgeführt wird. Oder daß man an den Rauchklappen Hebel mit Gegengewichten anbringt, welche bei geschlossenen Klappen dauernd durch einen Zug von unten in dieser

Lage gehalten werden. Sobald das diesen Zug ausübende Seil oder die Kette gelöst wird, öffnet sich der Rauchabzug. Dazu ist also seitens der bedienenden Person keine Zeit in Anspruch nehmende Arbeitsleistung erforderlich, sondern nur das Aushaken eines an dem Seil befindlichen Ringes von einem Haltestift. Diese Art der Inbetriebsetzung ist aus naheliegenden Gründen oft vorzuziehen. Endlich kann man das Öffnen der Klappen noch durch einen Elektromotor besorgen lassen, der durch Druckknopfsteuerung von beliebigen Punkten aus in Betrieb gesetzt werden kann. Doch ist es nicht ausgeschlossen, daß eine solche durch den Elektromotor betriebene Entlüftungsvorrichtung durch einen Zufall im Augenblick der Gefahr versagt.[1]) Darum empfiehlt es sich stets, sie nur unter der Bedingung zuzulassen, daß außerdem noch ein Handbetrieb für den Notfall eingerichtet wird.

Anbringung der Öffnungsvorrichtung.

Den Ort zu bestimmen, wo man die Öffnungsvorrichtung für den Rauchabzug anbringen soll, ist hier nicht möglich. Die örtlichen Verhältnisse sind ausschlaggebend, ob man sie im Erdgeschoß anbringt oder ob man die Einrichtung so trifft, daß die Klappen von allen Geschossen aus geöffnet werden können. Im letzteren Falle ist die Art der Inbetriebsetzung durch Gegengewichte zweckmäßig, da dann nur ein dünnes Hanfseil zum Zuhalten der Klappen nötig ist, welches frei hoch geht und durch kleine Öffnungen der Treppenpodeste geführt ist. Es braucht nur in irgend einem Geschoß mit einem Taschenmesser zerschnitten zu werden. Dann öffnet sich die Rauchklappe von selbst.

Hinweisschilder.

Man muß es in jedem Falle so einrichten, daß der Ort, wo die Öffnungsvorrichtung angebracht ist, leicht aufzufinden und leicht zugänglich ist. Meist empfiehlt es sich, geeignete Hinweisschilder anzubringen.

Größe der Rauchklappen.

Welche Größe man für die lichten Durchgangsöffnungen der Rauchabzüge wählen soll, muß ebenfalls nach den Umständen entschieden werden. Meist wird 3 %—6 % der Grundfläche des Treppenhauses genügen. Doch sollte man nicht unter $^1/_2$ qm hinabgehen.

E. Die einzelnen Geschosse und ihre Ab- und Zugangswege.

I. Das Dachgeschoß.

Gefährlichkeit der Dachwohnungen.

Wohnungen im Dachgeschoß sind meist gefährlich, wenn nicht besondere Sicherheitsmaßregeln getroffen sind. Nicht nur weil in demselben Geschoß in der Regel Bodenkammern mit leicht brennbarem Inhalt sich befinden, sondern auch, weil bei einem Brande in einem der darunterliegenden Geschosse der im Treppenhause hochsteigende Qualm sich im Dachgeschoß

[1]) Vergl. Zeitschr. Feuerpolizei 7. Jahrg., S. 75.

staut und in die Wohnungen einzudringen versucht. Bei Häusern mit nur einer Treppe oder dort, wo der Weg zur zweiten Treppe nicht vor Feuer oder Rauch gesichert ist, sind die Bewohner des Dachgeschosses bei Bodenbränden oder Treppenverqualmung sehr gefährdet. Sie sind dann auf Hilfe von außen angewiesen, welche bei den hohen Gebäuden nur die Feuerwehr bringen kann.[1]) Tritt hierzu noch ein mangelhafter Abschluß der Dachwohnungen selbst gegen die anderen Bodenräume, so können die Bewohner im Schlaf ersticken oder verbrennen.

Sonstige Räume im Dachgeschoß.

Weniger gefahrbringend, weil sie nur von nicht schlafenden Menschen benutzt werden, sind die sonstigen im Dachgeschoß liegenden Räume zum dauernden Aufenthalt von Menschen. Immerhin müssen auch für ihren Abschluß und ihre Ausgangswege zu den Treppen oft besondere Maßregeln getroffen werden.

Dachwohnungen in Gebäuden erhöhter Feuersgefahr.

Besonders gefährdet sind natürlich Dachwohnungen in Gebäuden mit erhöhter Feuersgefahr, wie z. B. in größeren Waren- und Geschäftshäusern, in großen Fabriken usw. In Warenhäusern dürfen sie in Preußen nicht angelegt werden.[2]) In anderen Gebäuden dieser Gefahrenklasse werden sie oft zu verbieten, manchmal nur unter ganz besonderen Vorsichtsmaßregeln zuzulassen sein.

Dachwohnungen in älteren Häusern.

Gefährdete Dachwohnungen finden sich besonders in älteren Häusern. Wollte man im Sicherheitsinteresse, wie es eigentlich zweckmäßig wäre, ihre Weiterbenutzung als Raum zum dauernden Aufenthalt von Menschen untersagen, so würde man häufig infolge Ausfall des Mietsertrages den Wert des ganzen Gebäudes erheblich herabsetzen. Manchmal so sehr, daß die Besitzer kleiner Häuser dasjenige, was sie aus eigenem Vermögen an ihrem Hause haben, als verloren betrachten müssen. Hier treten manchmal solche sehr seltenen Ausnahmefälle ein, wo die Baupolizei selbst von der Durchführung des im Sicherheitsinteresse Notwendigen absehen muß. Wo sie sich begnügen muß, durch besondere bauliche Maßnahmen wenigstens etwas Zweckmäßiges zu erreichen, das geeignet ist, die bestehenden sicherheitswidrigen Zustände so weit herabzumindern, daß die Wohnungen schließlich weiter benutzt werden können. Hierbei werden nicht bloß der bauliche Zustand des Hauses, sondern auch äußere Umstände, die Vermögenslage des Besitzers u. a., zu erwägen sein. Es kann der Fall eintreten, daß in zwei Häusern von ganz gleicher Anlage und gleicher Feuergefährlichkeit von der Baupolizei ganz verschiedene Auflagen gemacht werden. Doch wird die Baupolizei vor der Verantwortung nicht zurückschrecken, wenn sie in derartigen ganz seltenen Ausnahmefällen von dem etwas nachläßt, was sie nach pflichtmäßigem Ermessen im Sicherheits-

Rücksichtnahme der Baupolizei auf die Vermögenslage der Hausbesitzer.

[1]) Vergl. die Ausführungen des Branddirektors Ruhstrat-Stettin im Verwaltungsbericht der Stettiner Feuerwehr von 1902, S. 7.

[2]) Vergl. „Sonderanforderungen . .“ Ziffer 4.

interesse als **durchaus notwendig** erkannt hat, und wenn sie sich mit dem nach Lage der Umstände **Erreichbaren**, wenn auch nicht ganz Ausreichenden, begnügt.

Für Wohnungen im Dachgeschoß sind die beiden Maßnahmen besonders wichtig, welche schon erwähnt wurden: ihr **Abschluß gegen die anderen Dachgeschoßräume** und die **Herstellung von zwei gesicherten Ausgängen**.

Abschluß der Dachwohnungen gegen die Bodenräume.

Daß eine Dachwohnung feuerfest und rauchdicht gegen die umgebenden Bodenräume abgeschlossen sein soll, ist eine Forderung, die beinahe selbstverständlich klingt, und doch wird so häufig dagegen verstoßen. Wie oft findet man Dachwohnungen, welche nur einseitig geputzte Bretterwände von dem Wirtschaftsboden trennen! Sie können naturgemäß nicht die schlafenden Bewohner gegen ein Feuer schützen, daß im Dachgeschoß brennt. Nicht viel mehr schützen Steinfachwerkwände, selbst wenn sie verputzt sind. Nur feuerfeste Wände von genügender Rauchdichtigkeit können als ausreichend angesehen werden zum Abschluß von Dachwohnungen gegen Bodenräume. Daß zwei nebeneinander liegende Dachwohnungen durch eine nur feuersichere Wand sich gegenseitig abschließen, dagegen spricht natürlich nichts.

Auch die obere Abdeckung der Dachwohnungen muß so beschaffen sein, daß Rauch und Feuer die Bewohner im Schlaf nicht überraschen können. Also zum mindesten eine Balkendecke mit guter Isolationsschicht und unterer verputzter Schalung.

Türen und Fenster der Dachwohnungen.

Die Türen, welche aus Dachwohnungen unmittelbar nach den Wirtschaftsböden führen, werden in manchen Fällen zuzumauern und durch unmittelbare Ausgangstüren nach dem Treppenhaus oder Bodengange zu ersetzen sein. Ist das nicht möglich, so sind sie mindestens als T-Türen herzustellen. Besser noch als Vorzugs-T-Türen. In jedem Falle müssen sie in einen eisernen Falz schlagen. Türen, welche von den Wohnungen nach dem Bodengange oder nach dem Treppenhaus führen, sind oft ebenfalls feuersicher herzustellen. Doch ist dies nicht notwendig, wenn die dorthin führenden Türen der Bodenkammern als T-Türen hergestellt sind. Eine doppelt mit Eisenblech beschlagene Tür hat als Wohnungstür immer etwas unhandliches und unangenehmes. Etwaige Scheiben in den Wohnungstüren oder Oberlichte darüber sind stets durch volle Füllungen oder Drahtglas zu ersetzen. Daß auch Fenster nach Treppenhaus und Bodengang durch feuersicheres Glas unbeweglich zu schließen sind, braucht nicht hervorgehoben zu werden.

Zwei gesicherte Ausgänge für die Dachbewohner.

Die andere Forderung, daß überall zwei gesicherte Ausgänge für die Dachbewohner vorhanden sein müssen, ist oft nicht so leicht durchzuführen. Drei Fälle sind möglich: es sind Zugänge zu zwei Treppen da. Oder es sind zwar zwei Treppen vorhanden, aber nur der Zugang zu einer. Oder endlich: das Haus hat nur eine Treppe.

Wie in den beiden letzten Fällen der zweite Rettungsweg zu der zweiten Treppe zu schaffen ist, oder welche Ersatzmittel für die fehlende zweite Treppe in Frage kommen, haben wir in dem vorigen Abschnitt gesehen. Hier handelt es sich darum, ob und wie die Zugänge zu der zweiten Treppe gesichert werden müssen.

Abschluß der beiden Ausgangswege gegeneinander.

Grundsätzlich sind die beiden Rettungswege so zu gestalten, daß die Benutzung des einen unter allen Umständen möglich ist, wenn auch der andere durch Rauch oder Feuer unbenutzbar geworden ist. Sie müssen also derartig gegeneinander abgeschlossen sein, daß das Übergreifen von Feuer und Rauch von einem auf den anderen Rettungsweg nicht möglich ist.

Einige Beispiele mögen hier gestattet sein.

Beispiele.

Der einfachste Fall ist derjenige, wo die Dachwohnungen unmittelbar am Treppenpodest liegen, ohne daß ein Flurgang notwendig ist (siehe Fig. 7). Dann ist es erforderlich, daß nach der anderen Treppe (II) hin ein zweiter Ausgangsweg freigehalten wird. Die Tür aus der einen Wohnung nach dem anstoßenden Bodenraum muß nach den vorstehenden Forderungen feuersicher und rauchdicht sein. Die an den Bodengang an-

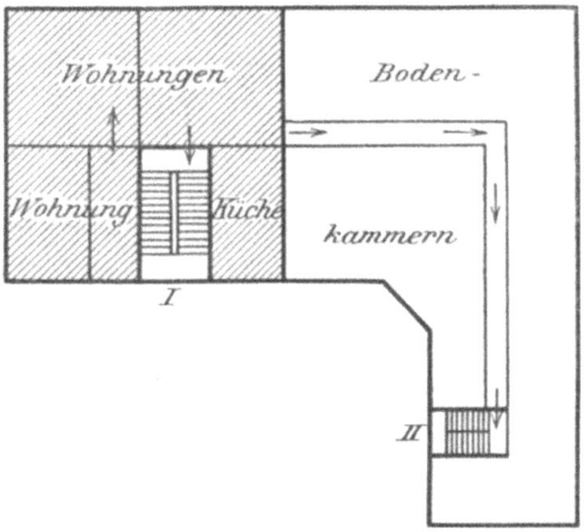

Fig. 7.

stoßenden Bodenkammern brauchen von ihm nicht feuersicher abgeschlossen zu werden. Entweder es tritt der Fall ein, daß die Treppe I, an der die Wohnungen liegen, durch Rauch oder Feuer unbenutzbar wird. Dann ist den Bewohnern der Weg über den feuerfest vom Treppenhaus I abgeschlossenen Boden nach Treppe II möglich. Oder aber es entsteht in den Bodenräumen ein Brand. Dann können sie sich über die Treppe I retten. Daß beide, Treppe I wie Bodenraum durch Feuer unbenutzbar werden, ist ausgeschlossen. Liegen mehrere Wohnungen nebeneinander, so wird es sich hier im Dachgeschoß manchmal nicht vermeiden lassen, daß durch ihre Trennungswand eine Verbindungstür für den Notfall geschaffen wird.

Schwieriger liegen oft die Fälle, in denen die Bewohner erst das Treppenpodest oder einen Flur passieren müssen, ehe sie zu dem

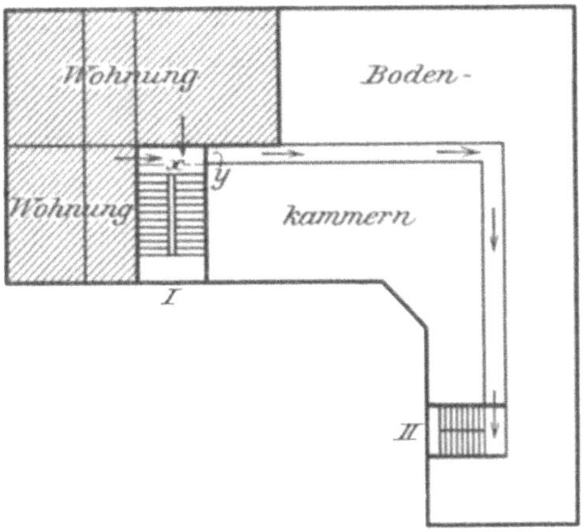

Fig. 8.

Weg nach der zweiten Treppe kommen (siehe Fig. 8 u. 9). Bei Verqualmung der Treppe I füllt sich der Raum vor den Wohnungen sehr schnell mit Rauch. Durch ihn wird es den Bewohnern meist unmöglich gemacht, zur Treppe II zu gelangen. Es ist darum notwendig, daß bei x

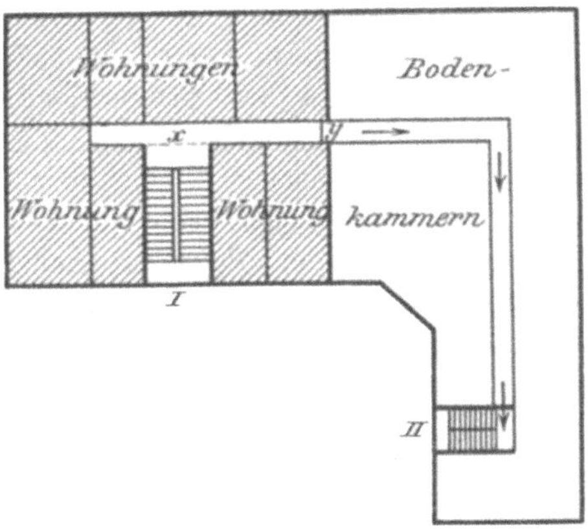

Fig. 9.

die Treppe I durch eine selbsttätige rauchdichte Tür abgeschlossen wird. Damit bei einem Brande in den Bodenräumen neben den Wohnungen nicht die Bewohner gefährdet werden, ist bei y eine selbsttätige T-Tür anzubringen.

Viel bedenklicher ist es noch, wenn zwischen den Räumen zum Wohnen und zum sonstigen dauernden Aufenthalt von Menschen Bodenkammern verteilt liegen (Fig. 10). Da genügt es nicht, daß die Treppe durch eine rauchdichte T=Tür bei x von dem Bodenflur abgetrennt wird.

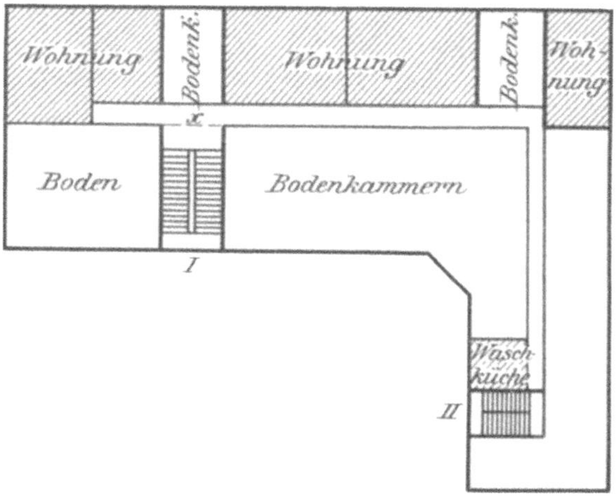

Fig. 10.

Denn bei einem Brande in den Bodenräumen bleiben die Bewohner doch gefährdet. Da wird es oft notwendig werden, daß der ganze Gang feuersicher gemacht wird. Oder doch zum Teil, wenn man einen Abschnitt davon durch eine T=Tür abschließen kann.

Feuersicherer Gang.

In einem feuersicheren Gange sind natürlich Latten= oder gewöhnliche Brettertüren vor den einzelnen Bodenverschlägen nicht statthaft: es sind T=Türen in eisernem Falz erforderlich. Alle Öffnungen vom Gange nach den Bodenräumen, auch über den Türen, sind feuer= und rauchdicht zu schließen, also durch verputztes oder mindestens blechbeschlagenes Holz oder Drahtglas oder dergl. Die Wände des Ganges sind auf beiden Seiten, innen und außen, zu rohren und zu putzen.

Es kommen noch eine Menge anderer Fälle vor, doch mögen diese paar Beispiele genügen, um die Art des sicherheitspolizeilichen Vorgehens anzudeuten.

II. Andere Obergeschosse.

Abschluß der Wohnungen.

Wohnungen werden von anderen Wohnungen oder sonstigen selbständig benutzten Räumen in der Regel durch feuerfeste Scheidewände getrennt. Dringend notwendig ist es dann, wenn die anderen Räume als Geschäftslokale, Lagerräume, Werkstätten oder dergl. dienen.

Zugang zu den Treppen.

Jeder dieser gesondert benutzten Teile des Gebäudes soll je nach seiner Höhenlage einen Zugang zu einer oder zwei Treppen haben. Der

Zugang soll stets gangbar und feuersicher sein. Damit ist jedoch nicht gesagt, daß jeder einzelne Raum einen unmittelbaren Zugang zur notwendigen Treppe haben muß.[1]) In gewöhnlichen Wohnhäusern läßt es sich häufig nicht vermeiden, daß man erst andere Räume derselben Wohnung passieren muß.

In anderen Gebäuden, in denen Menschen schlafen, ist es manchmal aus Betriebsrücksichten erforderlich, daß jedes Zimmer einen direkten Zugang zur Treppe hat. Z. B. in Hotels und Gasthäusern, Krankenanstalten u. dergl.

Flure und Korridore in Wohnhäusern

Nicht weniger aus Sicherheits- wie aus gesundheitlichen Gründen ist es wünschenswert, daß in allen Gebäuden die Flure und Korridore in den Geschossen nicht zu schmal sind, daß sie genügend Licht und Luft durch Fenster erhalten, welche beim Brande zum Abzug des Rauchs geöffnet werden können. Auf ihre feuersichere Anlage ist Bedacht zu nehmen.

in Hotels

Besonders trifft dies in solchen Wohngebäuden zu, in denen sich Menschen nur vorübergehend z. B. eine Nacht hindurch aufhalten, also in Hotels und Logierhäusern. Die dort schlafenden Menschen können nicht in andere Zimmer gelangen, ohne über den Flur zu gehen. Ihnen fehlt die Kenntnis der baulichen Anlage des Hauses, die andere Menschen die Treppen schnell erreichen läßt. Man wird in solchen Häusern den Korridoren und Fluren genügende Aufmerksamkeit zuwenden müssen. Es muß verlangt werden, daß sie mindestens 2 m breit[2]) und möglichst mit Fenstern angelegt werden. Damit wird ihre Verqualmung aus einem der Zimmer erschwert. Auch für Krankenhäuser, Irrenanstalten u. dergl. sind ähnliche Bedingungen zu stellen.[3])

in Krankenhäusern.

Rauchdichter Abschluß langer Korridore gegen das Treppenhaus.

Bei langen Fluren, welche vom Treppenhaus abgehen, ist namentlich in den höher gelegenen Geschossen die Gefahr einer Verqualmung zu fürchten. Es ist daher öfters notwendig, daß man solche Flure durch rauchdichte Türen nach dem Treppenhaus zu abschließt. Das gilt in erster Linie für Gebäude, in denen sich zahlreiche Personen aufhalten, z. B. Schulen. Aber auch für gewöhnliche Wohnhäuser und besonders für Hotels kann es erforderlich werden.

Flure in Geschäftshäusern, Theatern, Schulen.

Sehr wichtig sind naturgemäß die Flure, welche in viel besuchten Gebäuden zu den Ausgängen führen. Also die in Geschäftshäusern, Theatern und Versammlungsräumen, Schulen usw. Ihre Breite und das Maß ihrer Ausgänge nach der Treppe sind durch die dafür besonders erlassenen Verordnungen festgesetzt.

---

[1]) Vergl. O.-V.-G. vom 31. März 1894 (P. V.-Bl. 16, 173).

[2]) Vergl. Pol.-Verord. für den Regierungsbezirk Liegnitz vom 10. März 1899, § 7.

[3]) Vergl. Pol.-Verord. des Oberpräsidenten von Brandenburg vom 8. Juli 1898, §§ 2 u. 5; Baltz, a. a. O. S. 55.

III. Das Erdgeschoß.

Verbindungsflur vom unteren Treppenende ins Freie.

Der Ausgangsweg vom unteren Ende der Treppen bis ins Freie ist hier besonders wichtig. Er muß feuerfest umschlossen werden, damit die Bewohner durch ihn ungefährdet das Freie erreichen können. Daß man möglichst vermeiden soll, hintere Türen von Läden und Lagerräumen im Erdgeschoß am unteren Ende des Treppenhauses anzubringen, ist bereits oben ausgeführt worden. In den alten Häusern vieler Städte fehlen innere Höfe und Durchgänge zu ihnen ganz. Z. B. in Hamburg, wo die oft nur 30—40 m tiefen Gebäude hinten an die Kanäle stoßen. Ein zweiter Ausgang kann, wenn er notwendig ist, hier nur nach dem Treppenhaus angelegt werden. Hier sind die oben besprochenen Maßnahmen am Platze.

Hintere Ausgänge von Läden.

Ebenso bedenklich ist die Herstellung von Türen aus den seitlich des Hausflures gelegenen Läden nach diesem. Bei einem Brande in einem dieser Läden dringen Feuer und Rauch in den Verbindungsgang. Oft sehr schnell, da es sehr beliebt ist, in diesen Türen Glasscheiben anzubringen. Es ist öfters vorgekommen, daß das Feuer durch eine solche Tür nach einer ebensolchen jenseits des Verbindungsflurs hinübersprang und den anderen Geschäftsladen ergriff. Dabei wird nicht nur der Ausgang für die Bewohner gesperrt, sondern der Rauch erfüllt auch das Treppenhaus. Man sollte Türen aus Läden nach dem feuerfesten Verbindungsgang in der Regel nicht zulassen. Können sie ganz ausnahmsweise nicht vermieden werden, so sind sie ohne Glasscheiben feuersicher herzustellen, und zwar so, daß sich die Türen zweier seitlich des Verbindungsflurs befindlicher Läden nicht gegenüberliegen.

Ladenausgänge nach dem Hausflur.

Ladeneingänge im vorderen Teil des Hausflurs.

Oft legt man in den vorderen Teil des Hausflurs den Eingang zu einem Laden. Wenn es aus dieser Tür herausbrennt, kann naturgemäß der Hauseingang ebenso gesperrt und die Treppen durch Rauch unbenutzbar werden. Es empfiehlt sich daher, daß man derartige Ladeneingänge, falls sie nicht durch Türen unmittelbar von der Straße zu ersetzen sind, nur im vordersten Teil des Hauseingangs anlegt. Damit sich Rauch und Flammen aus der Ladentür sofort ins Freie ziehen, nicht den Hausflur entlang nach dem Treppenhaus, muß dieser nach der Straße zu offen sein und muß hinter dem Ladeneingang eine rauchdichte Abschlußtür erhalten.

Schaufenster oder Schaukästen im Hausflur.

Man legt auch Schaufenster oder Schaukästen in den Verbindungsflur.[1]) Manchmal zu beiden Seiten. Oft reichen sie mehrere Meter weit in den Hauseingang hinein. Ja, sie stehen sogar häufig mit den Schaufenstern an der Straße in Verbindung. Derartige Anlagen sind natürlich sehr gefährlich. Kann man sie nicht hindern, so sollte man wenigstens

[1]) Vergl. hierzu den Aufsatz von Olshausen in den Baupol. Mitteilungen 1904, S. 49.

dahin wirken, daß sie in den Hauseingang nicht weiter hineinreichen, als dessen geringste Breite beträgt.[1]) Ganz unzulässig ist es aber, daß diese seitlich im Hausflur angebrachten Schaufenster oder Schaukästen eine Verbindung mit den Straßenschaufenstern haben. Es ist dringend erforderlich, daß sie durch eine feuersichere Abschlußwand gegen den Laden oder den Schaufensterausbau getrennt bleiben. Die Sicherheit der Bewohner oder Besucher des Hauses geht der Schönheit des Schaufensters vor.

Indessen können die Schaukästen im Hauseingang, selbst wenn sie abgetrennt sind, noch Gefahrenquellen abgeben. Darum wird man vorschreiben müssen, daß in ihnen Beleuchtungskörper gar nicht oder nur durch eine starke Glasscheibe von der ausgestellten Ware getrennt angebracht werden.

Heranreichen der Straßenschaufenster bis an den Hausflur.

Im höchsten Grade bedenklich ist es, wenn die Schaukästen im Hauseingang nicht nur mit den Straßenschaufenstern in Verbindung gesetzt, sondern wenn sogar die den Vorschriften nach feuerfeste Seitenwand des Verbindungsflurs ein ganzes Stück fortgenommen wird, so daß das Schaufenster seitwärts bis unmittelbar an den Hauseingang reicht. Bei dem furchtbaren Warenhausbrande in Budapest im Jahre 1903, der so viele Menschenleben erforderte, war diese Bauart die Ursache, daß viele Leute nicht hinaus und die Feuerwehr in den Hausflur nicht hinein zur Treppe und zu den Wohnungen gelangen konnte. Derartige Anlagen sind gänzlich unzulässig.

Ausgänge aus Läden nach Straße und Hof.

Läden im Erdgeschoß sollten zwei Ausgänge erhalten, wenn sie nicht ganz klein sind. Einen nach der Straße, einen nach dem Hof. In diesem Falle braucht man mit dem seitlichen Abschluß der Schaufenster neben den Ladeneingängen nicht so ängstlich zu sein, wie mit dem der Schaukästen in den Hauseingängen. Wenn ein derartiges Schaufenster in Brand gerät, dann ist ja allerdings der danebenliegende Ausgang vom Laden nach der Straße in der Regel gesperrt, falls er nur durch eine Spiegelscheibe abgetrennt ist. Zumal bei den modernen weit gegen den Ladeneingang vorspringenden Schaufenstern. Doch bleibt der hintere Ausgang nach dem Hofe. Tritt dagegen dieser Fall ein in einem Geschäftslokale, welches keinen zweiten Ausgang nach dem Hofe hat, so werden die im Laden befindlichen Personen meist unrettbar verloren sein. Darum ist es erforderlich, daß die Schaufenster der Läden mit nur einem Ausgang seitlich gegen den Ladeneingang durch eine Wand abgeschlossen werden. Diese Trennungswand soll nur die Flammen so lange vom Straßenausgang abhalten, bis die Menschen aus dem Laden geflüchtet sind. Es genügt dazu schon eine kräftige Bretterverkleidung, wie sie häufig in Schaufenstern angewendet wird.

Abschluß des Schaufensters am Ladenausgang.

[1]) Vergl. die Hamburger Vorschrift, abgedruckt in den Baupol. Mitteilungen 1904, S. 26.

Beleuchtung der Schaufenster.

In den Schaufenstern entstehen alljährlich zahlreiche Brände, welche oft auf das eigentliche Geschäftslokal übergreifen. Fahrlässigkeit bei Anbringung oder Unvorsichtigkeit beim Anzünden der Beleuchtungsvorrichtungen sowie der vielfach gebräuchlichen Rampenbeleuchtung zur Erwärmung der Schaufenster geben meist die Ursache ab. Man wird daher in Warenhäusern und großen Geschäftshäusern diese Gefahrenquelle von dem Geschäftslokal abzuschließen suchen. Entweder indem man das ganze Schaufenster feuersicher durch Draht- oder Elektroglas oder dergl. vom Geschäftslokal trennt. Oder indem man die Beleuchtungskörper von den ausgestellten Gegenständen abschließt. Das kann in der Weise geschehen, daß man sie außerhalb des Schaufensters auf der Straße aufhängt. Oder indem man zwischen ihnen und dem zur Auslegung der Waren bestimmten Teil des Schaufensters eine starke Glasscheibe anbringt.

IV. Das Kellergeschoß.

Trennung einzelner Kellerräume voneinander.

Im Kellergeschoß sind Lagerkeller von Wirtschaftskellern feuersicher abzuschließen. Keller mit erhöhter Gefahr, also solche mit feuergefährlichen Gegenständen oder mit Stoffen, welche brennbare Gase entwickeln, sind sowohl von Wirtschafts- wie von anderen Lagerkellern feuerfest zu trennen. In Waren- und Geschäftshäusern auch die im Keller liegenden Maschinen- und Heizräume.

Kellerausgänge.

Daß es dem Sicherheitsinteresse widerspricht, den Kellereingang unter den letzten Lauf der Haustreppe zu legen, ist oben dargelegt worden. Nach Möglichkeit wird man für die Keller direkte Ausgänge ins Freie anlegen müssen. Bei Wirtschaftskellern genügt in der Regel ein Ausgang. Für Lagerkeller muß man zwei oder mehr Ausgangstreppen verlangen. Sie müssen so angelegt werden, daß von jedem Keller oder jeder Kellerabteilung zwei erreicht werden können.

Kellerflur.

In den Kellern von Waren- und Geschäftshäusern sind diese Kellerausgänge durch einen besonderen Kellerflur zu verbinden. Er ist von den angrenzenden Räumen feuersicher abzutrennen. Die Türen sind als T-Türen herzustellen, die Öffnungen durch feuersicheres Glas abzuschließen.

Kellergänge.

In den einzelnen Kellern und Kellerabteilungen sind möglichst breite Gänge freizuhalten, welche tunlichst in gerader Richtung auf die Ausgänge zuführen.

Lichtöffnungen.

Der Angriff der Feuerwehr auf einen Kellerbrand wird wesentlich erleichtert, wenn genügend große Lichtöffnungen angebracht werden, welche von außen zum Abzug des Rauches zertümmert werden können.

Einsteigeöffnungen.

Von den vorhandenen Treppen ist in manchen Fällen an den eigentlichen Brandherd schwer heranzukommen. Es bewährt sich darum häufig bei Kellern von Waren- und Geschäftshäusern und sonstigen Lagerkellern, daß man Einsteigeöffnungen anlegt. In unterkellerten Höfen ist die Anbringung solcher Öffnungen sehr einfach. Sie müssen so groß sein, daß ein Mann mit Ausrüstung bequem hindurch kann. Kaum schwieriger ist die Anbringung von Einsteigeschächten an der Straßen- oder Hoffront. Damit sie wenigstens 80 × 80 cm im Lichten weit sind, wird an der Straße ein Vorspringen in den Bürgersteig über die Baufluchtlinie unvermeidlich sein. Das hat nichts zu sagen, da Kabel-, Wasserleitungs- und andere Rohre in der Regel nicht so dicht am Hause liegen. Diese Einsteigeschächte sind mit Steigeisen zu versehen und oben feuersicher abzudecken. Derart, daß ihre Abdeckung von außen geöffnet oder durch die Feuerwehr leicht zertrümmert werden kann.

Zweigeschossige Keller.

In manchen Städten findet man zweigeschossige Keller. Einem Feuer in dem unteren ist meist sehr schwer beizukommen. Oft bietet schon das Aufsuchen des Feuers trotz aller Rauchschutzapparate der Feuerwehr ungeahnte Schwierigkeiten. Bei Neubauten sollte man zweigeschossige Keller nur in ganz besonderen Ausnahmefällen zulassen. Außer Einsteigeschächten empfiehlt es sich, auch einen rauch- und feuersicheren Abschluß beider Keller voneinander vorzusehen. Wenn es sich durchführen läßt, lege man für jedes Kellergeschoß besondere Treppen an, welche feuerfest gegen das andere Kellergeschoß abgeschlossen sind.

Keller für feuergefährliche Stoffe.

Für manche Lagerkeller werden noch besondere erhöhte Anforderungen gestellt, z. B. für diejenigen, in denen Mineralöle oder Spiritus gelagert werden. Die hierfür erlassenen feuerpolizeilichen Vorschriften schreiben u. a. reichliche Lüftung und hinreichende Beleuchtung durch Tageslicht vor, verbieten Heizvorrichtungen und Schornsteinreinigungsöffnungen, verlangen, daß die Sohle des Kellers aus undurchlässigem und feuerfestem Baustoff hergestellt wird, daß sie ein Gefälle nach einer Mulde am Eingang erhält usw. Näheres darüber findet man in den besonders hierfür bestehenden Polizei-Verordnungen.

F. Die Zugänglichkeit des Grundstücks.

I. Allgemeines.

Zugang von der Straße.

Jedes Haus muß einen Zugang von der Straße haben. Ja noch mehr: auch sein Hof muß von der Straße aus zugänglich sein. Verkehrs- wie feuerpolizeiliche Gründe verlangen das. Steht auf dem Grundstück nur ein Vordergebäude, so kann beim Brande die Feuerwehr meist von der Straße aus die notwendigen Rettungs- und Feuerlöscharbeiten vornehmen. Eine Unterstützung ihres Vorgehens vom Hofe aus wird nur in Ausnahmefällen nötig werden. Immerhin ist es jedoch erforderlich, daß die Feuerwehr auf dem kürzesten Wege nach dem Hofe gelangen kann. Hat das Haus Hintergebäude, so muß der Angriff der Feuerwehr bei einem dort ausbrechenden Brande vom Hofe aus erfolgen. Sie muß ihn dazu bequem erreichen können. Wie ist der Zugangsweg durch das Vorder-

Durchgang oder Durchfahrt?

haus einzurichten? Genügt ein Durchgang, also jener lediglich für den Fußgängerverkehr eingerichtete Zugang, oder muß eine Durchfahrt angelegt werden, welche bespannte Fahrzeuge passieren können?

Rücksicht auf Ausrüstung und Leistung der Feuerwehr.

Zur Beantwortung dieser Frage sind zwei Gesichtspunkte von Wert. Einmal die Ausrüstung und die Leistungsfähigkeit der Ortsfeuerwehr. In manchen Städten stehen der freiwilligen oder Pflichtfeuerwehr lediglich Spritzen zur Verfügung, welche kaum geeignet sind, durch lange Schlauchleitungen von der Straße aus das Wasser mit auch nur einigermaßen kräftiger Ausflußkraft an den Brandherd zu drücken. Oder aber die vorhandenen Schläuche sind infolge schlechten Materials und mangelhafter Pflege in der Regel so durchlässig, daß unterwegs das Wasser eine Menge Druck verliert, ehe es bis ans Strahlrohr gelangt. Oder vielleicht besitzt die Feuerwehr überhaupt nicht genügend Schlauch, um von der Straße aus bis in die Hintergebäude zu reichen. In allen diesen Fällen müssen die Spritzen in die Grundstücke hineinfahren. Sie brauchen also eine Durchfahrt.

Rücksicht auf Wasserversorgung für Brandfälle.

Aber auch besser ausgerüstete Feuerwehren müssen manchmal mit ihren Spritzen in den Hof hinein. Wenn sie nämlich auf die dort vorhandenen Brunnen angewiesen sind. Wenn also auf der Straße keine Wasserleitung liegt oder keine sonstigen Wasserentnahmestellen in der Nähe sind. Die Wasserversorgung für Brandfälle spricht also auch dabei mit, ob und wann Durchfahrten anzuordnen sind.

Man darf aber dabei nicht vergessen, daß diese Zustände, welche früher überall herrschten, heutzutage wohl nur noch in ganz kleinen Städten vorhanden sind. Das Feuerlöschwesen, dessen jeweiliger Stand, wie öfters hervorgehoben, vielfach von großem Einfluß auf die einzelnen Bestimmungen der Bauordnung sein muß, hat sich überall an Ausrüstung und Leistung bedeutend gehoben. Hand in Hand mit der Förderung dieses wichtigen Kulturwerks ist die Bereitstellung von Wasser zu Löschzwecken und die Anlegung von Wasserleitungen gegangen.

Die oben geschilderten Zustände, welche ein Hineinfahren von Feuerspritzen in die Höfe notwendig machten, bestehen schon selbst in den meisten mittleren Städten nicht mehr. In erster Linie natürlich nicht mehr in den Städten mit Berufsfeuerwehr. In ihnen können die verschiedenen Arten von Feuerspritzen stets auf der Straße aufgestellt werden, ohne daß ein Hineinfahren notwendig wird. Die Rücksicht darauf, daß sie in den Hof gebracht werden können, scheidet damit in diesen Städten ganz aus für die Frage, ob eine Durchfahrt anzulegen ist oder nicht.

Rücksicht auf Rettung der Bewohner der Hintergebäude.

Aber etwas anderes ist jetzt mehr als früher in den Vordergrund getreten, die Rücksicht auf die Rettung der in den Hintergebäuden wohnenden Menschen. Nicht als ob den nicht so gut ausgerüsteten und nicht so leistungsfähigen Feuerwehren früherer Zeiten die Rettung der Bewohner weniger am Herzen gelegen hätte. Doch waren ihre Leistungen hierin infolge der damaligen mangelhaften Ausrüstung mit Rettungsleitern kümmerlich. Sie verfügten nur über kurze tragbare Leitern, welche sich leicht auch ohne Durchfahrt in den Hof schaffen ließen. Jetzt dagegen ist jede Berufsfeuerwehr und viele der freiwilligen Feuerwehren mit großen fahrbaren Rettungsleitern ausgerüstet, welche zur Menschenrettung schnell bis zu den obersten Stockwerken aufgerichtet werden können. Auch wenn es sich darum handelt, über sie den Angriff der auf den Treppen vordringenden Feuerwehrmannschaften wirkungsvoll zu unterstützen. Wenn eine große Leiter in den Hof gebracht werden soll, muß eine Durchfahrt vorhanden sein. Darum wird heutzutage allein der Gesichtspunkt für die Anordnung von Durchfahrten maßgebend sein müssen, ob es nötig ist, eine fahrbare große Leiter auf den Hof zu bringen.

Rücksicht auf Erleichterung der Löscharbeiten.

Es kann ja auch zuweilen der Fall eintreten, daß im feuerpolizeilichen Interesse eine Durchfahrt durch das Vordergebäude verlangt werden muß, ohne daß die Rücksicht auf das Hineinbringen der großen Leitern zur Rettung und zum Angriff dies gebietet, z. B. wenn die nur niedrigen Hinterhäuser zu umfangreichen Fabrikanlagen benutzt werden. Da trägt es manchmal zur Erleichterung und Beschleunigung der Löscharbeiten bei, wenn die Verbindung mit der Straße durch eine breite Durchfahrt, nicht bloß durch einen Durchgang hergestellt ist. Doch wird in solchen Fällen das geschäftliche Interesse des Fabrikbetriebes schon von selbst die Anlage einer Durchfahrt erheischen. Sie braucht nicht erst durch die Behörde vorgeschrieben zu werden. Immerhin kann solch seltener Fall eintreten.

Grundsatz für Anlegung einer Durchfahrt.

Grundsätzlich ist also festzulegen, daß eine Durchfahrt an Stelle eines Durchganges nur in den Grundstücken anzulegen ist, in deren Hof eine große fahrbare Leiter der Feuerwehr unter Umständen hineinfahren muß. In einigen besonderen Ausnahmefällen kann es das feuerpolizeiliche Interesse notwendig machen, auch für andere Grundstücke mit Hintergebäuden Durchfahrten vorzuschreiben.

II. Die Durchfahrten.

An der Hand dieses allgemeinen Grundsatzes wird man in den Bauordnungen die Gebäude bestimmen müssen, welche einer Durchfahrt bedürfen. Was soll dafür in erster Linie ausschlaggebend sein?

Vorschrift einer Durchfahrt wegen der Breite des Grundstücks.

Etwa die Breite des bebauten Grundstücks? Soll man Durchfahrten nur für breite Grundstücke verlangen? Manche Bauordnungen schreiben sie vor für alle Grundstücke, die breiter sind als 12 m. Diese Bestimmung ist viel zu weitgehend, wenn keine Hintergebäude vorhanden sind. Sie genügt aber andererseits nicht bei Gebäuden von weniger als 12 m Breite mit hohen bewohnten Hinterhäusern.

Oder soll die Tiefe des bebauten Grundstücks ausschlaggebend sein? Es heißt in vielen Bauordnungen, daß Grundstücke, die bis zu einer

Tiefe von mehr als 30 m hinter der Baufluchtlinie bebaut sind, eine Durchfahrt erhalten müssen. Auch diese Vorschrift trifft nicht den Punkt, auf den es ankommt. Wenn man den Hauptzweck einer Durchfahrt, die Ermöglichung der notwendigen Rettung der Menschen mit Hilfe der großen Feuerleitern, im Auge behält, so findet man auch hier, daß diese Vorschrift entweder zu viel oder zu wenig verlangt.[1])

Vorschrift einer Durchfahrt wegen bebauter Tiefe des Grundstücks.

Zu viel, wenn mehr als 30 m von der Straße nur unbewohnte Baulichkeiten liegen. Oder niedrige Wohngebäude von einem oder zwei Geschossen. Bei ihnen braucht die Feuerwehr keine großen fahrbaren Leitern zur Menschenrettung. Hier genügen ihre tragbaren Leitern, Steck- oder Schiebeleitern, auch gewöhnliche Anstelleitern, wie sie überall vorhanden sind. Die großen Rettungsleitern brauchen nicht in solchen Hof hineinzufahren. Eine Durchfahrt ist also hier nicht nötig.

Zu wenig verlangt diese Vorschrift jedoch für viele Grundstücke, welche 30 m oder weniger tief von der Straße bebaut sind. Sie bedürfen nach ihr keiner Durchfahrt. Auch nicht, wenn Hintergebäude mit vier bewohnten Obergeschossen an dem Hof liegen! Müssen hier Menschen aus den nur vom Hofe aus zugänglichen obersten Geschossen der Hintergebäude gerettet werden, so genügen die tragbaren Rettungsleitern der Feuerwehr aber nicht. Sie reichen nicht so weit hinauf. Die großen fahrbaren Leitern können jedoch nicht auf den Hof gebracht werden, weil eben eine Durchfahrt fehlt. Man muß sich daher zur Menschenrettung auf die recht gefahrbringenden Hakenleitern der Feuerwehr verlassen.

Die Zugrundelegung der Tiefe des bebauten Grundstücks ist hiernach ebensowenig richtig. Entweder gehen die Bauordnungen, die nach diesem Grundsatz Durchfahrten vorschreiben, über das Notwendige hinaus — dazu sind sie nicht berechtigt — oder sie bleiben weit hinter dem Notwendigen zurück — sie genügen also nicht den sicherheitspolizeilichen Anforderungen.

Vorschrift einer Durchfahrt, weil Wohnungen im Hinterhaus vorhanden sind.

Oder soll man nur dann Durchfahrten verlangen, wenn Hintergebäude mit Wohnungen vorhanden sind? Man hat an manchen Orten erkannt, daß es nicht richtig ist, die Breite eines Grundstücks oder die Tiefe seiner Bebauung für die Notwendigkeit einer Durchfahrt zugrunde zu legen. Darum hat man sich ganz von derartigen Gesichtspunkten freigemacht. Man stellte den eigentlichen Zweck der Durchfahrt mehr in den Vordergrund und schrieb sie überall dort vor, wo Wohnungen in Hintergebäuden liegen. Doch auch dieser Ausweg kann in vielen Fällen nicht geeignet erscheinen. Oft wird diese Vorschrift mehr als das Notwendige verlangen. Dort, wo Wohnungen nur im Erdgeschoß oder ersten Obergeschoß liegen.

[1]) Vergl. hierzu die Ausführungen von Redlich in den Baupol. Mitteilungen 1907, S. 166 und Saß, ebenda S. 204.

Der Punkt, auf den es bei der Notwendigkeit der Anlage einer Durchfahrt ankommt, ist wie hervorgehoben in erster Linie die Rücksicht, ob die Menschen, welche in dem Grundstück nicht nach der Straße, sondern allein nach dem Hof hinaus wohnen, beim Brande sich selbst in Sicherheit bringen oder über die tragbaren Leitern der Feuerwehr ohne größere Gefahr gerettet werden können. Oder ob dazu die großen Rettungsleitern in den Hof gefahren werden müssen. Nicht die Breite des Grundstücks, nicht die Tiefe seiner Bebauung, nicht die Tatsache, daß es bewohnte Hintergebäude hat, können für die Anlage der Durchfahrt maßgebend sein. Aus Wohnungen im Erdgeschoß retten sich die Bewohner allein. Aus Wohnungen im I. und II. Obergeschoß ist ihre Rettung von außen nicht so schwierig. Erst aus den darüberliegenden Geschossen sind sie schwer herauszuholen. Also kann allein für diese Frage die Höhe der Hintergebäude, die Zahl ihrer Stockwerke maßgebend sein.

Maßgebend für Anlegung einer Durchfahrt allein Höhe der Hintergebäude.

Den Hintergebäuden steht in dieser Beziehung das Vorderhaus gleich, wenn es in den obersten Geschossen Wohnungen enthält, deren Fenster einzig und allein nach dem Hof hinausgehen.

Auch der Nebenzweck der Durchfahrt, die Ermöglichung des Angriffs auf ein in den obersten Geschossen wütendes größeres Feuer, das über Treppen nicht angegriffen werden kann, wird hiermit erreicht.

Nebenbei Erleichterung des Angriffs der Feuerwehr.

Rücksicht auf Hauptzweck wie auf Nebenzweck lassen die Anlage von Durchfahrten in folgenden Gebäuden als notwendig erscheinen:

1. In denjenigen Gebäuden, deren dritte und noch höhere Obergeschosse der Hintergebäude nur vom Hofe aus zugängliche Wohnungen enthalten, welche nicht zwei unmittelbare, gesicherte und in entgegengesetzter Richtung erreichbare Ausgänge nach zwei notwendigen Treppen haben.

2. In denjenigen Gebäuden, wo im dritten oder in den darüberbefindlichen Geschossen des Hinterhauses Wohnungen liegen und wo in den unteren Stockwerken größere Werkstätten, Fabrikräume, Verkaufs- oder Lagerräume vorhanden sind oder andere Räume, welche durch ihren Inhalt oder ihre Benutzung eine besondere Feuersgefahr mit sich bringen.

Grundsätze für Anlegung von Durchfahrten.

3. In denjenigen Gebäuden, welche im dritten oder in den darüberliegenden Geschossen des Vorderhauses Wohnungen enthalten, deren Fenster lediglich nach dem Hof hinausgehen, in den vorstehend unter 1. und 2. genannten Fällen.

4. In denjenigen Gebäuden, deren Hinterhäuser im zweiten oder einem höheren Geschoß größere Räume enthalten, welche durch ihren Inhalt oder ihre Benutzung besonders feuergefährlich sind.

5. In denjenigen Gebäuden, wo nicht sämtliche von außen zugänglichen Treppen, welche von unten bis zum obersten Vollgeschoß

führen, bis ins Dachgeschoß fortgesetzt sind, wenn auch nur durch eine Nebentreppe.

Vorteile, die aus Befolgung dieser Grundsätze erwachsen.

Verlangt man für die aufgeführten Häuser Durchfahrten, so genügt man allen im sicherheits- und brandtechnischen Interesse zu stellenden Anforderungen. Aber man vermeidet auch eine Anzahl Härten, wie sie manche Bauordnungen enthalten, welche die Anlage der Durchfahrten von der Breite oder der bebauten Tiefe des Grundstücks abhängig machen. Ganz schmale Grundstücke von mehr als 30 m bebauter Tiefen verlieren z. B. durch eine Durchfahrt einen sehr beträchtlichen Teil der gerade für sie so kostbaren Straßenfront. Die vorstehenden Bestimmungen geben einen Fingerzeig, wie man mehr als 30 m tief bauen und doch die Durchfahrt vermeiden kann. Manchem Grundstücksbesitzer wird damit ein Gefallen erwiesen. Ihm liegt daran, die Straßenfront möglichst zu Läden auszunutzen. Er wird deshalb auf dem Hofe lieber nur dreigeschossige Hinterhäuser errichten oder die Ausgangsverhältnisse der im dritten oder in einem höheren Obergeschoß des Hinterhauses liegenden Wohnungen in sicherheitstechnischer Beziehung ganz einwandsfrei gestalten, damit er die breite, raumbeanspruchende Durchfahrt erspart.

Und das ist für die öffentliche Sicherheit ein großer Gewinn. Besser als die vorzüglichst gelungene Rettung der Hinterhausbewohner über die in den Hof gefahrene große Rettungsleiter ist beim Brande ihr freiwilliges, unbehindertes und in aller Ruhe und Sicherheit erfolgendes Hinabsteigen über eine zweite Treppe ins Freie. Das soll erzielt werden. Für jede höher als im zweiten Stockwerk gelegene Hinterhauswohnung sollen also zwei Ausgänge vorhanden sein. Diese beiden sollen nach den vorstehenden Grundsätzen zunächst nach Treppen führen, welche nicht dicht beieinander, sondern an verschiedenen Enden der Wohnungen liegen. Ferner müssen diese Ausgänge unmittelbar nach den Treppen hinausgehen, also nicht erst durch andere Wohnungen oder mit anderen Notbehelfen. Endlich müssen die so erreichbaren Treppen den Anforderungen entsprechen, welche man an notwendige Treppen stellt. Das heißt, sie müssen feuersicher sein, in feuerfestem Treppenhaus liegen u. dergl. Werden die Ausgangsverhältnisse der höherliegenden Hinterhauswohnungen so vorzüglich gestaltet, so kann man ruhig auf die Durchfahrt verzichten.

Wenn übrigens in den vorstehenden Vorschlägen für solche Häuser Durchfahrten vorgesehen sind, in denen nicht sämtliche von außen zugänglichen Treppen bis ins Dachgeschoß durchgeführt sind, so wird damit nur eine notwendige Forderung für den Angriff der Feuerwehr erfüllt. Sonst kann der Fall eintreten, daß die Feuerwehr Dachstuhlbrände in Hintergebäuden kaum angreifen kann.

Außerdem sind natürlich für ganze Gebäude erhöhter Gefahr, z. B. für große Waren- und Geschäftshäuser mit Höfen, Durchfahrten zu fordern.

Nicht zu vergessen sind Hotels und Logierhäuser, für welche man stets Durchfahrten nach dem Hof verlangen sollte, wenn sie mehr als ein Obergeschoß enthalten. Selbst dann, wenn zwei Treppen vorhanden sind. Der Umstand, daß ein großer Teil der Schlafzimmer nach dem Hof hinausliegt, wird häufig die Vornahme des Rettungswerks auch von dort aus notwendig machen.

Durchfahrten für Gebäude erhöhter Feuersgefahr.

Es bleiben noch die Fälle zu besprechen, wo ein eingebautes Haus an zwei verschiedene Straßen angrenzt, wo also sein Hintergebäude gleichzeitig Vorderhaus an einer anderen Straße ist. Wenn der Hof des Grundstücks nicht allzutief ist, so liegt kein Grund vor, von den vorstehenden Grundsätzen abzuweichen. Anders wird es, wenn ein sehr tiefer Hof dazwischen liegt: dann stehen die Hintergebäude auf einem langen schmalen Grundstück weitab von der Straße, nur vom Hofe aus zugänglich. Es kann natürlich dem Sicherheitsinteresse nicht förderlich sein, daß die Operationsbasis der Feuerwehr so außergewöhnlich weit entfernt liegt. Man wird aus diesem Grunde der Feuerwehr in derartigen Fällen eine Zufahrt auf den langen Hof schaffen müssen. Dies zu tun empfiehlt sich, sobald der Abstand der beiden Straßen, zwischen welchen das Grundstück liegt, mehr als 50 m beträgt.

Durchfahrten für Häuser an zwei Straßen.

Es könnte fraglich sein, ob dann eine Durchfahrt von *einer* Straße her genügt, oder ob durch *beide* Vordergebäude solche anzulegen sind. Nach welchem der beiden Vordergebäude die Feuerwehr gerufen wird, läßt sich vorher nicht bestimmen. Beide haben verschiedene Straßen- und Nummernbezeichnung. Kommt die Feuerwehr nun gerade auf der Straßenseite an, wo keine Durchfahrt ist, so verliert sie kostbare Zeit, bis einzelne ihrer Fahrzeuge nach der anderen Straße gefahren sind, die richtige Durchfahrt gefunden haben usw. Darum ist es notwendig, daß für solche Grundstücke, wenn überhaupt, stets zwei Durchfahrten angelegt werden, von jeder Straße eine.

Alle Durchfahrten müssen feuerfeste Wände und mindestens feuersichere Decken erhalten.

Wände und Decken der Durchfahrten.

Die Breite der Durchfahrten muß so sein, daß die großen Leitern der Feuerwehr bequem hindurchkommen und ohne Gefahr sich festzufahren. Man sollte daher zweckmäßig unter das meist vorgeschriebene Maß von 2,5 m Breite nicht hinabgehen. Diese lichte Weite ist zu messen zwischen den geöffneten Torflügeln. Sie darf durch andere Hindernisse, also z. B. durch vorspringende *Treppenstufen*, nicht vermindert werden. *Bordschwellen* dürfen vorspringen, doch muß man zwischen ihnen überall eine lichte Sohlenbreite der Durchfahrt von mindestens 2 m verlangen. Das trifft auch für *Radabweiser* zu. Es ist noch zu fordern, daß sie nach obenhin abgeschrägt werden. So daß sie bei einer Höhe von 25 cm über der Fahrbahn eine lichte Weite der Durchfahrt von 2,5 m lassen.

Breite der Durchfahrten.

Breite, wenn mehrere Durchfahrten auf demselben Grundstück hintereinander.

Nur in dringenden Fällen ist es notwendig, daß die Feuerwehr ihre fahrbaren Rettungsleitern auf dem Hofe aufstellt. Dann ist jede Sekunde kostbar. Von dieser wertvollen Zeit geht ein größerer Teil verloren durch die Verzögerung, welche das langsame Hindurchziehen der Leitern durch die Durchfahrt mit sich bringt. Dieser Zeitverlust ist um so größer, je schmaler die Durchfahrt ist; denn dann ist die Gefahr des Festfahrens größer. Darum ist erhöhte Vorsicht geboten. Wenn mehrere Höfe hintereinander liegen, deren hinterste erst nach Passieren mehrerer Durchfahrten durch das Vorderhaus und die Quergebäude erreicht werden können, so entsteht eine noch größere Zahl derartiger nicht unbedeutender Zeitverluste. Um sie möglichst herabzudrücken, schreibt man vielfach bei mehreren hintereinanderliegenden Höfen Verbreiterungen der Durchfahrten vor. Dann ist es angebracht, die Durchfahrt von der Straße nach dem vorderen Hofe wenigstens 2,7 m, jede weitere Durchfahrt wenigstens 3 m breit anzulegen. Die hinteren Durchfahrten sollen möglichst in der Richtung der Längsachse der vordersten Durchfahrt liegen. Damit durch Öffnen oder Zerschlagen von Toren oder Gittern vor den Durchfahrten nicht viel Zeit verloren geht, dürfen solche vor den hinteren Durchfahrten nicht angebracht werden. Diese Durchfahrten sind stets offen und frei zu halten.

Höhe der Durchfahrten.

Die Höhe der Durchfahrten wird verschieden vorgeschrieben. 2,7 bis 3 m. Ersteres Maß ist etwas gering, wenn man die Höhe der großen Rettungsleitern in Fahrstellung berücksichtigt. Doch erscheint eine lichte Höhe von 3 m nicht erforderlich. Die großen 25 m langen Leitern der Feuerwehr können sehr gut mit einer Fahrhöhe von 2,75—2,8 m hergestellt werden. Man sollte daher für die Höhe der Durchfahrt nicht mehr als 2,85—2,9 m verlangen. Die Geräte der Feuerwehr müssen sich eben, soweit dies überhaupt möglich ist, nach den an dem betreffenden Ort üblichen Gebäuden richten, nicht umgekehrt.

Feste Kämpfer an Durchfahrtstoren.

Häufig kommt es vor, daß in sonst vorschriftsmäßigen Durchfahrten die Kämpfer der Torwege mit den darüber befindlichen Oberlichtern fest angebracht sind, so daß sie gar nicht oder nur sehr schwer herausgenommen werden können. Dann entsteht großer Zeitverlust, wenn die Feuerwehr sie erst mit ihren Äxten fortschlagen muß. Es ist darum zu fordern, daß sie beim Öffnen der Tore der Durchfahrt mit aufgehen, so daß sofort eine lichte Höhe von 2,85—2,9 m entsteht.

Gasampeln in der Durchfahrt.

Auch feste Gasampeln und herabhängende Deckenleuchter hindern oft das Durchfahren der Rettungsleiter. Ragen sie mehr als bis 2,85 oder 2,9 m herab, so sind sie mit leicht beweglichem Kugelgelenk zu versehen, so daß sie beim Durchfahren ausweichen können.

Grundriß der Durchfahrten.

Der Grundriß der Durchfahrten wird in der Regel geradlinig hergestellt. Das ist für das schnelle Hineinfahren der Feuerwehrleitern mit ihren weit über die Vorderräder vorragenden Leiterenden von großem Wert. Doch ist es schließlich nicht notwendig. Manchmal muß die Durchfahrt mit Knicken angelegt werden. Dabei ist darauf zu achten, daß diese nicht zu kurz sind. Oft wird als Radius der Kurve nur 8 m verlangt. Das ist meist zu wenig. Mechanische Leitern sind in der Regel in Fahrstellung von der Hinterachse bis zu den am meisten vorspringenden Enden der überragenden Leiterteile 6—7 m lang. Die Entfernung der Achsen voneinander beträgt dann 3—4 m. Solche Leitern können durch Durchfahrten nur hineingebracht werden, wenn der Radius der äußeren Kurve wenigstens 12—16 m, der der inneren 10—14 m beträgt (vergl. Fig. 11). Man kann eine Verringerung dieses Radius vornehmen, wenn man die Durchfahrt entsprechend verbreitert.

Gekrümmte oder geknickte Durchfahrt.

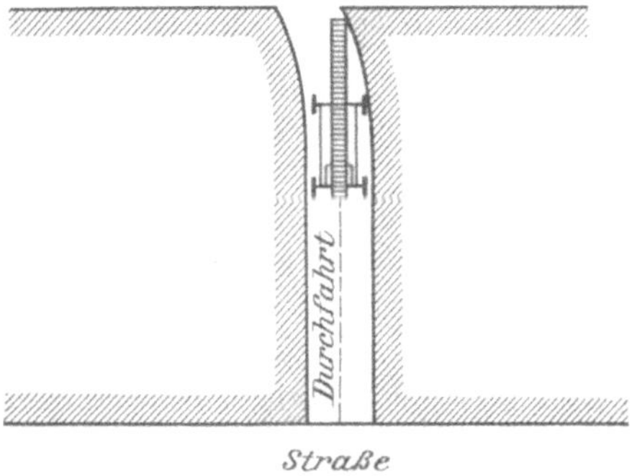

Fig. 11.

Es ist bei Bemessung der Durchfahrt und des dahinterliegenden Hofes unbedingt notwendig, daß mindestens so viel Freiraum gelassen

Freiraum hinter der Durchfahrt.

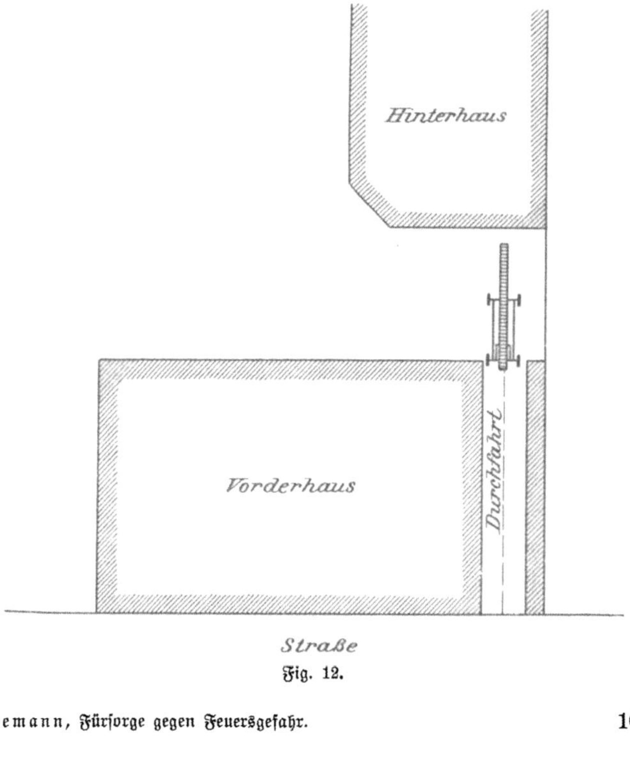

Fig. 12.

wird, wie die Fahrtlänge der Leiter, gemessen von der Hinterachse bis zu den vorragenden Leiterenden, beträgt. Die Mittelachse der geradlinigen Durchfahrt darf also in dieser Entfernung auf kein Mauerwerk oder ein sonstiges hochstehendes Hindernis stoßen (vergl. Fig. 12). Andernfalls ist ein Hineinfahren nicht möglich.

Stufen an der Durchfahrt.

Bei den sonstigen Einrichtungen der Durchfahrten muß stets ihr Zweck im Auge behalten werden. Stufen vom Bürgersteig zur Sohle der Durchfahrt oder von ihr hinab nach dem Hof sind darum gänzlich unzulässig, weil das Hinauf- oder Hinabfahren dadurch sehr erschwert oder unmöglich gemacht wird. Die Sohle der Durchfahrt sollte in Höhe von Bürgersteig und Hof liegen. Läßt sich ein geringer Höhenunterschied nicht vermeiden, so sind Rampen an Stelle der Stufen anzulegen. Daß vor den Durchfahrten die Bordschwellen des Bürgersteigs zur Erleichterung des Hinauffahrens abgeschrägt werden müssen, braucht nicht hervorgehoben zu werden.

Schachtdeckel und Oberlichter in der Durchfahrt.

Man muß seine Aufmerksamkeit auch den in der Durchfahrt oder davor liegenden Abdeckungen von Schächten im Erdboden, Oberlichtern über Kellern usw. zuwenden. Es ist wiederholt vorgekommen, daß die Räder von Leitern sie beim Hineinfahren zerdrückten und infolgedessen mit einem Rade einsanken. Es bringt dann bedeutenden Zeitverlust, wenn die Leitern unter großen Mühen wieder herausgeschafft werden müssen. Es sind demnach nur solche Abdeckungen usw. zuzulassen, welche einen Raddruck von wenigstens 1500—2000 kg aushalten.

Durchfahrten an ganz engen Straßen.

Erwähnt mag noch werden, daß die Leitern der Feuerwehr manchmal in Durchfahrten an ganz engen Gassen nicht hineinfahren können. Es kommen Fälle vor, wo die Durchfahrt 4 oder gar 5 m breit ist und doch von der Leiter nicht passiert werden kann, weil die Straße zu eng ist. Dieser Umstand muß bei Bauten an engen Gassen berücksichtigt werden. Man wird dann oft auf eine Durchfahrt ganz verzichten können, muß aber verlangen, daß die höhergelegenen Hinterwohnungen den vorstehenden Anforderungen entsprechende gute Ausgangsverhältnisse erhalten.

III. Die Durchgänge.

Notwendige und freiwillige Durchgänge.

Man muß notwendige Durchgänge unterscheiden und freiwillige. Notwendige Durchgänge sind solche, welche in Häusern angelegt werden müssen, welche keine Durchfahrt zu haben brauchen. Freiwillige Durchgänge werden oft noch außer einer Durchfahrt hergestellt.

Zweck der notwendigen Durchgänge.

Der Zweck eines notwendigen Durchgangs ist ein doppelter: erstlich soll er die Hintertreppen und den Hof von der Straße aus zugänglich machen und von dort einen Ausgang nach der Straße gewähren, und ferner soll er der Feuerwehr ermöglichen, bei einem Brande mit ihren tragbaren Leitern nach dem Hof zu gelangen. Er muß also so beschaffen sein, daß die tragbaren Leitern ohne Schwierigkeit und Zeitverlust durch ihn hindurchgeschafft werden können.

Breite des Durchgangs.

Eine Breite des Durchgangs von 1,25 m wird hierzu vollkommen genügen. Man muß aber verlangen, daß der notwendige Durchgang offen ist, d. h. daß sich im Innern des Hauses in der Regel keine ihn abschließende, verschlossene Tür befindet, deren Aufschließen oder Einschlagen gerade dann, wenn die Leitern an der Hinterfront gebraucht werden, kostbare Zeit raubt.

Türen im Durchgange.

Müssen ausnahmsweise solche Trennungstüren innerhalb der notwendigen Durchgänge angebracht werden, so sind sie mindestens 1 m breit als Pendeltüren herzustellen oder als gewöhnliche Türen, die nicht verschlossen, sondern nur eingeklinkt werden. Die Anbringung von Schlössern ist nicht statthaft.

Grundriß und Höhe der Durchgänge.

Damit das Hineinschaffen der tragbaren Leitern ohne Schwierigkeit vor sich geht, ist es ferner erforderlich, daß der notwendige Durchgang nicht zu winklig und nicht mit treppauf, treppab führenden Grundrißknickungen angelegt wird. Sonst bleiben die Feuerwehrmannschaften mit ihren 6—7 m langen Schiebeleitern in ihm stecken. Darum müssen notwendige Durchgänge möglichst in gerader Richtung geführt werden und überall, vor allem dort, wo Stufen oder Rampen in ihnen liegen, eine lichte Höhe von 2,5 m haben. Die Sohle des Durchgangs sollte nicht mehr als 1,5 m unter Terrain liegen.

Schaukästen und Ladentüren im Durchgange.

In den Durchgängen, wie in den Durchfahrten, werden häufig Schaukästen und Türen angebracht. Für sie gilt das vorstehend darüber für Verbindungsflure vom unteren Treppenende nach der Straße Gesagte. Besonders ist darauf zu achten, daß durch Schaukästen das vorgeschriebene Mindestmaß für Durchfahrten und Durchgänge nicht verengt wird.

Wände und Decken der Durchgänge.

Die Durchgänge müssen ebenso wie die Durchfahrten feuerfeste Wände und mindestens feuersichere Decken erhalten.

G. Der Hof des Gebäudes.

I. Allgemeines.

Gebäude ohne Hof.

Jedes Grundstück muß einen Hof haben. Es muß also eine einheitlich gestaltete, in sich abgeschlossene Fläche unbebaut bleiben. Doch sind diejenigen Grundstücke, besonders Eckgrundstücke, von der Anlage eines Hofes befreit, welche so klein sind, daß alle zum dauernden Aufenthalt von Menschen bestimmten Räume an der Straße liegen.

Zweck des Hofes.

Der Zweck des Hofes ist in erster Linie, den angrenzenden Gebäuden Licht und Luft zuzuführen. Auch den Hausbewohnern eine Reihe von Arbeiten zu ermöglichen, die sie nicht in ihrer Wohnung vornehmen können, aber auch nicht auf der Straße. Noch manchen anderen wirtschaftlichen Bedürfnissen soll er dienen. Vor allem hat er aber auch eine feuerpolizeiliche Bedeutung. Und sie kommt nicht an letzter Stelle.

Feuerpolizeiliche Bedeutung des Hofes.

Verqualmten Räumen wird durch die Hoffenster frische Luft zugeführt, die Bewohner können bei Ungangbarwerden der Treppen auch nach dem Hof gerettet werden, der Feuerwehr bietet sich von hier aus Gelegenheit, das Feuer anzugreifen. Sie ist nicht allein auf die Straßenfront angewiesen. Sie kann auch häufig von hier aus das Übergreifen des Feuers auf die Nachbarhäuser verhindern. Von der Straße aus seltener.

Enge Höfe.

Diese Aufgaben wird ein Hof um so weniger erfüllen, je enger er ist. Ist er ganz eng und schmal, so kann er sogar manchmal in feuerpolizeilicher Beziehung von Schaden sein. Der Feuerwehrmann kennt jene Lage, wo bei einem Brande in einem der unteren Geschosse der ganze enge Hof mit dickem schwarzen Qualm erfüllt ist, der das Tageslicht nicht hindurchläßt, wo aus den Fenstern der Obergeschosse Hilferufe ertönen, ohne daß die Feuerwehr wahrnehmen kann, an welchem Fenster die Hilfe suchenden Personen stehen, ohne daß sie ihnen vom Hofe aus Rettung bringen kann! Dann muß oft auf gut Glück das Sprungtuch ausgespannt gehalten werden in der Erwartung, daß einer der bedrängten Bewohner durch den dichten Rauch von oben herabspringt. Und wie gefährlich können enge Höfe werden, wenn Rauch und Hitze in ihnen emporsteigen, die Hoffenster der Obergeschosse zerstören und in die Wohnungen eindringen! Schon allein aus feuerpolizeilichen Gründen, auch wenn man ganz von dem dadurch erwachsenden bedeutenden gesundheitlichen Vorteil absieht, sollte man darum für möglichst weite Höfe sorgen.

Freihaltung des Hofes.

Damit die Höfe den feuerpolizeilichen Anforderungen genügen, darf der freie Hofraum nicht durch niedrige Schuppen oder ähnliche Baulichkeiten verengt werden. Auch Kisten, Fässer u. a. dürfen den Raum nicht verengen oder sperren. Die Lagerung von brennbaren Gegenständen auf den Höfen kann besonders dann bedenklich werden, wenn an ihnen der Weg von den Hintertreppen nach der Straße vorbeiführt. Er ist dann beim Inbrandgeraten dieser Gegenstände gefährdet.

II. Die Haupthöfe.

a) Abmessung und Einrichtung.

Maße der Haupthöfe.

Die Größe und die niedrigsten Maße der Haupthöfe werden in den einzelnen Bauordnungen verschieden vorgeschrieben. Als geringste Abmessung ist hierbei die senkrecht gemessene Entfernung von einer Seite zur gegenüberliegenden anzusehen, von Mauer zur Mauer oder vom Gebäude zur Nachbargrenze. Diese geringsten Maße werden auf 4—6 m festgesetzt. 4 m ist etwas sehr gering. Unter 5 m sollte man auf keinen Fall hinabgehen. Nicht aus dem Grunde, weil es unmöglich ist, auf einem so schmalen Hofe zur Menschenrettung ein Sprungtuch auszubreiten.[1]) Denn es haben

[1]) Darum verlangt z. B. Redlich in den Baupol. Mitteilungen 1907, S. 168, einen freien Hofraum von 6 : 6 m.

sich, wie oben hervorgehoben, die Geräte der Feuerwehr nach der üblichen Bauweise zu richten, nicht umgekehrt. Die meist gebräuchlichen Sprungtücher können nach Anbringung besonderer Handgriffe auch in kleinerem Zustande benutzt werden. Sondern darum, weil die Schwierigkeit der Menschenrettung und die Möglichkeit des Eindringens von Feuer und Rauch in die oberen Wohnungen mit jedem Meter Verengung des Hofes unverhältnismäßig wächst.

Hofgemeinschaft.

Manchmal wird durch Aneinanderlegung der Höfe zusammenstoßender Grundstücke eine Hofgemeinschaft gebildet. Wenn die Unbebaubarkeit dieser Teile grundbuchlich eingetragen wird, so kann dann die geringste Hofbreite vermindert werden. Doch sollte hier nicht unter das Mindestmaß von 3 m für den einzelnen Hof herabgegangen werden.

Freiraum vor den Hoffronten zur Aufstellung der Leitern.

In Grundstücken, welche keiner Durchfahrten bedürfen, ist vor den die Höfe begrenzenden Hausfronten ein Freiraum von mindestens 2 m zu lassen. Damit die Feuerwehr dort ihre tragbaren Leitern unbehindert gebrauchen kann. In diesem Freiraum dürfen sich keine schwer zu beseitigenden Hindernisse befinden.

Gefälle und Höhe des Hofes.

In Grundstücken mit Durchfahrten ist Vorsorge zu treffen, daß die großen Leitern der Feuerwehr unbehindert über den Hof fahren und nach den Fenstern der Hintergebäude und, falls dies notwendig, auch nach den Hoffenstern des Vordergebäudes zu aufgerichtet und angelegt werden können. Dazu ist es zunächst notwendig, daß das Gefälle des Hofes nicht zu groß ist. Die Fahrbahn für die Leitern darf in der Regel das Verhältnis von 1 : 20 nicht übersteigen. Der Hof soll mit der Durchfahrt möglichst in gleicher Höhe liegen, andernfalls ist vom Hofausgange der Durchfahrt eine Rampe anzulegen, welche höchstens einen Fall von 1 : 20 hat. Stufen sind unzulässig.

Befestigung des Hofes.

Die Befestigung des Hofes muß derart sein, daß sie einen Raddruck von 1500—2000 kg aushält. Auch die Oberlichter über Kellern unter dem Hofe, die Abdeckungen von Schächten u. dergl. müssen diesem Raddruck standhalten. Die Fahrbahn muß von allen Hindernissen freigehalten werden. Mauern, Zäune, feste Ausklopfstangen, Schuppen, Lauben, Drahtleitungen u. dergl. dürfen auf und über ihr nicht hergestellt werden.

Fahrbahn für die fahrbaren Rettungsleitern.

Meist ist die Fahrbahn unmittelbar an den Umfassungsmauern der den Hof begrenzenden Gebäude herzustellen. Vor allen Hoffronten der Gebäude, welche über dem Erdgeschoß mehr als 2 Geschosse haben. Sie muß derart angelegt werden, daß die großen fahrbaren Leitern auf ihr bewegt und aufgestellt werden können. Ihre Breite soll 5 m betragen. Bei einer Gesimshöhe von 20 m und mehr über dem Hof mindestens 6 m, gemessen von den am meisten vorspringenden Gebäudefronten. Doch können auch Fälle eintreten, in denen die Fahrbahn nicht dicht an den Gebäuden, sondern in einiger Entfernung von der Hoffront angelegt wird. Dann sind die Grundsätze zu beobachten, welche nachstehend für die Anlage der Fahrbahnen auf Höfen mit Gartenflächen besprochen werden.

b) Gartenanlagen auf Höfen.

Gartenanlagen auf Höfen.

Wenn auch aus ästhetischen und gesundheitlichen Gründen die Herstellung von Gartenanlagen auf Höfen zu fördern ist, so dürfen doch bei ihrer Anlage die feuerpolizeilichen Rücksichten nicht zu sehr in den Hintergrund treten. Wenn die schweren Rettungsleitern auf weichen Gartenboden kommen, so sinken ihre Räder tief ein, und es wird oft unmöglich, die Leitern an den Ort hinzubringen, wo sie verwendet werden sollen. Durch unsachgemäße Herstellung von Gartenflächen wird daher oft der Zweck vereitelt, den man bei Anlage der Durchfahrt im Auge hatte.

Fahrbahnen zwischen den Gartenstreifen.

Auf Grundstücken mit Gartenanlagen, welche eine Durchfahrt besitzen, sind daher auf dem Hofe Fahrbahnen herzustellen. Sie müssen denselben Anforderungen an Lage, Breite, Neigung, Befestigung usw. genügen, wie die Fahrbahnen auf anderen Höfen.

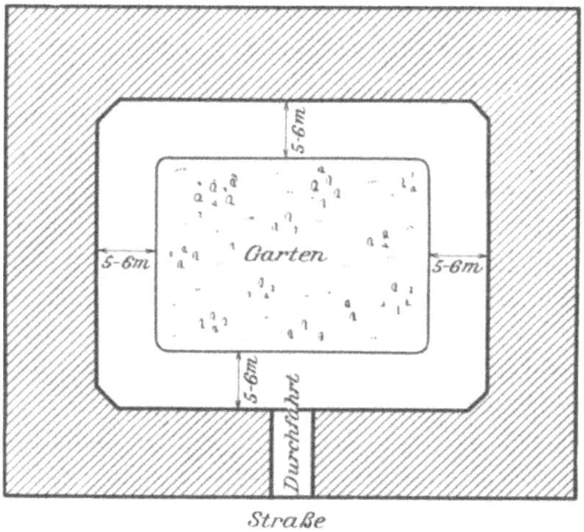

Fig. 13.

Auch sie werden häufig längs der Hoffronten der Gebäude herzustellen sein. Namentlich in ganz breiten Höfen (vergl. Fig. 13).

Anders kann es sein in engeren Höfen (vergl. Fig. 14 und 15). Hier wird es manchmal genügen, wenn möglichst in Richtung der Durchfahrt in einer Entfernung von 3—6 m von den Umfassungswänden ein 2,5—3 m breiter Streifen als Fahrbahn für die Leiter eingerichtet wird. Die neueren Rettungsleitern sind so konstruiert, daß ihre Ausladung, selbst wenn sie nur an die Fenster des dritten Obergeschosses angelegt werden, mehr als 6 m beträgt. Liegt die Durchfahrt etwa in der Richtung der Mitte eines etwas breiteren Hofes, so braucht ebenfalls nicht dicht vor den Hoffronten eine Fahrbahn angelegt zu werden (vergl. Fig. 16). Es genügt auch hier, eine in Richtung der Durchfahrt liegende 2,5—3 m breite genügend befestigte Fahrbahn frei zu halten. Dabei wird allerdings vorausgesetzt, daß die Breite des Gartenstreifens neben der Fahrbahn an allen Stellen nicht mehr als 5—6 m beträgt. Doch wird meist unmittelbar vor

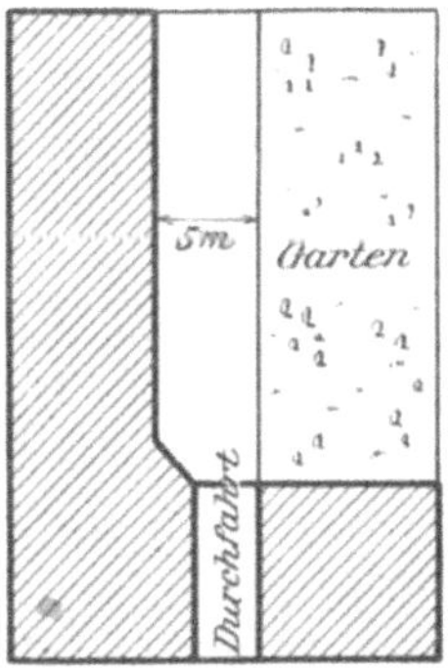

Fig. 14.

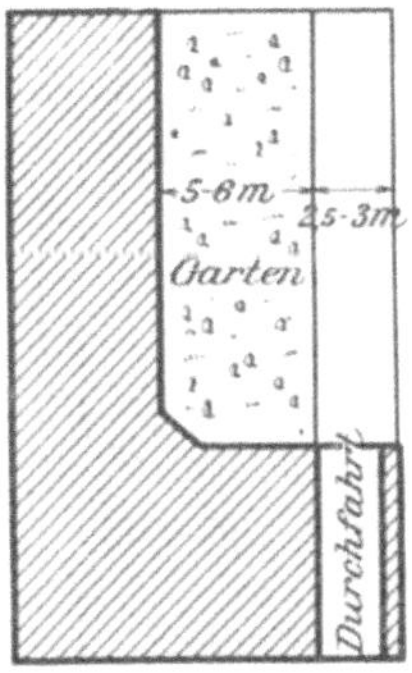

Fig. 15.

hinteren Quergebäuden, wenn sie über dem Erdgeschoß mehr als zwei Geschosse haben, die Anlage einer 5 bis 6 m breiten Fahrbahn erforderlich werden (vergl. Fig. 16).

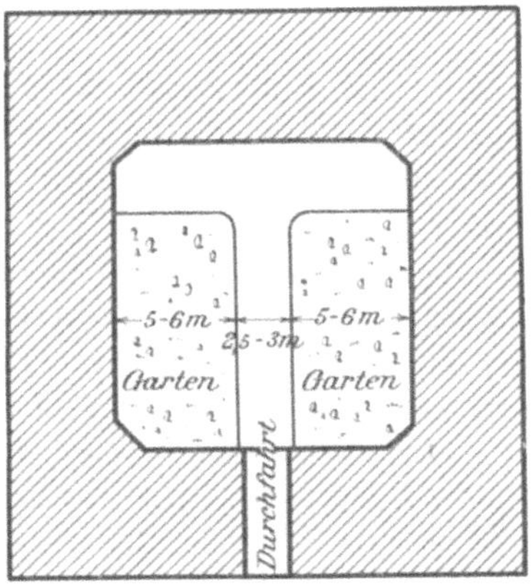

Fig. 16.

Hauptgrundsatz bei Anlage und Freihaltung der Fahrbahnen für die Rettungsleitern muß sein, daß sie tunlichst in Richtung der Durchfahrt angelegt werden, so daß die Leitern möglichst schnell auf den Hof gebracht werden können, ohne kostbare Zeit durch Wendungen zu verlieren. Sind aber Wendungen der Fahrbahn nicht zu vermeiden, so sind die Ecken möglichst abzurunden und es ist eine Verbreiterung der Fahrbahn auf wenigstens 5—6 m vor und hinter der Wendungsstelle vorzunehmen.

Gartenflächen unmittelbar vor den Hoffronten.

Im übrigen ist längs der Hofumfassungswände dieser Gebäude, ebenso wie in den Grundstücken ohne Durchfahrt, die Anlegung von Rasenflächen, sowie die Anpflanzung von Sträuchern und Blumen gestattet. Doch darf man feste Gegenstände, wie Zäune, Gitter, Bäume, feste Lauben u. dergl. in einem Abstande von 5 m von der Hoffront nur dann anbringen, wenn sie nicht höher als 30 cm aufragen. Weil sonst bei Verwendung des Sprungtuchs leicht Unglücksfälle entstehen können. Immerhin spricht jedoch nichts dagegen, daß solche Gegenstände, welche schnell mit einem Handgriff entfernt oder leicht umgetreten werden können, z. B. Stöcke an Rosensträuchern u. dergl. zugelassen werden, auch wenn sie höher als 30 cm sind.

c) Hofüberdachungen.

Zweck der Hofüberdachungen.

In Geschäftszwecken dienenden Gebäuden macht sich öfters das Bedürfnis geltend, Hofüberdachungen anzubringen. Man will dort einen Teil, möglichst sogar den ganzen Hof mit Glas überdecken, um im Erdgeschoß hohe und ausgedehnte Räume mit Oberlicht für das verkehrende Publikum zu schaffen. Oft auch um auf diese Weise die Geschäftsräume des hinteren Quergebäudes mit den vorderen zu einem einheitlichen Ganzen zu verbinden. Daß sich dadurch die Mietseinnahme und damit der Wert eines derartigen Geschäftshauses ganz bedeutend vermehrt, daran kann nicht gezweifelt werden.

Gefahren der Hofüberdachungen.

Es fragt sich, wie weit man derartigen Bestrebungen im Feuersicherheitsinteresse nachgeben kann. Man wird nicht verkennen, daß durch solche Hofüberdachungen eine nicht wünschenswerte Verengung oder sogar eine Beseitigung des in feuerpolizeilicher Hinsicht so notwendigen Hofes erfolgt. Die Rettungs- und Angriffsarbeiten der Feuerwehr werden dadurch im hohen Grade erschwert und verzögert, für die Bewohner der Obergeschosse wird die Gefahr, daß Rauch und Feuer durch die Hoffenster in ihre Wohnungen dringen, gewaltig erhöht. Man kann also solche Anlagen lediglich dann zulassen, wenn diese Nachteile durch besondere Einrichtungen beseitigt werden. Und auch dann nur in Ausnahmefällen. Denn die Ersatzmittel werden immer nur etwas unvollkommenes bleiben.

Beschränkung auf Geschäftshäuser.

Gewiß wäre aus den gleichen Gründen auch für manche andere Häuser, welche nicht im Erdgeschoß Geschäftszwecken dienen, eine Hofüberdachung wünschenswert. Doch muß eine Grenze gezogen werden. Man kann derartige dem Feuersicherheitsinteresse nicht zuträglichen Einrichtungen nicht überall zulassen. Nur in wenigen Ausnahmefällen. Jeder muß zugeben, daß für Geschäftshäuser dieses Bedürfnis, wenn überhaupt vorhanden, aus naheliegenden Gründen am dringendsten ist. Man wird daher jene Ausnahme nur für solche Gebäude zulassen dürfen, welche Geschäftszwecken dienen, welche also Verkaufs- und Lager- oder Bureauräume enthalten.

In Häusern, deren sämtliche Geschosse derartigen Zwecken dienen, Hofüberdachungen anzubringen, ist am wenigsten bedenklich. Schlimmer ist es dagegen, wenn in den Obergeschossen Wohnungen vorhanden sind. Man sollte Hofüberdachungen in solchen Häusern nur dann anwenden, wenn für die Wohnungen eine besondere feuerfest und rauchdicht abgeschlossene Treppe mit feuersicherem Ausgang ins Freie vorhanden ist, ohne irgendwelche Verbindung mit den Geschäfts- oder Kellerräumen. Auf keinen Fall dürfen Hofüberdachungen in Häusern angelegt werden, in denen die sämtlichen Fenster einzelner Wohnungen nur nach dem überdachten Hof hinausgehen.

Maßnahmen, wenn Wohnungen in solchen Geschäftshäusern vorhanden.

Wie weit in den Gebäuden mit Geschäftsräumen eine Überdachung des Hofes gestattet werden kann, das ist in manchen Orten genau festgesetzt. In einigen Bauordnungen wird unter bestimmten Voraussetzungen eine Überdachung für einen genau festgesetzten Bruchteil des Hofes zugelassen. Andere gestatten sie grundsätzlich überhaupt nicht, nur ausnahmsweise wird von Fall zu Fall bei besonderem Bedürfnis ein Dispens befürwortet. In Gebäuden, welche nach den oben aufgeführten Grundsätzen einer Durchfahrt bedürfen, sind die Höfe nie ganz zu überdachen. Es muß in der Regel die Hälfte, bei kleinen Höfen sogar $^3/_4$ oder mehr frei bleiben. Auf jeden Fall aber so viel, daß die Leitern der Feuerwehr den Hof bequem befahren können, daß die Durchfahrt innerhalb der Überdachung feuerfest abgeschlossen ist und daß eine ungefährdete Aufstellung der Leiter und Rettung der Menschen möglich ist.

Ausdehnung der Hofüberdachungen.

Höfe solcher Geschäftsgebäude, welche keiner Durchfahrt bedürfen, werden in einigen wenigen Ausnahmefällen noch mehr überdacht.[1]) Es muß aber unter allen Umständen dafür gesorgt werden, daß Bewohnern und Besuchern des Hauses wenigstens ein vor Feuer und Rauch geschützter Ausgang über Treppe und Hof gesichert bleibt.

In allen derartigen Fällen muß seitens der genehmigenden Behörde mit der größten Vorsicht verfahren werden. Es wird hierbei stets erforderlich sein, das Gutachten geeigneter Brandtechniker einzuholen.

Diese Zulassungen von Hofüberdachungen, ob bei Häusern mit oder ohne Durchfahrt, ob mit geringer oder großer Ausdehnung der Überdachung, bleiben jedoch stets Verstöße gegen die Grundregel, daß die Höfe aus den oben genannten Gründen frei zu halten sind. Denn das kann eben nicht geleugnet werden, daß die Verteidigung der Bewohner gegen Feuer und Rauch ebenso wie der Angriff der Feuerwehr erheblich dadurch erschwert wird. Läßt man eine Hofüberdachung zu, so darf beides niemals durch sie unmöglich oder so schwer gemacht werden, daß es über das beim Brande dem Menschen Mögliche hinausgeht. Darum ist es notwendig, daß

Forderungen bei Herstellung von Hofüberdachungen.

[1]) Vergl. v. Moltke, Überbauung von Höfen. Feuer und Wasser 1906, S. 41.

in allen den vorgenannten Fällen, wo Hofüberdachungen überhaupt zugelassen werden, folgende Forderungen erfüllt werden.

Die Überdachung des Hofes ist aus feuersicherem Drahtglase von mindestens 10 mm Stärke in feuerfestem Rahmen herzustellen. Sie ist so einzurichten, daß sie von der Feuerwehr betreten werden kann, selbst wenn es in dem Raum darunter brennt.[1] Darum ist es erforderlich, daß genügend breite feuersichere Laufstege auf ihr angebracht werden, oder daß das Glasdach stellenweise eingeschränkt wird, damit Rettungs- und Löschmanöver von der Feuerwehr von dort aus vorgenommen werden können. Der höchste Punkt der Überdachung darf nicht höher als 1—2 m über der Decke des Erdgeschosses liegen. Es ist in den meisten Fällen notwendig, in der Überdachung eine Entlüftungsvorrichtung anzubringen. Bei einem Brande im Erdgeschoß geht Rauch und vielleicht auch Feuer durch sie hindurch in dem Hofe hoch und möglicherweise in die Fenster der oberen Geschosse. Darum muß in vielen Fällen, namentlich bei engen Höfen gefordert werden, daß feuersichere Entlüftungsrohre angelegt werden, welche in dem Hof bis über Dach hochgehen.

III. Die Lichthöfe.

Gefahren der Lichthöfe.

Diese kleinen rings umbauten Höfe zur Zuführung von Licht und Luft nach innen gelegenen Räumen werden, wie schon hervorgehoben, oft sehr gefährlich. Sie ziehen bei einem Brande Rauch und Feuer schlotartig nach oben und lassen sie so in die darüberliegenden Geschosse eindringen. Man muß daher die an solchen Höfen liegenden Fenster oft besonders sichern.

Größe der Lichthöfe.

Als Größe der Lichthöfe läßt man bedauerlicherweise oft recht geringe Maße zu, z. B. 2 m kleinste Abmessung bei 6—10 qm Grundfläche. Es braucht nicht darauf hingewiesen zu werden, welche schweren Gefahren solche schornsteinartigen Schächte den Bewohnern bringen können! Lichthöfe unter 20 qm mit 4 m geringster Abmessung sollten überhaupt nicht zugelassen werden. Zwar bestrebt man sich in manchen Städten, dadurch die Anlage von größeren Lichthöfen von mehr als 20 qm zu befördern, daß man sie zugunsten des Bauenden als unbebaute Fläche rechnet. Während Lichthöfe, die kleiner sind als dieses Maß, nicht als Unterbrechung der Bebauung angesehen werden und daher zur bebauten Fläche zählen. Immerhin werden doch die engen Lichthöfe, diese so hervorragend feuergefährlichen Anlagen, immer noch zugelassen, trotzdem man die durch sie geschaffenen Beleuchtungs- und Lüftungsverhältnisse keineswegs als günstig bezeichnen kann.

Enge Lichthöfe sind kaum weniger gefährlich als Fahrstuhlschächte. Und doch gestattet man die ersteren unbedenklich, während man bei diesen alle möglichen Vorsichtsmaßregeln trifft. Die einen wie die anderen sind „die

---

[1] Manchmal lassen sich dazu Zugänge vom Hauseingang unmittelbar auf die Überdachung schaffen. Vergl. v. Moltke, a. a. O. S. 41.

gefährlichsten Feinde"[1]) unserer modernen Gebäude. Hier muß unbedingt das Feuersicherheitsinteresse vor alle anderen Rücksichten gehen. Es ist Sache des Architekten, seinen Grundriß so zu gestalten, daß er ohne Lichthöfe auskommt, welche weniger als 20 qm Grundfläche bei 4 m geringster Abmessung haben.

Fenster an den Lichthöfen.

Diese Feuerschlote müssen und werden allmählich verschwinden. Dort wo sie noch durch die Baupolizei-Verordnung gestattet sind, sollte man sämtliche nach ihnen hinausgehenden Fenster, wenigstens in Geschäftshäusern und in solchen Gebäuden, welche über Verkaufs-, Lager- und Fabrikräumen Wohnungen enthalten, auf Grund der in den meisten Bundesstaaten bestehenden subsidiären Gesetzesbestimmungen[2]) durch feuersicheres Glas unbeweglich schließen. Besser wäre noch, sie überhaupt nicht zuzulassen.

Auch für Wohngebäude empfiehlt es sich in den meisten Fällen, daß alle Fenster in den Lichthofwänden aus feuersicheren Baustoffen hergestellt werden.[3])

Bildung eines Vorgeleges um den Lichthof.

Lichthöfe, deren Fenster aus gewöhnlichem Glase bestehen, bilden eine der Hauptgefahren für alle damit versehenen Gebäude. Ganz besonders aber für Wohnhäuser, Hotels, kurz für alle zum dauernden Aufenthalt von Menschen bestimmten Gebäude. Häufig liegen an dem Lichthof Wirtschaftsräume z. B. Badestuben, Speisekammern, Klosetts, Fernsprechzellen, Kammern u. dergl. Durch diese Anordnung wird um den Lichthof herum eine Art von Schleuse oder Vorgelege geschaffen, welches einem im Lichthofe hochgehenden Feuer immerhin einigen Widerstand entgegensetzt. Aber erheblich wird die Gefahr, welche alle Lichthöfe bringen, dadurch nicht vermindert.

Umschließung der Lichthöfe.

Lichthöfe sind mit massiven Wänden zu umschließen, welche ebenso wie die Brandmauern um wenigstens 20—30 cm über Dach zu führen sind. Die Anbringung von Fensteröffnungen nach dem Dachboden ist nicht zulässig.

H. Brandabschnitte innerhalb des Gebäudes.

Zweck der Brandabschnitte.

Wenn nach den in den vorstehenden Abschnitten wiedergegebenen Grundsätzen die einzelnen Teile und Räume der Gebäude hergestellt worden sind, wenn die Räumlichkeiten, die Treppen, Flure und Türen geschickt verteilt sind, so ist damit für die Feuersicherheit schon viel gewonnen. Auch für die Sicherheit der in dem Hause sich aufhaltenden Menschen. Es bleibt noch zu erörtern, welche Maßregeln sonst noch zu treffen sind, damit sich ein ausbrechendes Feuer nicht allzusehr ausdehnen kann. Es

[1]) Vergl. Döhring, a. a. O. S. 245.

[2]) Z. B. in Preußen nach dem Allgem. Landrecht § 10, Tit. 17, Teil II.

[3]) In einigen neueren Bauordnungen, z. B. in der von Königsberg i. P. vom 16. März 1907, § 27, 5 ist dies bereits vorgeschrieben.

wurde bereits darauf hingewiesen, daß ein Brand, der über eine gewisse Größe hinausgegangen ist, der Gewalt des Menschen spottet. Daß es so gewaltige Schadenfeuer gibt, daß die beste Feuerwehr nicht viel dagegen ausrichten kann. Daß es ihr dann nicht immer gelingt, das erfolgreich zu verteidigen, was das Feuer noch nicht ergriffen hat.

Freilich wird der Brand, solange er auf ein nach vorstehenden Grundsätzen erbautes Haus beschränkt bleibt, wohl selten solche Ausdehnungen annehmen können, daß eine tüchtige Feuerwehr ihn nicht nach und nach unterdrücken kann, ohne daß das ganze Gebäude zerstört wird. Immerhin ist es notwendig, durch bauliche Maßregeln auch innerhalb eines Gebäudes dem Wüten des Elements Schranken zu ziehen.

Horizontale Brandabschnitte.

Die horizontalen Brandabschnitte, d. h. die, welche das Übergreifen des Feuers von einem Geschoß auf das andere verhindern sollen, sind im vorstehenden bereits besprochen worden. Namentlich kommt hier die Bauweise der Decken, die Anlage von Zwischen- und anderen Treppen, von Fahrstühlen, Deckendurchbrechungen, Lichthöfen u. a. in Betracht. Dem Grundsatz, daß schon allein durch die bauliche Anordnung erreicht werden muß, daß ein Brand auf das eine Geschoß beschränkt bleibt, wird in der Regel durch Befolgung der oben gemachten Vorschläge genügend Rechnung getragen werden.

Vertikale Brandabschnitte.

Doch reicht das nicht aus. Auch innerhalb eines Geschosses muß einem Brande Halt geboten werden. Die vertikalen Brandabschnitte sollen verhindern, daß selbst beim verspäteten Eingreifen der Feuerwehr das ganze Geschoß ausbrennt.

Brandabschnitte in Wohngeschossen.

Für Wohngeschosse wird nicht viel verlangt. Jeder wirtschaftlich gesondert benutzte Gebäudeteil soll in der Regel von dem anderen durch feuerfeste Wände abgetrennt sein. Wenn wirklich der Brand über ein Zimmer hinausgeht, so bleibt er doch darum auf die eine Wohnung beschränkt. Die danebenliegende wird in den meisten Fällen verschont. Die Flurgänge und Korridore sind durch feuerfeste Wände von den sonstigen Räumen der Wohnungen abzuschließen.

Brandabschnitte in Geschäfts- und Fabrikgeschossen.

In Geschossen, in denen Geschäfts-, Fabrikräume oder dergl. von verschiedenen Firmen nebeneinander liegen, ist eine durchgreifende feuerfeste Trennung der einzelnen Betriebe vorzunehmen. Sofern Türen in den Trennungsmauern überhaupt notwendig, sind sie als Vorzugs-T-Türen herzustellen.

Feuersichere Scheidewände.

Auch für Geschäfte, Fabriken und Werkstätten usw., welche sich durch das ganze Geschoß hinziehen, ist in vielen Fällen die Schaffung von Brandabschnitten durch Anordnung von feuersicheren Scheidewänden erforderlich. Öffnungen darin sind rauch- und feuersicher zu schließen. Doch läßt sich dies nicht überall durchführen, da die Art des Betriebes, der Verkehr des Publikums, der notwendige Überblick über die Räume und manches andere die Zerlegung in einzelne Brandabschnitte oft nicht zuläßt. Manchmal kann man sich dadurch helfen, daß man Trennungswände ganz aus feuersicherem Glase, besonders aus Elektroglas, mit großen Türen herstellt. Doch stören auch sie bisweilen den Betrieb noch zu sehr.

Trennungswände aus feuersicherem Glase.

Dann kann es häufig zweckmäßig sein, Rolläden aus Wellblech, Asbestvorhänge oder ähnliches anzubringen. Sie werden nach Schluß der Arbeit herabgelassen, so daß wenigstens nachts dadurch Brandabschnitte gebildet sind. Auch sonst, wenn Feuer entsteht, sollen sie geschlossen werden. Doch zeigt es sich immer wieder, daß das Schließen dieser Vorrichtungen von den damit betrauten Personen in der Eile und Kopflosigkeit bei einem Feuer meist vergessen wird. Darum sind automatische Auslösevorrichtungen, welche auf einen nicht zu hohen Hitzegrad eingestellt sind, am Tage dem Handbetrieb vorzuziehen.

Rolläden. Asbestvorhänge.

In vielen Fällen werden feuersichere Deckenstreifen ausreichen müssen. Manchmal bringt man sie noch außer den Rolläden oder ähnlichen Einrichtungen an. Zur Einführung dieser Deckenstreifen, auch Brandschürzen oder Traversen genannt, hat bekanntlich die häufig gemachte Beobachtung geführt, daß ein Feuer sich in größeren nicht zu hohen Räumen unter einer wagerechten Decke schnell fortpflanzt, daß es dicht unter der Decke stichflammenartig gewissermaßen fortgleitet, lange bevor es die darunter liegenden Gegenstände erfaßt. Die auch anderwärts festgestellte Neigung des Feuers zum Springen, d. h. zum Erfassen weiterabliegender Gegenstände, ohne daß die dazwischen befindlichen bereits entzündet sind, wird in großen Räumen durch glatte wagerechte Decken sehr gefördert. Da ist es merkwürdig zu beobachten, wie den an der Decke fortgleitenden langen Flammen durch einen einzigen senkrechten Vorsprung von gar nicht einmal sehr bedeutender Stärke, von einem nach unten vortretenden Unterzug, Gurtbogen, Architrav oder dergl. ein Halt geboten wird, der die Flammen lange Zeit am Weitergehen hindert. Diese bekannte Erscheinung hat zur Einführung der Deckenstreifen geführt. Durch derartige 1 m tief von der Decke herabhängende Streifen wird das Feuer geraume Zeit festgehalten. Wenn die Ausbreitung des Brandes über den ganzen weiten Raum dadurch auch nicht verhindert wird, so wird sie doch bedeutend verlangsamt. Und das genügt oft, bis die Menschen in aller Ruhe sich in Sicherheit gebracht haben oder bis die Feuerwehr eingreift.

Feuersichere Deckenstreifen.

Diese Deckenstreifen müssen aus feuersicherem Baustoff bestehen, also aus Monier oder gutem Rabitz. Auch Draht- oder Elektroglas in geschmackvoller Metallfassung wird in eleganten Geschäftslokalen dazu verwendet. Manche andere stellen sie aus beiderseitig mit Blech beschlagenem Holz her und benutzen sie gleichzeitig, um Geschäftsreklamen und Warenanpreisungen darauf zu malen. Hauptbedingung ist, daß die Deckenstreifen nicht frei herabhängen, sondern daß sie seitlich an den Mauern, Säulen usw. unbeweglich befestigt sind. Sonst werden sie durch die bei jedem größeren Brande entstehende starke Luftströmung zur Seite geweht und erfüllen ihren Zweck nicht. Darum reicht es auch nicht aus, daß man etwa Streifen von Asbestleinwand oder dergl. von der Decke herabhängen läßt.

Zwischenbrandmauern.

Besonders lange oder tiefe Gebäude sind durch Zwischenbrandmauern vom untersten Geschoß bis über Dach in verschiedene Teile zu zerlegen. Diese Zwischenbrandmauern müssen so ausgeführt werden wie die Brandmauern an der Nachbargrenze. Doch sind Türen in ihnen ohne weiteres zulässig. Sie sind als T-Türen einzurichten. In Gebäuden, deren Zweck und Benutzung jedoch eine derartige massive Zerlegung in einzelne Brandabschnitte nicht zuläßt, kann von Herstellung der Zwischenbrandmauern Abstand genommen werden. Dann sind aber andere geeignete Maßnahmen zu treffen.

Größe der Brandabschnitte.

Die Größe der einzelnen Brandabschnitte ist nicht immer gleich. Früher nahm man vielfach an, daß ein Brand dann noch nicht über die größte Leistungsfähigkeit einer tüchtigen Berufsfeuerwehr mittlerer Größe hinausginge, wenn das in allen Geschossen brennende Geschäfts- oder Fabrikgebäude nicht mehr als 6000 cbm Rauminhalt habe. Das entspricht einem Haus von 20 m Breite, 15 m Tiefe und 20 m Höhe. Man bestimmte daher die Größe der durch Zwischenbrandmauern begrenzten Brandabschnitte etwa nach diesem Kubikinhalt.

Wovon Größe der Brandabschnitte abhängig.

Doch wird jeder zugeben, daß diese schematische Vorschrift den heutigen Anschauungen keineswegs entspricht. Da sind denn doch noch andere Faktoren zu berücksichtigen als lediglich der Rauminhalt. Die Art des Betriebes, die Menge und Art der leicht brennbaren Gegenstände, die Bauart des Gebäudes, die Frage, ob offene Zwischentreppen und andere Deckendurchbrechungen vorhanden sind, ob das Haus eingebaut ist oder freiliegt, ob es in einem dicht bebauten Stadtviertel liegt oder nicht und viele andere Punkte werden dabei mitsprechen. Nicht zuletzt auch die Frage, wie stark die Ortsfeuerwehr und wie sie organisiert ist. Eine Berufsfeuerwehr ist schneller zur Stelle und in der Regel leistungsfähiger als eine freiwillige. Da können die Brandabschnitte größer sein. Eine große Berufsfeuerwehr wie die Hamburger oder Berliner, verfügt über eine viel größere Angriffskraft als eine mittelgroße. Wenn darum in diesen Städten manchmal größere Brandabschnitte zugelassen werden als in den anderen deutschen Großstädten, so darf das nicht wundernehmen.

Normalbrandabschnitt großer Städte.

In der Regel wird verlangt, daß im Innern von Gebäuden auf je 40 m eine Brandmauer stehen soll. Also in der Länge wie in der Tiefe. In einem Geschoß darf demnach der größte Brandabschnitt bis zu 1600 qm betragen. Rechnet man vier derartiger Geschosse übereinander, so ergibt sich beinahe die früher maßgebende Zahl von 6000 cbm. Und weiter als 40 m in Länge und Tiefe sollte auch ein in Brand geratener Raum nicht sein, da dann — falls den Feuerwehrmannschaften das Eindringen in das Innere des Gebäudes nicht möglich ist — die etwa 20 m betragende Strahlweite der Spritzenstrahlen gerade ausreicht, von den Endpunkten aus jeden Punkt des Geschosses zu bestreichen.

Eine Vergrößerung der Brandabschnitte über dieses Normalmaß großer Städte hinaus kann manchmal notwendig werden. Doch wird sich in solchen Fällen die Baupolizei im Benehmen mit der Feuerwehr stets die Frage vorlegen müssen, welche ganz besonderen Sicherungs- und Angriffsmittel dann zu schaffen sind.

Vergrößerung der Brandabschnitte.

Wenn eine Verringerung dieses Maßes der zulässigen Brandabschnitte in mittleren Großstädten und in kleinen Städten hin und wieder vorgenommen wird, so erscheint das nicht so unbillig. Denn was den feuerpolizeilichen Anforderungen in Berlin oder Hamburg entspricht, genügt manchmal wo anders keineswegs. Man geht an einigen Orten bis auf 24 m Entfernung zwischen zwei notwendigen Brandmauern hinab.

Verkleinerung der Brandabschnitte.

Da den Feuern in Lagerkellern schwer beizukommen ist und sie nicht ungefährlich sind, sucht man hier die Brandabschnitte nicht so groß zu machen. So ist z. B. in Preußen für die Kellerabteilungen der Waren- und Geschäftshäuser eine Maximalgröße von 500 qm vorgeschrieben.[1]) Man wird auch bei anderen Kellern gut tun, nicht größere Brandabschnitte herzustellen.

Brandabschnitte: für Keller

Für Speicher und Lagerräume in anderen Geschossen kann es sich empfehlen, bis zu einer Grundfläche von 300—400 qm für die einzelnen Brandabschnitte hinabzugehen.

für Speicher und Lagerräume

Bei Anordnung der Ersatzmittel für vollwertige Abschnittsbegrenzungen, also der Elektroglastüren, der Rolläden, Schutzvorhänge, Deckenstreifen usw. in Fabriken, Geschäftslokalen u. dergl. wird man größere Brandabschnitte als 300—400 qm in der Regel kaum zulassen.

bei Anordnung der Ersatzmittel.

Doch muß hier wiederholt werden, daß allgemein giltige Regeln für Bemessung der Brandabschnitte nicht gegeben werden können. Es muß in jedem einzelnen Falle unter Berücksichtigung der oben erwähnten Punkte darüber Entscheidung getroffen werden.

Keine bestimmte Regel.

Für manche Gebäude wird es sogar aus Betriebsrücksichten notwendig, über die hier angedeuteten Maße weit hinauszugehen. Es soll hier nur an die großen eingeschossigen Lagerschuppen in vielen Hafenstädten erinnert werden. In Hamburg z. B. muß jeder dieser Schuppen die gesamte Ladung eines der modernen riesigen Frachtdampfer aufnehmen. Da die Waren dort sortiert werden müssen, können Brandabschnitte nicht hergestellt werden. Die Schuppen sind etwa 200 m lang und 50 m tief, bedecken also eine Grundfläche von 10 000 qm. Meist werden zwischen zweien solcher großer Lagerschuppen etwa 30 m Abstand gelassen. Manchmal stoßen sie auch zusammen, dann sind sie durch eine Brandmauer getrennt.

Bedeutende Vergrößerung der Brandabschnitte.

[1]) Vergl. „Sonderanforderungen" Ziffer 1.

Brandabschnitte: in Warenhäusern

Für eine Reihe von Gebäuden erhöhter Feuergefährlichkeit ist durch Gesetz allgemein die Schaffung bestimmter Brandabschnitte vorgeschrieben. So ist z. B. für Waren- und Geschäftshäuser angeordnet, daß größere Lagerräume feuer- und rauchsicher von den Geschäftsräumen abgeteilt werden müssen. Ebenso daß Maschinen- und Heizräume von den übrigen Kellerräumen durch feuerfeste Wände zu trennen sind.

in Theatern

Für Theater wird die Schaffung eines Brandabschnittes zwischen Bühnen- und Zuschauerhaus durch eine massive Mauer und den eisernen Vorhang angeordnet. In dem Theatergebäude befindliche Werkstätten, Restaurationen, Geschäftslokale und Wohnungen sind in besonderen Brandabschnitten unterzubringen, ebenso die Dekorationsmagazine usw.

in Zirkusgebäuden

Auch für Zirkusgebäude sind Bestimmungen getroffen. Für die Stallungen, Ankleideräume, Räume für Requisiten, Futterbestände sind besondere Brandabschnitte zu bilden.

in Speichern und Fabriken

In Speichern und in solchen Gebäuden, in denen sich gewerbliche Betriebsstätten befinden, sind die feuergefährlichen Lager- und Betriebsräume, Maschinen- und Motorenräume und sonstige irgendwie gefährliche Anlagen durch feuerfeste Wände gegen alle benachbarten Räume abzutrennen. Türen in solchen Trennungswänden sind nur dann zuzulassen, wenn sie nicht unmittelbar nach Wohnungen führen. In ausgedehnten Lager- und Betriebsräumen kann sich oft die Herstellung von Brandabschnitten durch Scheidewände als notwendig erweisen.

in Kirchen.

Besonders wichtig ist die Schaffung von Brandabschnitten für Kirchen. Brände in ihnen gehören „zu den bedenklichsten Ereignissen, von welchen ein Ort betroffen werden kann“.[1]) Solche Feuer nehmen leicht bedeutenden Umfang an. Andererseits ist der Angriff der Feuerwehr sehr erschwert. Darum ist es hier, wenn überhaupt irgendwo, notwendig, daß ein Schadenfeuer durch Brandabschnitte eingeschränkt wird. Sonst zerstört es das ganze Gebäude. Dazu ist die feuerfeste Trennung der einzelnen Bauteile voneinander erforderlich, besonders Abschluß der Türme von dem Kirchendachgeschoß durch massive Wände und feuersichere Türen. Ferner feuerfester Abschluß des Turmraums gegen die Orgel, welche mit ihrem Werk in der Regel in einer großen Öffnung zwischen Turm und Kirchenraum steht. Außerdem wird es in den meisten Kirchen zweckmäßig sein, die ausgedehnten Dachböden durch feuersichere Querwände in einzelne Abschnitte zu zerlegen.

---

[1]) Vergl. Fried, Kirchen- und Turmbrände, deren Bekämpfung und Verhütung. München, Ph. L. Jung. Vergl. auch Deditius-Lübeck, Über Sicherung der Kirchen gegen Feuersgefahr. Vortrag, gehalten auf dem Verbandstage deutscher Berufsfeuerwehren. Feuer und Wasser 1907, S. 349.

Fünfter Teil.

Die Stellung und Abgrenzung des einzelnen Gebäudes gegen die Nachbarhäuser.

Brand soll nicht über ein Haus hinausgehen.

Im allgemeinen soll heutzutage ein Brand, der nicht allzu spät entdeckt und gemeldet wird, in den Großstädten nicht über das davon betroffene Haus hinausgehen, wenn anders die vorhandene Feuerwehr richtig organisiert, gut geführt und leistungsfähig ist. Doch zeigen immer wieder große Brände nicht bloß in Amerika, sondern auch in den Ländern Nordeuropas, daß es selbst der vorzüglichsten Berufsfeuerwehr in manchen Fällen nicht gelingt, das Weiterschreiten des Brandes auf andere Häuser zu verhindern. Häufig brennen eine ganze Reihe von Häusern, ja manchmal ganze Häuserblocks nieder. Zuweilen sogar ganze Stadtteile.

Früher, als man noch keine Berufsfeuerwehren hatte, war es noch schlimmer. Es gibt wenige Städte, die nicht in früheren Jahrhunderten wenigstens einmal abgebrannt sind. Mit der Entwicklung des Feuerlöschwesens sind die Städtebrände seltener geworden. Der Schnelligkeit und Kraft des Angriffs der modernen Feuerwehren ist es in den meisten Fällen zuzuschreiben, wenn Brände auf ihren Herd beschränkt werden, ehe sie weiteren Umfang annehmen können. Das erreichen tüchtige Feuerwehren in der Regel selbst in den Stadtteilen, welche mit feuergefährlichen Gebäuden dicht besetzt sind. Wenn es in wenigen Fällen der Feuerwehr trotz heldenhaften Ringens nicht gelingt, den Brand auf seinen Herd zu beschränken, wenn sie Schritt für Schritt vor der Macht der Flammen zurückweichen muß, so liegt der Grund nicht allein in dem Zusammentreffen einer Reihe von unglücklichen Zufällen. Sondern er ist vor allem anderen in den Bausünden zu suchen, die man sich in früheren Zeiten hat zu Schulden kommen lassen. In den Unterlassungen und groben Verstößen gegen die Grundregeln der Feuersicherheit, welche man damals noch nicht kannte oder über welche man sich bei der Erbauung dieser Straßen und Häuser hinwegsetzte.

Abgrenzung nebeneinanderstehender Gebäude.

Nebeneinander stehende Gebäude, welche nach heutigen feuerpolizeilichen Grundsätzen erbaut sind, übertragen nicht so leicht das Feuer aufeinander. Zwischen ihnen stehen Brandmauern, welche bis über Dach reichen, oder aber es wird zwischen ihnen ein angemessener Seitenabstand gelassen. Von den Umfassungsmauern wie von den Dächern vorspringende Bauteile sind besonders gesichert, daß sich an ihnen das Feuer nicht zum Nachbarhaus fortsetzen kann.

Seitenabstand der Gebäude voneinander.

Der Abstand der Häuser untereinander richtet sich nach dem Zweck und der Benutzung der Gebäude, nach der Größe der Häuser und dem Umfang ihrer Brandabschnitte, nach ihrer Bauart und der Konstruktion der Umfassungswände. Auch die Dichtigkeit der Bebauung ist dabei zu berücksichtigen.

Für Wohnhäuser genügen in der Regel die in der Bauordnung vorgeschriebenen Abstände. Für andere Gebäude werden sie hin und wieder unter Rücksichtnahme auf die oben erwähnten Umstände größer zu wählen sein. Bestimmte Regeln oder Berechnungen dieser Abstände, wie sie z. B. Döhring[1]) versucht hat, sind meist zu umständlich und willkürlich. Und schließlich genügt der so errechnete Abstand doch nicht dem, was der praktische Blick des erfahrenen Brandingenieurs für richtig hält.

Für besonders gefährdete oder gefahrbringende Bauten sind durch Verordnungen größere Zwischenräume ein- für allemal vorgeschrieben. Zwischen Nachbargrundstücken eingebaute Theater müssen einen größeren Abstand wahren als Wohnhäuser. Viele feuergefährliche gewerbliche Anlagen dürfen schon allein aus gesundheitlichen Gründen oder mit Rücksicht auf die mit ihrem Betrieb unvermeidlich verbundenen Belästigungen der Bewohner nicht in der Nähe von Wohngebäuden errichtet werden. Manche besonders feuergefährliche, wie z. B. Fabriken von Schießpulver u. dergl., dürfen sogar überhaupt nicht innerhalb von bebauten Stadtteilen liegen. In einigen Städten werden die größeren gewerblichen Betriebe veranlaßt, sich in dazu angelegten Fabrikstadtteilen auf vom Nachbar feuersicher abgeschlossenen Flächen anzubauen.

Abstand der Gebäude von gegenüberstehenden Bauten.

Für die Möglichkeit der Ausbreitung des Brandes auf den ganzen Stadtteil ist zuweilen auch der Abstand der Gebäude von den gegenüberstehenden Bauten von Einfluß. Die engen Gassen alter Stadtteile können sehr gefährlich werden, weil das Feuer, wenn es aus den Fensteröffnungen herausschlägt, leicht die Fenster oder das vorspringende Dach des jenseits der Straße liegenden Hauses erfaßt. Die Gefahr ist um so größer, je höher die Häuser sind. Wie überhaupt die feuerschützende Wirkung eines Abstandes zwischen den Häusern stets von der Höhe der Gebäude abhängig ist. Niedrige Häuser können enger zusammen liegen als hohe. Ohne daß damit die Gefahr der Feuerübertragung wächst. Die geringsten Breiten der neueren Straßen schwanken zwischen 8 und 15 m. Diese Maße reichen als Isolierabstand für Wohnhausstraßen aus.

Jede Straße stellt einen Brandabschnitt dar. Der Wert dieses Abschnitts und die Möglichkeit für die Feuerwehr, bei Städtebränden hier

---

[1]) Vergl. Döhring, a. a. O. S. 232.

das Vordringen des Feuers zum Stehen zu bringen, wächst naturgemäß mit der Breite der Straße. Manche Riesenbrände alter und neuester Zeit sind erst zum Stehen gekommen, als besonders breite Straßen und Plätze oder natürliche Brandabschnitte wie Flüsse, weite Parks, Hafenbassins u. a. ihnen die Möglichkeit nahmen, weiter zu springen.

Besondere Brandabschnittsstraßen in Norwegen.

Die Städte Norwegens bestehen zu einem großen Teil aus hölzernen Gebäuden, die oft nicht niedriger sind, als die hohen Häuser unserer deutschen Großstädte. Die Brandgefahr ist in diesen Gebäuden nicht gering. Die Möglichkeit, daß der Brand auf die Nachbarhäuser übergeht, liegt sehr nahe. Besonders wenn in den meist an der Nordsee gelegenen Städten ein kräftiger Seewind das Feuer anfacht und weiter trägt. Daher kommt es, daß häufig norwegische Städte gänzlich niederbrennen. Man sucht in manchen von ihnen sich gegen die Gefahr, daß die ganze Stadt abbrennt, dadurch zu sichern, daß man ihr Gebiet in eine Reihe von Brandabschnitten zerlegt. So hat man z. B. in Bergen quer durch die langgestreckte Stadt eine Anzahl von 50—70 m breiten Straßen geführt, sogenannte Almenningen. Nach einigen schmäleren Querstraßen kommt in Entfernungen von 200—300 m immer eine solche breitere Brandabschnittsstraße. Ihr Zweck ist einzig und allein, das Überspringen des Feuers auf die nächste Reihe von Häuserblocks zu verhindern.

Es würde in unseren massiv, nach neueren feuertechnischen Grundsätzen erbauten Städten viel zu weit führen und bedeutend über das Notwendige hinausgehen, wenn man in ihnen ähnliche Brandabschnitte durch übermäßig breite Straßen anlegen wollte. Hier muß die durch die neueren Bebauungspläne vorgeschriebene Straßenbreite genügen, um das Feuer zum Stehen zu bringen.

Bei uns jedes Haus ein Brandabschnitt.

Wichtiger ist es, daß jedes Grundstück für sich einen Brandabschnitt bildet. Daß nicht, wie bei dem Riesenfeuer, das im Jahre 1897 in der City von London viele Häuser im Gesamtwerte von 60—80 Millionen Mark zerstörte, das Feuer Gelegenheit findet, über zu niedrige Brandmauern oder durch in ihnen liegende mangelhaft geschlossene Tür- und Fensteröffnungen ein Haus nach dem anderen zu ergreifen.

Abschluß einzelner Gebäude in Amerika.

In Amerika nimmt man jetzt vielfach an, namentlich auf Grund der Erfahrungen des gewaltigen Städtebrandes von Baltimore im Februar 1904, daß einem Gebäude die größte Gefahr der Zerstörung durch Feuer nicht aus seinem Innern drohe.[1]) Sondern weit mehr von außen, von den Nachbarhäusern. Man trifft darum nicht nur Maßnahmen gegen Brände, welche in dem betreffenden Gebäude entstehen. Sondern man sucht vor allem das Eindringen der Flammen von außenher in die mit wertvollen Waren gefüllten Räume zu hindern. Daß diese Befürchtungen nicht unberechtigt sind, haben die großen Städtebrände gezeigt.

[1]) Vergl. Westphalen-Hamburg, Mitteilungen usw. S. 22.

Dabei darf man nicht vergessen, daß in den amerikanischen Städten oft auf unglaublich kleiner Grundfläche viele Brennobjekte vorhanden sind und daß die gewaltige Ausdehnung, nicht zum wenigsten auch die Höhe der amerikanischen Häuser dem Feuer das Weiterumsichgreifen sehr erleichtert.

Man wendet dort verschiedene Maßnahmen an, um beim Brande der Nachbarhäuser das Feuer nicht in das eigene eindringen zu lassen. Vielfach werden eiserne Läden vor den Fenstern angebracht, besonders nach den Hofseiten, wo die Gefahr meist größer ist und wo sie im geschlossenen Zustande weniger unangenehm auffallen. Diese eisernen Läden werden bei Nacht und an Feiertagen geschlossen. An den Straßenseiten bringt man manchmal über jedem Fenster ein Rohr mit Regenbrause an. Droht das Feuer aus den gegenüberliegenden Häusern in die ungeschützten Fenster einzudringen, so fängt automatisch die Brause an, einen Regenschleier vor dem Fenster auszubreiten. Das verlangen z. B. die amerikanischen Versicherungs-Gesellschaften, bei nach Inhalt und Bauart besonders wertvollen Gebäuden, wenn nicht eine Schutzzone von mindestens 30 m Breite um das zu sichernde Gebäude vorhanden ist. Man sieht daraus, wie weit man in dem vorbeugenden Feuerschutz gehen kann.

Mögen in Amerika diese weitgehenden Sicherheitsmaßregeln begründet sein, mögen auch Mittel und Zweck bei der rechnungsmäßigen Abwägung des Wertes der Brennobjekte mit den Herstellungs- und Unterhaltungskosten derartiger Anlagen im Einklang bleiben, für unsere gänzlich verschiedenen Verhältnisse werden solche kostspieligen Maßnahmen nur sehr selten notwendig sein. Für Deutschland muß und wird es genügen, wenn an den nach den heutigen Bebauungsplänen vorgesehenen breiteren Straßen Häuser liegen, welche unter Berücksichtigung der neueren Grundsätze der Brandtechnik derart erbaut sind, daß jedes gegen die Nachbarhäuser abgeschlossen ist und für sich einen Brandabschnitt bildet.

Wert des vorbeugenden wie des abwehrenden Feuerschutzes.

Wenn auch die großen Städte Deutschlands seit vielen Jahren infolge der Tüchtigkeit und des energischen Eingreifens ihrer Feuerwehren vor ähnlichen ausgedehnten Städtebränden bewahrt werden, wie sie vor ganz kurzer Zeit noch in Amerika und in den nordischen Ländern Europas stattfanden, so sollten wir uns aber doch nicht in falsche Sicherheit wiegen. Die deutschen Städte können sich vor ähnlichen Katastrophen nur bewahren, wenn sie den vorbeugenden wie den abwehrenden Feuerschutz weiter vervollkommnen. Wenn sie mit Stetigkeit auf die Durchführung der Grundsätze der modernen Brandtechnik bei den Bauausführungen dringen und wenn sie ferner dafür sorgen, daß ihre Feuerwehren gut organisiert, ausreichend stark und genügend ausgerüstet sind. Beides muß gut sein, Schutz wie Waffe. Sonst kann der jeder Stadt drohende Kampf nicht siegreich bestanden werden.

Sachregister.

B.

C.

D.

E.

F.

M.

N.

S.

W.

GPSR Compliance

The European Union's (EU) General Product Safety Regulation (GPSR) is a set of rules that requires consumer products to be safe and our obligations to ensure this.

If you have any concerns about our products, you can contact us on ProductSafety@springernature.com

In case Publisher is established outside the EU, the EU authorized representative is:

Springer Nature Customer Service Center GmbH
Europaplatz 3
69115 Heidelberg, Germany

Batch number: 10683525

Printed by Printforce, the Netherlands